创造学基础

主　编　李洪奎　佟永丽
副主编　张　丹　唐国艳　迟宝倩

北京理工大学出版社
BEIJING INSTITUTE OF TECHNOLOGY PRESS

内容简介

本书讲述的是创造学的兴起与发展，以及大学生创造思维的形成过程。本书共分为六章，包括导论、创造性思维、创造原理及技法、专利、TRIZ 发明问题解决理论概述，以及创新创业者与创新创业团队。本书总结有规律可循的创造性思维和创新方法，还引入通俗易懂的创新实例，寓教于学，寓学于用，有效启发读者进行创造性思考，激发读者潜在的创新能力，具有很强的实用性。

本书不仅可以作为普通高等院校本科生及研究生的创新教育教材，还适合作为学历继续教育、职业教育及各企事业单位的创新创业培训教材。

图书在版编目（CIP）数据

创造学基础 / 李洪奎，佟永丽主编. --北京：北京理工大学出版社，2022.12

ISBN 978-7-5763-1959-0

Ⅰ.①创… Ⅱ.①李… ②佟… Ⅲ.①创造学-高等学校-教材 Ⅳ.①G305

中国版本图书馆 CIP 数据核字（2022）第 252054 号

出版发行 / 北京理工大学出版社有限责任公司
社　　址 / 北京市海淀区中关村南大街 5 号
邮　　编 / 100081
电　　话 /（010）68914775（总编室）
（010）82562903（教材售后服务热线）
（010）68944723（其他图书服务热线）
网　　址 / http：//www. bitpress. com. cn
经　　销 / 全国各地新华书店
印　　刷 / 三河市天利华印刷装订有限公司
开　　本 / 787 毫米×1092 毫米　1/16
印　　张 / 15.5
字　　数 / 364 千字
版　　次 / 2022 年 12 月第 1 版　2022 年 12 月第 1 次印刷
定　　价 / 82.00 元

责任编辑 / 封　雪
文案编辑 / 毛慧佳
责任校对 / 刘亚男
责任印制 / 李志强

前言

创新是国家兴旺发达的不竭动力，也是中华民族最深沉的民族禀赋。在激烈的国际竞争中，唯创新者进，唯创新者强，唯创新者胜。创新意识水平的高低与创新能力的强弱，将对国家和民族在激烈的世界经济和科技竞争中起到至关重要的作用，一个没有创新能力的民族，难以屹立在世界民族之林。创新能推动科学技术和经济的进步和发展，而守旧将导致科学技术和经济的落后。

改革开放是一项伟大的创新工程，而建设中国特色社会主义是一项前无古人的崭新事业，没有现成的道路可走，没有现成的经验可借鉴。改革是一个打破常规、求新求变的过程，这就要求我们跳出传统思维的局限，以勇于开拓、敢闯敢试敢冒险、敢为天下先的创新精神，通过新实践，创出一条新路。改革开放的发展道路就是与时俱进地继承和发展中国传统，吸收并消化世界各国的先进科学技术和文化的过程。通过改革开放，我国创造了举世瞩目的经济发展奇迹。世界科技发展的历史告诉我们：一个国家只有拥有强大的自主创新能力，才能在激烈的国际竞争中把握先机、赢得主动权。“功以才成，业由才广。”人才是创新的根基，创新驱动实质上就是人才驱动，谁拥有了一流的创新人才，谁就拥有了科技创新的优势和主导权。

大力推进大众创业、万众创新，既是富民之道，也是强国之策。大众创业、万众创新方案的实施对于我国推动经济结构调整、打造发展新引擎、增强发展新动力具有重要意义。

总结历史经验，我们会发现，体制机制变革释放出的活力和创造力，科技进步造就的新产业和新产品，是历次重大危机后世界经济走出困境、实现复苏的根本。抓创新就是抓发展，谋创新就是谋未来。创新可以培育发展新动力、塑造更多发挥先发优势的引领型发展，做到人有我有、人有我强、人强我优。同时，我们也要清醒地认识到，中国在发展，世界也在发展。国际科技竞争，犹如逆水行舟，不进则退。从全球范围看，科学技术越来越成为推动经济社会发展的主要力量，创新是大势所趋。新一轮科技革命和产业变革正在孕育兴起，一些重要科学问题和关键核心技术已经呈现出革命性突破的先兆。

因此，有必要在高等院校中开设创造学课程，建立先进的创新人才培养体系，以便培

养学生的创造能力、创新意识，使他们掌握创造的基本理论和方法，从而为提高自主创新能力、加速推进创新型国家的建设提供强有力的人才支撑。

由于编者水平有限，加之时间仓促，书中难免存在不妥之处，恳请广大读者批评指正。

编　者

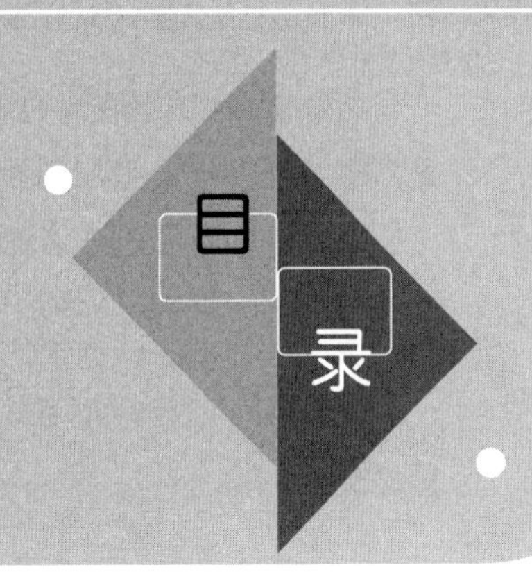
目
录

第一章 导 论

第一节 基本概念

案 例

我们身边的创造实例——人类飞行

飞行是中国人古老而浪漫的梦想，为了实现这一梦想，从古至今，历代中国人以各种创造来表达这一梦想，以各种探索、创造来追求和实现这一梦想。最早进行飞天创举的是我国的一位古人，公元19年，王莽为攻打匈奴，招募了一个会飞的人在长安（今西安市）进行飞行表演。该人“取大鸟翮为两翼，头与身皆著毛，通引环纽，飞数百步堕”。此人当时能在空中飞行几百步，这在人类航空史上也是一个创举。中国古籍《山海经》中记录的飞车，也表达了人们欲利用器械进行飞天的梦想。

美国华盛顿空间技术博物馆的说明牌上醒目地写着：“最早的飞行器是中国的风筝和火箭”，探索利用火箭进行首飞的人是1500年我国明代的万户。他当时在一把木椅的靠背后面绑上47支火箭，并让人将自己也捆在椅子上，他的两只手各持一把大风筝。他的设想是借助火箭的反冲推进力将自己送上天空，再以大风筝的扑动徐徐返回地面。不幸的是，火箭点燃后发生了爆炸，万户在探索乘火箭飞天中献出了自己的生命。在20世纪70年代的一次国际天文联合会上，月球上一座环形山被命名为“万户”，以纪念“第一个试图利用火箭飞行的人”。

我国最早创造现代意义上的飞行器——飞机的人是清代末期的冯如。1909年，他在美国旧金山研制成功的莱特式飞机翱翔了2 640英尺（1英尺等于0.304 8米），其航程是莱特兄弟首次飞行的852英尺的3倍多，1910年他又制造了当时世界先进水平的飞机，创造了时速65英里（1英里等于1 609.344米），飞行高度700多英尺，航程20英里的世界最新纪录（1911年回国后，冯如加入了广东革命军，被任命为陆军飞机长，次年，他在飞行表演时牺牲）。冯如制造的飞机，仅比1903年世界上第一架载人飞机“莱特兄弟号”晚了6年。

中国人的飞天梦从未间断。1970年4月24日，随着第一颗人造地球卫星发射成功，中国成为世界上第五个能独立发射卫星的国家。北京时间1999年11月21日凌晨3时41分，我国发射的第一艘无人试验飞船“神舟一号”在完成了空间飞行试验后于内蒙古自治区中部地区成功着陆。2003 年 10 月 16 日 6 时 23 分，“神舟五号”载人飞船在内蒙古主着陆场成功着陆，返回舱完好无损，航天英雄杨利伟自主出舱，我国首次载人航天飞行圆满成功。2007 年 10 月 24 日 18 时，重达 2 吨多的“嫦娥一号”成功发射。

……

2012 年 6 月 16 日 18 时 37 分，“神舟九号”载人飞船在酒泉卫星发射中心发射升空。2012 年 6 月 18 日 11 时左右转入自主控制飞行，14 时左右与“天宫一号”实施自动交会对接（这是中国实施的首次载人空间交会对接），并于 2012 年 6 月 29 日 10 时安全返回。

“神舟十号”于 2013 年 6 月 26 日早 8 时 7 分在内蒙古自治区四子王旗着陆，9 时 41 分，飞行乘组 3 名航天员（聂海胜、张晓光、王亚平）在内蒙古自治区中部草原“神舟十号”任务主着陆场结束为期 15 天的太空之旅，由太空返回到地球，从飞船返回舱顺利出舱。

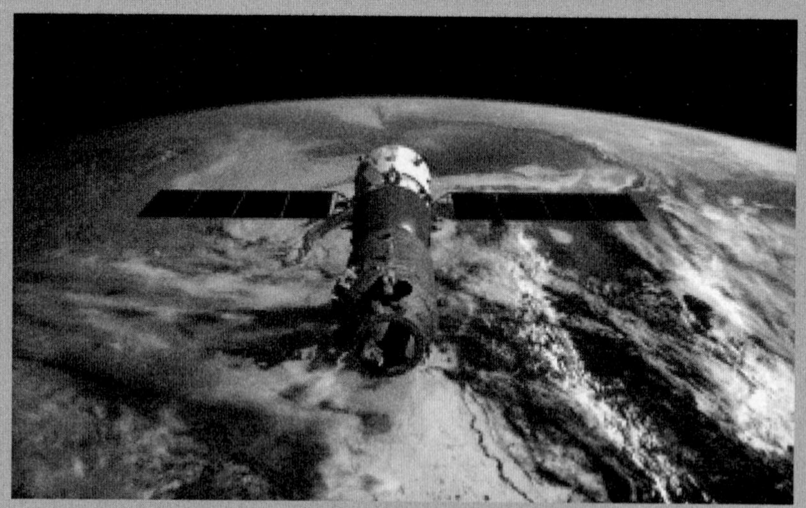

图 1-1　“神舟十二号”载人飞船

（资料来源：https://zhidao.baidu.com/question/541909618.html）

2018 年，“嫦娥四号”带着“玉兔二号”来到了月球背面，开启月球探测新旅程，为人类首次揭开月球背面的神秘面纱。

2019 年，新一代固体运载火箭“长征十一号”首次完成海上发射，填补了中国运载火箭海上发射的空白，标志着中国成为世界上第三个掌握海射技术的国家。

2020 年 7 月，中国首次火星探测任务“天问一号”发射升空，迈出了中国自主开展行星探测的第一步。

2020 年 11 月，“长征五号”成功将“嫦娥五号”送入地月转移轨道，开启中国首次地外天体采样返回之旅。

2021 年 6 月 17 日，“神舟十二号”载人飞船（图 1-1）在酒泉卫星发射中心成功发射，飞船在长征二号 F 遥十二运载火箭的托举下，以一往无前之势冲入澄澈霄汉，约 573 秒后，“神舟十二号”载人飞船与火箭成功分离，进入预定轨道，与天和核心舱完成自主快速交会对接，3 名航天员顺利进驻天和核心舱，中国载人航天事业实现了跨越式发展。

从我国航天领域的发展史可知：创造，使人们的梦想得以实现；创造，使国力日渐增强，国威日益突显；创造，更使世界瞬息万变，魅力无限……一直以来，创造与科学发现和技术发明都是相互促进的关系。偶然的科学技术创新和发明，使一些原来不可能实现的科学发现和技术发明成为可能，并彻底改变了人类历史的发展轨迹。

实际上，人类的文明史就是不断创造的历史。

试想一下：如果没有创造，人类将会怎样？

一、创造

（一）创造的含义

在《辞海》中，“创造”被解释为“发明或制造前所未有的事物”。在《现代汉语词典》里，“创造”被解释为“想出新方法、建立新理论、做出新的成绩或东西”。这些是有关创造的最一般的解释。

学者庄寿强在其《普通创造学》中说：创造学中的创造，是指各行各业中的多种多样的创造活动（包括思维方面的创造活动和行动上的创造活动），其本质意义是具有新颖性的活动。就一般理解而言，创造就是首创或改进形形色色的事物的过程。

所谓事物是指客观存在的一切物体和现象。自然界的一切物体及其变化的现象和人类社会的一切活动现象及其发展变化的状况都可称为事物。首创或改进事物就是创造，例如，星云收缩创造了星球，地壳运动创造了山脉、湖……这些活动属于自然的创造；再如，古人类在劳动中创造了工具，人类在探寻自然奥秘的过程中创造了各种自然科学，在探寻社会发展规律的过程中创造了各种社会科学……这些属于人类的创造，目前我们更关注的就是人类的创造。

综上所述，笔者认为可以对创造下一个通用的定义。所谓创造，是指人们首创或改进某种思想、理论、方法、技术和产品的活动。

（二）创造的类型

创造的类型很广，我们可以按创造性的大小、创造的内容、创造过程的表现形式等对其进行分类。

1. 按创造性的大小分类

根据创造性的大小将人类的创造分为首创和改进。

（1）首创，是指人类历史中出现的重大发明和创造，如中国古代的四大发明，爱迪生发明的白炽灯，等等。首创通常是属于少数人的。

中科院大连化学物理研究所孙剑、葛庆杰研究员团队发现了二氧化碳高效转化的新过程，并设计出一种新型多功能复合催化剂，首次实现了在二氧化碳中直接加氢制取高辛烷值汽油，相关过程和催化材料已申报多项发明专利。这种高效稳定的多功能复合催化剂有三个优势，一是能在接近工业生产的条件下进行转化，有利于大规模生产；二是这种方法生产的汽油排放能满足环保要求，其主要指标苯、芳烃和烯烃基本能满足国家标准；三是具有较好的稳定性，可连续稳定运转 1 000 小时以上，显示出潜在的应用前景。众所周知，2015 年，我国石油对外依存度已达到 60.6%，因此发展新型能源就成了保障国家能源安

全的重要手段。利用二氧化碳制取汽油，不仅能降低温室气体的排放量，也为风能、太阳能、水能等间歇性可再生能源的利用开辟了新途径，相当于为人类发现了一个永不枯竭的超级大油田。

（2）改进，是指人们在理解和把握某些理论与技术的基础上，根据自身的条件加以吸收和利用，再创造出大量的具有社会价值的新事物。例如工厂通过技术革新将产品升级换代。

高铁并非中国首创，但中国在引进和消化国外的技术后，反而研发出了更高的体系和更好的平台，并在应用方面走在世界前列。中国在高速铁路产业方面的突围，不仅为中国经济发展提供了良好的交通环境，还使中国全面超越对手，成为世界轨道交通的领跑者。目前，中国已成为世界上高速铁路发展最快、系统技术最全、集成能力最强、运营里程最长、运行时速最高、在建规模最大的国家，中国高铁引领着世界高铁发展的新潮流，让国人惊叹与自豪。

2. 按创造的内容分类

根据内容不同，创造可分为物质财富的创造、精神财富的创造和社会组织的创造等。

（1）物质财富的创造，指创造的成果是物质领域的事物。如研究、设计、生产一种有形的物质产品，如桥梁、卫星、新产品等。

（2）精神财富的创造，指创造的成果是精神领域的东西，如小说家创作一部小说、画家创作一幅新画作等。

（3）社会组织的创造，指人类为了一定目的，从社会宏观和微观等方面建立的新的组织机构，如不同的社会制度、不同的公司制度等。

3. 按创造过程的表现形式分类

按照创造过程的表现形式，可以将创造分为科学研究、技术发明和艺术创作等。

（1）科学研究，是指人类在科学领域的探索，利用科研手段和装备，为了认识客观事物的内在本质和运动规律而进行的调查研究、实验、试制等一系列的活动。

科学研究为创造发明新产品和新技术提供理论依据，它的基本任务就是探索、认识未知，这一切都需要高度的创造性。科学上的创造也称为发现。

（2）技术发明，是指人类技术领域的实践，发明的成果或是提供前所未有的人工自然物模型，或是提供加工制作的新工艺、新方法。机器设备、仪表装备和各种消费用品，以及有关制造工艺、生产流程和检测控制方法的创新和改造均属于技术发明。技术发明也同样需要高度的创造性。

当然，技术上的创造也有不同层次，按创造性水平由低到高可分为技术革新、发明和技术创新等。

技术革新是指在已有技术的基础上所进行的局部改进。例如，工厂的工艺规程、机器部件的改进等。

发明是发明人的一种思想的创造，这种思想可以在实践中解决技术领域里特有的问题。《中华人民共和国专利法》将发明定义为“具有创造性、新颖性和实用性的构思方案”，并且规定可以获得专利保护的发明创造有发明、实用新型和外观设计三种。

“技术创新”一词源于经济学领域，最早是作为一个经济学概念提出的。技术创新有广义与狭义之分，广义的技术创新概念等同于创新概念，包括组织管理创新。但是广义的技术创新概念并不符合人们一般的思考习惯，在实际应用中没有得到广泛应用。技术创新的狭义定义为：与产品制造、工艺过程或设备有关的包括技术、设计、生产及商业活动的改进或创造。

技术创新一般涉及“硬技术”的变化，侧重于对产品和生产过程的改变。技术创新不只是技术问题，还是涉及技术、生产、管理、财务和市场等一系列环节的综合化的过程。它包括产品和工艺创新（发明）、组织创新和市场创新等。所以，它已接近于广义的创新行为。

2019 年全国科普日，在中国科技馆三层的“5G 连接未来”展区，一个不起眼的小角落人气满满，很多青年纷纷到一面镜子前进行体验。这是一款可移动的 5G+AR 试衣镜（图 1-2），可实现 AR 场景下的虚拟“试衣”。试衣镜通过红外深度摄像头识别试衣人员的人体姿态进行 3D 建模，还原真实人体形态，并通过 5G 网络连接云端的服饰模型数据库。试衣镜充分融合了当前最新 3D、体感、AR/VR、大数据、人工智能等技术，配上专门的体感镜头，通过镜头捕捉人像，经过智能处理，让用户把选好的衣服“穿在”身上，通过镜面高度还原地显示出来。不仅如此，未来这种试衣镜完全可以实现在线试穿服务，用户的手机上只要装有摄像头，就能完全体验这种虚拟换衣服务。

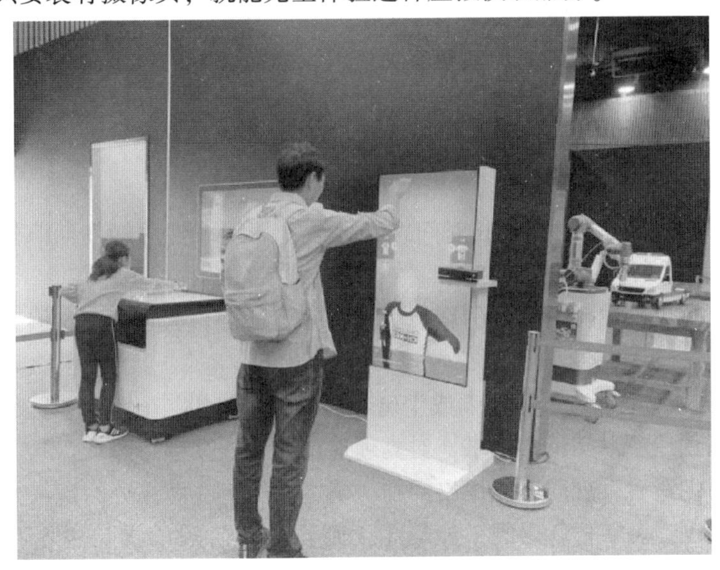

图 1-2　AR 试衣镜

（3）艺术创作，是指艺术家以一定的世界观为指导，运用一定的创作方法，通过对现实生活观察、体验、研究分析、选择、加工、提炼生活素材，进行塑造艺术形象、创作艺术作品的创造性劳动。例如冼星海作曲的《黄河大合唱》就是具有代表性的艺术创作之一。

艺术创作是人类为自身审美需要而进行的精神生产活动，是一种独立的、纯粹的、高级形态的审美创造活动，它是一个复杂的过程，通常分为生活积累、创作构思、艺术表达三个阶段。

（三）创造的内因与过程

创造的主体，也称创造者，一般是指进行创造的国家、团体或个人。人们会出于各种

目的而进行创造，如想要一种新的食物而创造一种新的烹饪方法，想要一种新服装而进行服装设计，想写一本小说而进行创造性写作，想要开发一种新产品而进行产品创造，想要改变目前不良的组织结构而进行组织创新，想要克服一个困难而创造一种新的方法，如此等等。归根结底，人们的创造活动是为了满足需要。如图 1-3 所示，人们有了创造性需求，才会产生创造的动机，并投入一定的资源进行创造性活动，经过努力，如果达到了创造性目标，人们会感到满足。但是，人们对一种新事物不会总是感到满足，随着时间的推移、条件的变化，会产生新的创造性需求，并进入下一个创造活动。

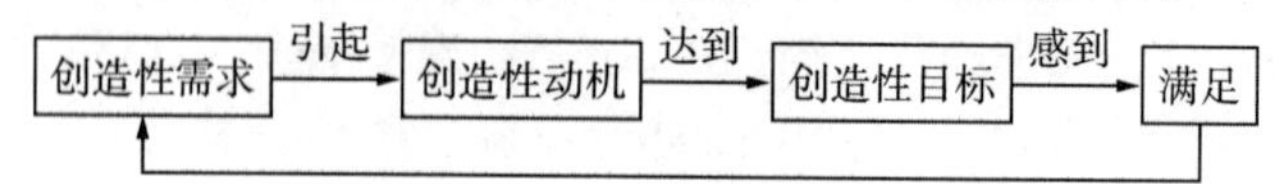

图 1-3　创造的内因

创造活动作为人的一种社会行为，有其过程性，人们在创造活动中具体的思维过程和实践过程，包括选题过程、分析思维过程、实施过程及运用方法解题过程等。20 世纪以来，有不少学者或是基于自己的创造经验，或是通过分析研究他人的创造行为进行探讨，提出了各种创造过程理论或猜测。创造过程的构成模式主要有以下几种。

（1）创造性思维四阶段论，或称作创造性解决问题的理论，即四阶段模式。

①准备期：主要指发现问题，收集有关资料，掌握必要的创造技能，积累知识和经验并从中得到一定启示等。

②孕育期（沉思）：对问题和资料冥思苦想，进行各种尝试。如果思路受阻，则暂时搁置。

③明朗期（启迪）：在孕育期长时间思考之后受偶然事件的触发而豁然开朗，产生了灵感、直觉或顿悟，使问题迎刃而解。

④验证期：对灵感或顿悟得到的新想法进行验证（逻辑验证、理论验证、实践验证），补充和修正，使之趋于完善。

（2）七阶段说，把创造过程比喻成生殖经历的七个阶段。

①恋爱：指创造者对知识的渴求，对真理追求的强烈欲望与热情。

②受孕：指创造者发现问题，提出问题，确定问题，并做充分的资料准备。

③怀孕：指创造者孕育新思想，经历了无意识孕育阶段的漫长过程和十月怀胎的全过程。

④产前阵痛：当新思想完全发育成熟时，那种独特的“答案临近感”只有真正的创造者才能体会到。

⑤分娩：指新思想的诞生，灵感到来、创意清晰出现。

⑥查看和检验：像检查新生儿一样，使新观念得到逻辑和实验的验证。

⑦生活：新思想被确认后，开始存活下来，独立生存，并可能被广泛接受、使用。

（3）创造性解决问题的五步模式。

事实发现—问题发现—设想发现—解法发现—接受发现，这五步构成了完整的创造性解决问题的过程。每阶段都包括发散与收敛两种思维。

（4）三阶段结构模式。

寻找事实（即寻找问题）—寻找构想（即提出假设）—寻找解答（即得出答案）。

（5）我国创造学家提出了五阶段结构模式。

发现问题—发散酝酿—顿悟创新—验证假说—成功实施。

其实，创造活动也就是一类特殊的问题解决过程，这样的问题解决过程具有创造活动所指明的特征，即目的性、新颖性、否定性、实践性、过程性、持续性和普遍性等。考察人们的创造过程，可以把创造活动划分为相对独立的四个阶段，即发现问题、确定创造目标阶段，提出解决问题的创造性方案阶段，评价和选择创造性方案阶段，创造性方案实施和反馈阶段。创造过程示意如图 1-4 所示。

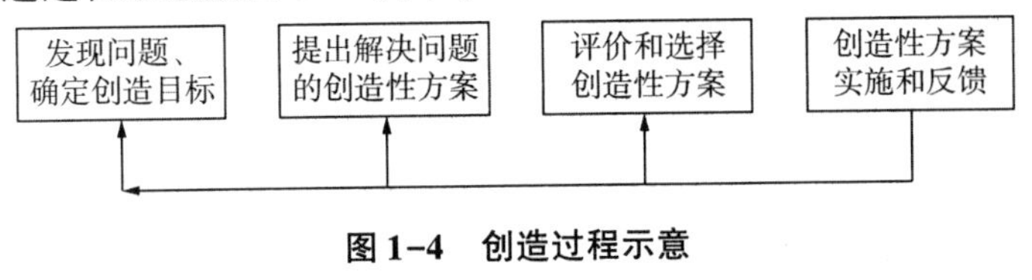

图 1-4　创造过程示意

二、创新

中国“天眼”背后的设计故事

在“2016 年北京市科学技术奖”的获奖名单中，坐落在贵州省黔南布依族苗族自治州、由中国天文台主导，北京市建筑设计研究院有限公司（BIAD）等单位参与设计的“500 米口径球面射电望远镜超大空间结构工程创新与实践”项目荣获北京市科学技术一等奖。《工人日报》记者走进 BIAD，探寻中国“天眼”背后的故事。

中国“天眼”FAST 项目反射面主体支承结构设计负责人朱忠义告诉记者，这个直径 500 米、能容纳 30 多个足球场的超级望远镜，在工程师的图纸上并非一个平板，而是由 46 万块三角形单元拼接而成。

据了解，这个构想起初是我国天文学家于 1994 年提出的，希望利用喀斯特洼地作为望远镜台址、建设可主动变位的巨型球面望远镜。中国科学院国家天文台南仁东教授组织国内外高校和科研院所进行了大量的研究工作，并主持了 FAST 的建造工作。

由于其内置可移动变位的复杂结构索网系统，它的设计完全不同于一般的固定建筑，“天眼”是可主动变位的巨型球面望远镜，精度控制要达到毫米级别。“天眼”从预研到建成历时 22 年，由中国科学院国家天文台主持建造。2011 年年底 BIAD 受国家天文台委托，承担“天眼”反射面主体支承结构设计及反射面板与主体结构连接节点的分析工作，简单来说，就是研究如何完美“拼接”好这些复杂且琐碎的构件。

朱忠义坦言，承接这个项目之后，发现现实情况要比想象中困难得多。“当初去贵州考察地形时，发现要把这个巨大的望远镜放在这块地质和地貌都很复杂的岩溶洼地并不容易。”他说。由于边界复杂，周围环境高度落差大，支承柱高度就得在 3 米至 50 米不等，造成“天眼”的组成部分——圈梁、索网和基础受力复杂，而且圈梁温度作用明显。

“天眼”设计对精度要求极为苛刻，如何克服地形和温差的不利条件就成了设计中的一个大难题。为了啃下这块硬骨头，项目团队不停地想对策改方案，最后提出将

柱子与圈梁隔开，通过一个径向可动支座进行滑动释放。就是用一种可动的支座连接柱子和圈梁，而不是简单地焊死，圈梁、索网受力和变形均匀，有利于望远镜调整角度。为了在均匀温度环境下作业，仅这一个测量和验算环节，就花费了足足4个多月的时间。

科学界有一句行话叫作“百米极限”，说的是口径超过百米的射电望远镜实现高精度是世界难题。为了做到高精度，就要保障索网精度，BIAD 的工程师严格把关索网精度，6 000 多根钢索长度误差均不超过 1 毫米。这样，索网与圈梁牵固点位置精度也就有了保障。

高精度意味着高灵敏度。据介绍，“天眼”比美国 Arecibo 射电望远镜的有效接收面积扩大了 2.3 倍，灵敏度更是远远高于后者。“天眼”反射面还可以实时调整形态，成为世界上独一份的可主动变位望远镜。

地处深山，雨季绵长，蚊虫横飞，居住条件简陋……但在 BIAD 的工程师看来，不管条件多艰苦，只要能让世界看到中国制造和中国建造，看到有着北京设计范儿烙印的中国创造就来了精气神。BIAD 总经理徐全胜说，职工的这种精气神与多年来 BIAD 注重科研创新人才的培养和输送有着密不可分的关系。

（资料来源：中国青年网. 中国“天眼”背后的设计故事 http：//news. youth. cn/jsxw/201705/t20170519_9811819. htm）

（一）创新的含义

创新，顾名思义，创造新的事物。《广雅》中有“创，始也”；新，与旧相对。创新一词出现很早，如《魏书》中有“革弊创新”，《周书》中有“创新改旧”。和创新含义相近的词语有维新、鼎新等，组成词就是“咸与维新”“革故鼎新”“除旧布新”。

从哲学上说，创新是一种人的创造性实践行为，这种实践为的是增加利益总量，需要对事物和发现的利用和再创造，特别是对物质世界矛盾的利用和再创造。人类通过对物质世界的利用和再创造，制造新的矛盾关系，形成新的物质形态。

从社会学上讲，创新是指人们为了发展需要，运用已知的信息和条件，突破常规，发现或产生某种新颖独特的、有价值的新事物、新思想的活动。创新的本质是突破，即突破旧的思维定式，旧的常规戒律。创新活动的核心是“新”，它或者是产品的结构、性能和外部特征的变革，或者是造型设计、内容的表现形式和手段的创造，或者是内容的丰富和完善。

从经济学上讲，创新是指把一种新的生产要素和生产条件的“新结合”引入生产体系。它有三层含义：第一，更新，就是对原有东西进行替换；第二，创造新的东西，就是创造出来没有的东西；第三，就是对原有的东西进行发展和改造。创新包括五种情况：引入一种新产品，引入一种新的生产方法，开辟一个新的市场，获得原材料或半成品的一种新的供应来源，新的组织形式。概念涉及技术性变化的创新及非技术性变化的组织创新。

综上所述，笔者认为可以对“创新”如此定义：创新是指以现有的思维模式提出有别于常规或常人思路的见解为导向，利用现有的知识和物质，在特定的环境中，本着理想化需要或为满足社会需求而改进或创造新的事物、方法、元素、路径、环境，并能获得一定有益效果的行为。

（二）创造与创新的关系

从一定意义上说，创造就是一种人类社会活动，是其他动物所不具有的一种特有的社会活动，也就是人第一次产生崭新的精神成果或物质成果的思维与行为。它具有明显的新颖性和独特性，如新产品、新品种、新技术、新材料、新思想、新点子、新设计等。创新就是创造，所有的创新都属于创造的范畴。但是，创造不一定都是创新。创造的范围要比创新宽得多，创造与创新的本质特征都是具有新颖性和独特性。

创造与创新的区别主要体现在以下两个方面。

（1）创造可以产生一定的经济效益，这时的创造可以称为“成功了的创造”，这与创新的含义大体相同。但是，创造学中的创造不仅仅是指这些“成功了的创造”，而且还泛指那些失败了的创造、失误的创造和由各种原因导致的一时难以产生经济效益的创造。比如，一个人初步构思出某新产品的大致结构，这无疑是一种创造，但并不能算创新，因为这个想法还没有绘成图纸，也没有制造成产品，当然更不要说进入市场产生经济效益了。

（2）创新一般是通过对已有事物的改进或突破来完成的。比如，制度创新的前提是事实上先有一些（旧的）制度存在，管理创新也是先有一套（旧的）管理方法存在。而创造则不同，创造的对象可以是对已有（旧有）事物的改进，也可以是直接创造一个从来没有出现过的新事物。

（三）创新的分类

1. 按照创新成果是否原创分类

根据创新成果是否具有原创性，创新分为原始创新和改进创新。

（1）原始创新，就是指重大科学发现、技术发明、原理性主导技术等原始性创新活动，如诺贝尔自然科学奖获奖者的多少能够反映一个国家在推动原始性创新中是否处于领先地位。

（2）改进创新，就是对原有的科学技术进行改进所做的创新。比如，火车的驱动方式从最初的蒸汽机发展到内燃机，再发展到电力驱动，行驶速度也在不断提升，最终构建了遍布全球的高速铁路网。改进创新可分为材质的改进、原理结构的改进和生产技术的改进等。

2. 按照创新成果是否首创分类

根据成果是否属于全世界范围内的首例，创新分为绝对创新和相对创新。绝对创新是在全世界范围内实现首次创新。例如，我国古代的四大发明，牛顿的运动定律等，便是在全世界范围内的首创，属于绝对创新。

相对创新是不考虑其成果是否属于全世界范围内实现首创的创新。相对创新不考虑外界环境，创造者针对自己原来的基础实现了新的突破就属于相对创新。

3. 按照创新成果是否具有自主知识产权分类

根据创新成果是否是自己创造出来的、是否有自主知识产权，创新分为自主创新和模仿创新。

（1）自主创新是相对于技术引进、模仿而言的一种创造活动，它是指拥有自主知识产权的独特的核心技术，以及在此基础上实现新产品的价值的过程。自主创新的成果，一般体现为新的科学发现，以及拥有自主知识产权的技术、产品、品牌等。

（2）模仿创新与自主创新是两个相对的概念。模仿创新，即通过模仿而进行的创新活动，一般包括完全模仿创新、模仿后再创新两种模式。模仿创新难免会在技术上受制于人，随着知识产权保护意识的不断增强、专利制度的不断完善，要获得效益显著的技术十分困难。

4. 按照创新活动涉及的领域分类

根据创新活动所涉及的不同领域，创新又可分为科技创新、制度创新、观念创新、文化创新、教育创新、理论创新、营销创新等。

三、创意

创意楼梯

人性化的创意楼梯（图 1–5）除了作为普通楼梯使用以外，还可以转化成一个斜坡，以帮助一些行动困难的人简单、轻松地上楼，也为那些由于携带重物而使用购物车或者手推车的人提供了便利。

这款楼梯可以最大限度地减少意外的发生，直接将其安装在现有的楼梯上，并不需要特别为它建造一个新的斜坡，因此安装方便，建设和维护成本低。

图 1–5　创意楼梯

（资料来源：花瓣．发现．采集你喜欢的一切 https：//huaban. com/pins/114261594）

南瓜形办公室

独特的南瓜形办公室（图 1–6）打破常规的四四方方，钢筋水泥组成的办公空间，让您的发散性思维尽情释放。

南瓜形办公室由聚碳酸酯纤维模块与金属框架构成，用日光灯照明，白天看上去非常现代化，晚上看上去有几分梦幻气息，让您感觉这就是梦想开始的地方。球状表面的外观，给人的视觉感受是非常棒的，聚碳酸酯纤维盘区灵活自如，打开办公室的门，里面一览无遗，干净利落，让人赏心悦目。它活动的模块可以灵活地分布在各个位置，大厅、工作空间、会议室……也可以根据您的实际需求进行各种变换。

图1-6 南瓜形办公室

（资料来源：家居装修知识网．南瓜创意办公空间设计 现实中的童话故事 https：//www. biud. com. cn/news-view-id-174490. html）

渐变多焦点镜片

在一块镜片上有不同屈光度（焦点）的镜片被称为多焦点镜片。普通单光眼镜只有一个光学区，而渐变多焦点镜片上有四个学区：远用区、近用区、渐变区、像散区（图1-7）。两个光心：近用光心和远用光心。在镜片上方固定的视远区和镜片下方的视近区之间，有一段屈光力连续变化的过渡区域，该区域称为渐变区。在该区域，通过镜片曲率半径逐渐变小而达到镜片屈光力逐渐增加。在外观上，渐变多焦点镜片与普通镜片没有任何区别，还能维持从远到中到近全程的清晰视力。一副眼镜同时满足了远用、近用和中间各个距离的使用，这是除渐变多焦点镜片以外的镜片做不到的。通常情况下，渐变多焦点眼镜适合有老花或者因调节功能异常而出现视疲劳的成年人使用。因度数是渐变的，对调节作用的替代也根据视近距离的缩短而循序渐进增加的，没有调节的波动，不易引起视觉疲劳。另外，佩戴渐变多焦点眼镜看近处时，眼睛可以放松，能减少调节滞后量，从而达到延缓近视增长的目的。

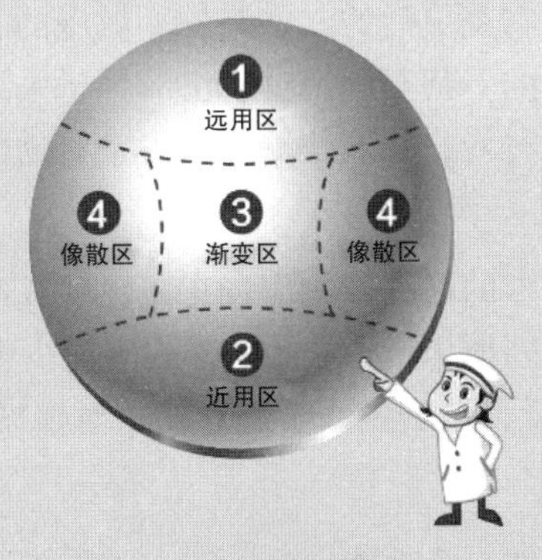

图1-7 渐变多焦点镜片示意

（资料来源：知乎．关于渐进多焦点镜片，你了解多少？https：//zhuanlan. zhihu. com/p/81582890）

人人皆有创意，但并非人人都能够将创意变为现实。创意有如昙花一现的幻影，有如纯洁灵动的精灵，捕捉那转瞬即逝的灵光。用创造性的思维、创意的形式赋予其有形的翅膀，每个人的创意都可以创造出奇迹。

（一）创意的含义

作为名词，创意是指新巧的构思与创造性的意念。作为动词，创意是指从无到有产生新意念的思维过程。创意的本质是建立新关系。创意的核心是运用有关的、可信的、品位高的方式，与从前无关的事物之间建立一种新的、有意义的关系的艺术。

我们不妨以气垫船的创意为例加以说明。当前主要的运输工具——车的运动是靠轮的支托和滚动，车与地面之间的关系，这不能不说是一项伟大的发明。流动的气体有推力，其反作用力会作用于发出流动气体的物体，这时一个创意产生了：利用大功率鼓风机把压缩空气打入船底，在船底和水面（或地面）间形成气垫，使船体全部或部分垫升，以减少航行阻力，实现高速航行，一种全新概念的运输工具——气垫船就诞生了。气流就是有关的、可信的、品位高的方式，与从前无关的事物之间建立一种新的、有意义的关系，创意则是建立新关系的艺术。

（二）创意的特征

创意具有突发性、形象性、自由性、不成熟性四个特征。

1. 创意的突发性

创意的突发性不仅指创意不能预期，常常会伴随突如其来的灵感，还指它的突变性，即创意是一种突变式的思维飞跃，可以使感性材料或灵感启示迅速升华为理性认识，也就是想法、意念。

2. 创意的形象性

创意并非来源于书面语言，而是建构于视觉型的符号或表象之上。创意产生的时候，思维方式主要是形象思维，思维元素是称为表象的记忆材料。

3. 创意的自由性

从创意思维的产生来看，它是灵活的、多路的、散漫的、全方位的，具有充分的自由性。创意的选择也是自由开放的，甚至是由着自己的性子去思考自己愿意做的事。当思维开阔、自由奔放、不受拘束的时候，我们往往能获得宝贵的创意。

4. 创意的不成熟性

创意并不等同于创造性思维的最终产物，创意是灵感或经验与创新设计方案之间具有中介性质的思维存在。正如爱因斯坦所说，“具有或多或少明晰程度的表象，而这些表象则是能够自由地再生和组合的”，这正说明了创意的相对模糊性和不成熟性。

（三）创意的功能

创意具有始动、启示和延伸三个功能。

1. 创意对创造具有始动功能

只有从创意开始，才能走进更深入的创造过程，没有创意，也就不存在创造。创意是创造乃至创业的第一步。

2. 创意具有启示功能

创意是创新能力的展示，是创新能力的证明。创意是开启创新创业大门的钥匙，有了创意，创造就不再神秘。

3. 创意具有延伸功能

创意向前延伸便是创造。创意产生新的设想，创造把这种设想物化为有形的新产品，创业利用新产品创建新事业，这就是由创意走向创造，再由创造走向创业的过程。

（四）创新、创意与创业的关系

自主创新促进科技进步，科技进步引领经济发展。“创意、创新、创业”这三个词与国家、企业、个人的成长紧密联系在一起，它们不仅是科技进步与经济发展的内核，也是个人成长的内核。当今社会，每个人的职业生涯和上升通道，都将与这三个“创”紧密相连，休戚相关，而且这三者之间存在着紧密的关系，缺一不可。

1. 创意是创新创业的基础

人人皆有创意，但非人人都能够科学把握。创意是具有新颖性和创新性的想法，人们可以通过创意创造出更大的效益，包括物质的和精神的效益，因此，创意是创新创业的基础，没有创意，很难开展创新创业实践活动。

2. 创新是创意的飞跃

创意和创新并不仅仅是一字之差，从需求、产生环境、保障机制、可实现性上来说，创新和创意都是有区别的。

首先，创新与创意在思维方式上不同。从思维类别上看，创意以形象思维为主，以表象为思维要素，而创新是在形象思维的基础上，把一系列表象概念化，通过逻辑思维，把感性色彩浓厚的创意上升为理性思维居多的创新。

其次，创新与创意在稳定性方面不同。创意的过程往往是突发性、突变性、突破性的综合。例如，我国数学家侯振挺送一位朋友上火车，在火车站排队上车的队伍前，他的灵感突然闪现，一年多以来梦寐以求的答案清晰地出现在脑际，于是写成了《排队论中的巴尔姆断言的证明》。而创新是概念化、逻辑化的创造方案，具有相对稳定性。

创新来源于创意，但高于创意。创意是一种创新的设想，它不仅要有理论的支持和目标的召唤，还要有一个发明的实现过程和产品的检验环节。也就是说，创意变成有价值的创新会经历一个充满失败可能的、艰苦的发明过程。有的人从创意进入发明实验环节，这些人更接近成功，而那些只有创意却没有实际行动的人，肯定不会取得最终的创新成果。

创意具有突发性、突变性和突破性，我们要善于抓住灵感，形成构思，进而进行坚持不懈的试验，以最终实现创新。可以说，创新始于创意而终于构思。

3. 创新是创业的基础

从经济范畴讲，创业主要是指为了创建新企业而进行的、以创造价值为目的、以创新方法将各种经济要素综合起来，创造出新产品或服务而获得利润的一种经济活动。创业与创新有着密不可分的联系，可以说，创新贯穿于创业的全过程，它是影响创业成功与否的重要因素。

（1）创新是创业的基础。创业是把创新成果转化为生产力的过程，是一个创造新价值、开辟新道路的过程。

（2）不断创新可以保护创业成果。一个新的模式出现后，很快就有人模仿和复制，要想维护品牌的领先地位，必须树立不断创新的理念。

（3）创新可以推动创业持续发展。改革创新是企业活力的源泉，创业者有了较强的创新能力，就会引导企业不断地创新，这些创新是创业者的成功之道，企业的生命之源。

案 例

来自丽水市缙云县的“90后”卢沧龙，为了把瞬息万变的云朵留住，在淘宝上开辟了一个全新的职业：云朵制作师。一年之间，他追云逐影，寄出去20多万朵“云”，治愈了4万多人，把来自故乡的“浙江云”卖火了。

卢沧龙和云朵的故事，是从一片火烧云开始的。卢沧龙从浙江大学物理系光学工程专业毕业后，成了一名“北漂”。因为工作压力大，当时的卢沧龙有些烦躁。有一天在家中休息的他，偶然间抬头就被天空震撼了。“那是一片很好看的火烧云，像火把点燃了天空，那一瞬间突然照见了内心的美好。”卢沧龙还记得当时的感受是壮观和震撼。

此后，卢沧龙决心把“云”封存起来，他为此翻遍了与云朵有关的文献资料，一点点地学习“识云”。怎样才能留住一朵云？卢沧龙为此思考了很久。他试着用滴胶建模，模拟云彩的模样，从制模、造型、打磨到成品，把它们存在透明立方体里面（图1-8）。

卢沧龙的“云立方”制品，慢慢成形了。它们当中有不少以浙江的云朵为模型，有晴天的云，还有人独独偏爱的“小乌云”，甚至于阴雨天、黄昏日出的云朵，都被“封存”起来。2019年，卢沧龙的店铺“天空市集”在淘宝亮相了。购买云立方的客户纷纷表示被治愈了。

工作室正式落户杭州之后，卢沧龙都会习惯站在阳台上，定格当天的云朵。拍云，俨然成了他生活的一部分。在他建立的“在云间”云友社群里，有5 000多位志同道合的“捕云者”，他们拍下的荚状积云、落幡云洞、悬球状积云，同样摄人心魄。

之后，卢沧龙还打算将云朵和城市景观结合起来。作为一个新杭州人，他也想将杭州的著名景点西湖融入云立方中。他说：“浙江的天空很美，我也想让更多的人看到我们家乡的云。”

图1-8　心云制品

（资料来源：钱江晚报新闻资讯客户端“小时新闻”原创作品：我在人间卖云朵！浙江小伙一年卖出20多万朵云 https://www.thehour.cn/news/464799.html）

第二节 创新能力及其构成

一、创新能力

案 例

华为的创新能力

要说最值得中国骄傲的企业当属华为，其也是目前世界上炒得最热的企业。西方国家害怕的不是华为这个企业，而是华为的技术和创造力。

中国制造业经过了从“重工业”“轻工业”到“中国制造”的阶段性发展，“中国制造”成绩优异，中国被称为“世界的加工厂”。但是，大部分时候扮演的都是跟随者的角色，企业采取“以市场换技术”的后发战略。一个国家知名品牌和优秀品牌的数量可以真实地折射出其整体经济实力。因此，我们应重视打造中国品牌，创新思维方式，更新理念观念，以创新技术为动力，下大力气做出真正的好产品，真正由产品制造走向产品智造，提高品牌含金量。

创业初期，华为面对国外的强大竞争对手，技术相对落后，生存受到了极大的挑战。公司意识到没有创新，就不能生存下去。

作为一个高科技企业的后来者，华为明白有企业的核心技术产品才能在通信市场取得一定竞争力。形成核心技术产品需要持续的高投入，所以他们把利润全部投入到产品的研发中。如此周而复始，不断改进创新，形成了自己的核心技术。华为也非常重视对研发人才的投入和积累，华为员工总数的48%被公司投放到研发部门。为激发员工技术创新的积极性，华为出台了“多阶段奖励政策”等一系列专利创新鼓励办法，保证发明人全流程地关注其专利申请，每项重大专利可获得3万元至20万元的奖励。

如今，华为已经在国内外设了多个技术研发点。通过跨文化团队合作，这些技术研发点不仅实施了全球同步研发战略，也为华为输入了大量的高质量研发人才。持之以恒的技术研发为华为取得技术优势和产品核心竞争力奠定了坚实的基础。

在华为三十余年发展历程中，其在跨国巨头缝隙中一路过关斩将，从农村到城市，从本土到海外。正是创新促使着华为的成功，促使其从一个弱小的、没有任何背景支持的民营企业快速地成长、扩张成为全球通信行业的领导者。华为发展的成功经验说明，唯有不断提高创新能力，企业才能够立于不败之地。

（资料来源：搜狐网．提高创新能力 促进创新发展 https://www.sohu.com/a/448468969_120439505）

（一）创新能力的含义

创新能力是指每个正常人或群体在支持的环境下运用已知的信息，发现新问题并寻求答案，以及产生某种新颖而独特、有社会价值或个人价值的物质或精神产品的能力。也可以通俗地将创新能力解释为发现和解决新问题、提出新设想、创造新事物的能力。

创新能力是人类特有的一种综合性本领，是人人皆有的一种潜在的自然属性，即人人都有创造力，人人都具有可开发的创造潜能。此外，人们的创新能力可以通过科学的教育和训练而不断被激发出来，转化为显性的创造能力，并不断得到提高。一些所谓“无创新能力”的人，其实他们并不是真的没有创新能力，而是其创新能力没有得到应有的开发。只要进行科学开发，人们的创新能力是完全可以被激发出来并转变为显性创造力的。

一个人创新能力的强弱，是一流人才和一般人才的分水岭。创新能力是知识、智力、能力及优良的个性品质等复杂的多因素综合优化构成的。创新能力是产生新思想，发现和创造新事物的能力，它是成功地完成某种创造性活动所必需的心理品质。例如创造新概念、新理论，更新技术，发明新产品、新方法，创作新作品都是创新能力的表现。创新能力是一系列连续的、复杂的、高水平的心理活动，它既要求人的全部体力和智力高度紧张，也要求创造性思维在最高水平上运行。

真正的创造活动总是给社会带来有价值的成果，人类的文明史实质是创新能力实现的结果。目前创新能力的研究日益受到重视，由于侧重点不同，对创新能力的研究出现了两种倾向，第一种倾向是不把创新能力看作一种能力，认为创新能力是一种或多种心理过程，从而创造出新颖和有价值的东西；第二种倾向是认为创新能力是一种产物。我们可以认为创新能力既是一种能力，又是一种复杂的心理过程。

有人认为，创新能力较高的人通常有较高的智力，但智力高的人不一定具有很强的创新能力。西方学者研究表明，智商超过一定水平时，智力和创新能力之间的差别并不明显。创新能力高的人对客观事物中存在的明显失常、矛盾和不平衡现象容易产生强烈兴趣，对事物的感受性特别强，能抓住易被常人所忽略的问题反复推敲，意志坚强，能认识和评价自己与别人的行为和特点。

创新能力与一般能力的区别在于它的新颖性和独创性。它的主要成分是发散思维，即无定向、无约束地由已知探索未知的思维方式。按照心理学家的看法，当发散思维表现为外部行为时，就代表个人具备了创新能力。

（二）创新能力的构成

研究创新能力的构成，分析创新能力的构成要素，有利于加深对创新能力本质的了解，对开发创新能力具有指导作用。

创新能力是人类大脑思维功能和社会实践能力的综合体现。因此，可以说创新能力是人们进行创造性活动的心智能力与个性素质的总和。创新能力与智力的密切关系，可由如图 1-9 所示的创新能力要素构成来展现。

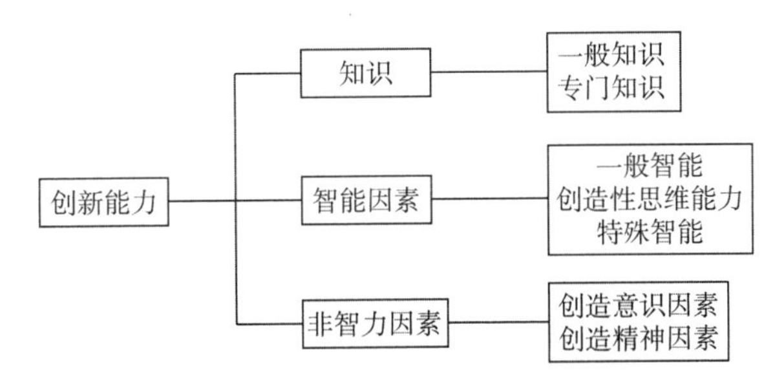

图 1-9 创新能力要素构成

1. 知识

信息和知识是创造的基础和原材料。没有及时的、可靠的、全面的信息，不懂知识，是不会产生创造成果的。很难想象，一个对光电知识一无所知的人能发明出新型的电灯，一个对计算机一窍不通的人能开发出新的操作系统。不了解前人的成果、眼光狭窄、知识贫乏的人是不可能有重大科学发现和技术发明的。知识的掌握，在很大程度上决定着认识能力、解决实际问题能力的速度和质量。

在创新能力构成要素中，一般知识和经验为创造提供了广泛的背景，而包括专业知识、创造学知识、特殊领域的专门知识，则直接影响创新能力层次的高低。

2. 智能因素

智能因素包含以下三种能力。

（1）一般智能，如观察力、注意力、记忆力、操作能力，体现了人们检索、处理及综合运用信息，间接、概括反映事物的能力。

（2）创造性思维能力，主要指发散思维和形象思维能力，如创造性的想象能力、逻辑加工能力、思维调控能力、直觉思维能力、推理能力、灵感思维能力、捕捉机遇的能力及批判性思维能力等，它体现出人们在进行创造性思维时的心理活动水平，是创新能力的实质和核心。

（3）特殊智能，指在某种专业活动中表现出来的、并保证某种专业活动获得高效率的能力，如音乐能力、绘画能力、体育能力、操作能力等。

3. 非智力因素

非智力因素包含以下两种因素。

（1）创造意识因素，指对与创造有关的信息及创造活动、方法、过程本身的综合觉察与认识。也可以简单地理解为创造的欲望，包括动机、兴趣、好奇心、求知欲、探究性、主动性、对问题的敏感性等。培养创造意识，可以激发创造动机，产生创造兴趣，提高创造热情，形成创造习惯，增强创造欲望。任何创造成果都是创造意识和创新方法的结合。从某种意义上说，一个人能做出创造性成就，其创造意识要比创新方法更重要，尤其在创造的初期，因为创造意识能使人们自觉地关注问题，从而发现问题。想创造的欲望决定了创造过程的发生，一个人如果不想创造，纵然再有才能，也很难成功。

（2）创造精神因素，指创造过程中积极的、开放的心理状态，包括怀疑精神、冒险精神、挑战精神、献身精神、使命感、责任感、事业心、自信心、热情、勇气、意志、毅力、恒心等。创造精神也可以简单地说成是创造的胆略。在创造活动中，创造精神往往是成功的关键。

研究表明，智能因素是创造活动的操作系统，非智力因素是创造活动的动力系统。非智力因素虽然不直接介入创造活动，但它以动机作为核心对创造活动起着极其重要的作用。

庄寿强教授在《普通创造学》（第二版. 中国矿业大学出版社，2001）中提出了以下关于创新能力的表达公式：

$$创新能力 = K \times 创造性 \times 知识量^2$$

公式中，K 为一个常量，在式中亦可视为个体的潜在创新能力；式中的创造性主要包括创造者的创造性人格、创造性思维及其所掌握的创新方法的总和。因此，该公式又可表示为：

$$创新能力 = K \times (创造性人格 + 创造性思维 + 创新方法) \times 知识量^2$$

国内学者还提出创新能力由智力因素和非智力因素构成。其中智力因素包含视知觉能力，即观察力、记忆力、想象力、直觉力、逻辑思维能力、辩证思维能力、选择力、操作力、表达力等；非智力因素主要包含创造欲、求知欲、好奇心、挑战性、进取心、自信心、意志力等。

二、创造性人格

致敬“两弹一星”元勋王淦昌

王淦昌一生致力于科学研究上的求新与创造，他的名字始终和科学上的重大发现紧紧联系在一起，比如反西格马负超子、两弹突破、大型 X 光机、惯性约束聚变等。对于王淦昌一生的成就，曾有人评论说：“任何人只要做出了其中的任意一项，就足以在中国科技发展乃至世界科技发展历程中名垂青史。”

在 20 世纪 50 年代初期，王淦昌领导并参加了有关宇宙线的研究。他与肖健共同领导筹建了位于云南落雪山海拔 3 185 米处的中国第一个高山宇宙线实验室，并在此安装了自行设计建造的磁云雾室。实验室于 1954 年建成，开始观察宇宙线与物质相互作用。他们共搜集到 700 多个奇异粒子事例，研究了奇异粒子性质，使我国在宇宙线方面的研究进入当时国际先进行列。

1964 年，王淦昌独立地提出了用激光打靶实现核聚变的设想，是世界激光惯性约束核聚变理论和研究的创始人之一，也使中国在这一领域的科研工作走在当时世界各国的前列。在杜布纳联合原子核研究所，王淦昌领导的研究小组发现了反西格马负超子。

1985 年，王淦昌把研究方向转向氟化氪激光聚变研究，把原有的强流电子加速器改建成泵浦准分子激光的氟化氪激光器。经过不断改进，到 1996 年年初，激光器输出能量达到了 276 焦耳，使中国准分子激光研究步入了国际先进行列，成为继美国、英国、日本、苏联之后具有百焦耳级氟化氪激光器的国家，并使中国原子能研究院成为我国氟化氪准分子激光技术，以及氟化氪激光惯性约束聚变研究的一个重要基地。

王淦昌作为中国核武器研制的主要科学技术领导人之一、核武器研究试验工作的开拓者，指导并参加了中国原子弹、氢弹研制工作。他是原子弹冷试验技术委员会主任委员，指导了中国第一次地下核试验，领导并具体组织了中国第二、第三次地下核试验。他主持指导的爆轰物理试验、炸药工艺、近区核爆炸探测、抗电磁干扰、抗核加固技术和激光模拟核爆炸试验等都取得了重要成果。

此外，王淦昌非常关心中国科学技术，特别是高科技事业的发展。1986 年 3 月，王淦昌与王大珩、陈芳允、杨嘉墀联合向中央提出《关于跟踪研究外国战略性高技术发展的建议》，建议发展对国家未来经济和社会有重大影响的生物、航天、信息、激光、自动化、能源和新材料等高技术，力求缩小中国与先进国家间科技水平的差距，在有优势的高技术领域创新，解决国民经济急需的重大科技问题。由此催生了举世瞩目的战略性高科技发展计划——“863”计划。为中国高技术发展开创了新局面。

（资料来源：360 百科．王淦昌 https：//baike. so. com/doc/4475830-4684828. html）

（一）创造性人格的含义

所谓创造性人格，也称为创造人格，是指主体在后天学习活动中逐步养成，在创造活动中表现和发展起来，对促进人的成才和创造成果的产生起导向和决定作用的优良的理想、信念、意志、情感、情绪、道德等非智力素质的总和。

创造性人格，如高尚的理想和信念、坚强的意志，能够在一个人的成才过程中起导向作用。某些创造人格的素质能对创造者的创造历程起到内在动力作用。在科学和艺术史上，有一类重大成果，需要创造者数十年的奋斗才能够获得。在长时间的创造过程中，持之以恒、坚持到底的创造性人格，对于创造活动起到了促使它最终成功的作用。

（二）创造性人格的基本素质

创造性人格包括的基本素质是多方面的。根据对古今中外的 100 多位杰出创造性人才典型案例的研究，可以概括出创造性人格的几种基本素质。

1. 批判继承、综合创新

创造过程既是对旧理论、旧观点的扬弃（批判继承）过程，又是对多种经批判、鉴别、选择的观点、材料进行综合创新的过程，所以创造者，特别是堪称大师的创造者最具有批判继承、综合创新的精神。

案 例

屠呦呦的抗疟药研究之路

由于恶性疟原虫对氯喹为代表的老一代抗疟药产生了耐药性，1967 年 5 月我国紧急启动“疟疾防治药物研究工作协作”项目，代号为“523”。临危受命，屠呦呦被任命为“523”项目中医研究院科研组长。要在设施简陋和信息渠道不畅条件下，短时间内对几千种中草药进行筛选，其难度无异于大海捞针。屠呦呦通过翻阅历代本草医籍，四处走访老中医，甚至连群众来信都没放过，终于在 2 000 多种方药中整理出 1 张含有 640 多种草药（包括青蒿在内）的《抗疟单验方集》。可在最初的动物实验中，青蒿的效果并不出彩，屠呦呦的寻找也一度陷入僵局。屠呦呦再一次转向古老中国智慧，重新在经典医籍中细细翻找，突然葛洪《肘后备急方》中的几句话牢牢抓住她的目光，“青蒿一握，以水二升渍，绞取汁，尽服之。”一语惊醒梦中人，屠呦呦马上意识到问题可能出在常用的“水煎”法上，因为高温会破坏青蒿中的有效成分，她

随即另辟蹊径采用低沸点溶剂进行实验。终于在190次失败之后获得成功。1971年，屠呦呦课题组在第191次低沸点实验中发现了抗疟效果为100%的青蒿提取物。1972年，该成果得到重视，研究人员从这一提取物中提炼出抗疟有效成分青蒿素。这些成就并未让屠呦呦止步，1992年，针对青蒿素成本高、对疟疾难以根治等缺点，她又发明了双氢青蒿素，其抗疟疗效为前者10倍。

正因为屠呦呦既重视传统经验的继承，又善于运用现代科学知识方法对青蒿所含的活性成分进行提纯、分析和药效试验，最终才敲开了青蒿素的发现之门。敬畏传统、勇于创新的思想和方法无疑是其成功的关键所在，是应该被传承和发扬的。

（资料来源：新东方网．离诺贝尔奖最近的中国女人－新东方网 http：//xiaoxue. xdf. cn/lnj/201906/10933735. html）

2. 探索精神

创造过程实质上是以质疑和发现问题为起点，通过辩证，综合创立新理论、新方法、新设计，并在实践中加以检验或制作，获得新成果的过程。既然质疑和发现问题是创造的起点，那么，善于质疑、发现问题的探索精神对于创造者就是十分重要的创造性人格。科学史证明，创造始于问题，怀疑引出问题，怀疑是创造之母。没有对旧理论、旧工艺、旧制度的怀疑，就不会有新理论、新工艺、新制度的创造。

已故的发明家徐荣祥之所以能发明“湿润烧伤膏”和“烧伤湿润暴露疗法”，关键原因之一就是他在青岛读医科大学时开始培养质疑和提出问题的精神。他敢于对传统的烧伤疗法提出质疑，提出了一系列问题。

屈原的《天问》是他的巅峰之作。《天问》以四言为主，通篇共提了170多个问题，从天地万物、神话传统到社会问题，无所不包。屈原以追求真理的探索精神，从天地离分、阴阳变化、日月星辰等自然现象，一直问到神话传说乃至圣贤凶顽和治乱兴衰。满怀情感地上天下地、寻觅时空，来追询、来发问、执着探求善恶是非、政治成败、历史的命运、生命的价值、远古的传统，屈原的每一问都是对万物的存在意义提出怀疑，都表现出他超卓非凡的学识和惊人的探索精神，《天问》被誉为“千古万古至奇之作”。一个两千多年前的古人，突破时代的限制，对当时的宇宙观提出质疑，非常大胆地提出了系列问题，这些探究宇宙起源的问题，成为在中国文化史上可谓前无古人的旷世杰作。

3. 敢冒风险的大无畏勇气

创造活动，特别是重大的发明创造活动，是破旧立新的过程，要破除旧理论，就可能遭到维护旧理论的社会势力的打击；要立新，就要探索未知的领域，就可能遇到各种意外的风险和失败。因此，创造者必须具有不怕风险、不惧失败的大无畏精神。

我国著名画家齐白石曾荣获世界和平奖。然而，面对已经取得的成功，他并不满足，而是不断汲取历代画家的长处，不断改进自己作品的风格。他60岁以后的画风，明显不同于60岁以前的。70岁以后，他的画风又变了一次。80岁以后，他的画风再度变化。齐白石一生，曾五易画风。正因为齐白石老人在成功后，能仍然马不停蹄地改变、创新，所以他晚年的作品比早期的作品更完美成熟，也形成了自己独特的流派与风格。

他告诫弟子“学我者生，似我者死”。他认为画家要“我行我道，我有我法”。这就是说，在学习别人长处时，不能照搬照抄，而要创造性地运用，不断发展，这样才会赋予艺术以鲜活的生命力。

4. 抗压精神

这种创造性人格是许多遭遇失败或身处逆境的创造者，能够战胜千难万险、排除重重障碍、承受多次失败的压力，最终获得成功或创造成果的决定性因素。

案 例

1905 年 5 月，清政府设立铁路矿务总局，聘詹天佑为总工程师，让他主持修建京张铁路。一些外国人认为中国人想不靠他们自己修铁路，就算不是痴人说梦，至少也得花费 50 年。他们挖苦詹天佑出任京张铁路总工程师是不自量力，等着看中国人的笑话。

詹天佑下定决心，要为中国人争一口气。他说："中国地大物博，而修路工程却必须借用洋人，这应该引以为耻。中国人已经醒过来了，中国人要用自己的工程师、自己的钱来建筑铁路!"。工程开工以后，困难接踵而来，因为缺少机械和轻轨，所有工作都得靠人力；沿途皇亲国戚的墓地不让通过；外国银行故意拖延工程款，造成经费接济不上；等等。詹天佑排除万难把工程推向前，铁路过了南口以后，共有居庸关、五桂头、石佛寺和八达岭四处隧道，总长度 1 645 米，这是全路工程成败的关键。居庸关山势高、岩层厚，隧道长达四百米，施工难度很大。

为了加快进度，詹天佑想出了从南北两端向中心对凿的方案。但人力凿山，进度很慢，詹天佑又大胆地提出炸开岩石的办法，施工进度果然加快了许多。八达岭隧道比居庸关隧道还长，这么长的隧道，南北对凿是不太容易对准的。詹天佑又提出一种凿竖井的开凿办法，就是从隧道中心点的山顶先凿开一个洞，笔直往下凿，凿到一定深度时，再分开两头，向南北凿去。这样可以有四个工作面同时开凿，也不会凿歪。

这时，还剩下最后一道难题有待解决，就是从南口到八达岭地势太陡，如果采用常规的螺旋式线路，火车很难爬上去。詹天佑请教了当地老乡，创造性地设计出一种折返线路，就是在山高坡陡的青龙桥地段，顺着山腰，铺设"人"字形路轨，既降低了坡度，也缩短了隧道长度，火车到这里后，以两部大马力机车前后一推一拉，就可安全爬过陡坡。

1909 年 7 月，京张铁路全线通车。这条原来计划要用六年时间完工的工程，只用了四年，还节省了 28 万两银子的费用。詹天佑先生领导修建京张铁路的卓越成就，为当时深受屈辱的中国人民争了一大口气。詹天佑发愤图强、不怕困难、艰苦奋斗的精神，是他对我国人民和古代科学家、工程师的伟大精神传统和创新才能的继承和发扬，也是他留给科学技术界的伟大精神遗产。

（资料来源：名人轶事．中国名人故事．詹天佑修铁路的故事 https：//m. gushiba. com. cn/mingreni/zgmr/3457. html）

5. 开拓精神

开拓精神是许多科学家、发明家、改革家、企业家有所发现、有所发明、有所创新的重要原因。

开拓创新精神指积极进取、勇于创新的精神状态。尊重科学，尊重客观规律，按事物

的本来面目去认识和掌握事物发展的客观规律；解放思想、实事求是，积极变革、勇于开拓创新、讲求实效。做开拓创新型人才，最重要的是必须对事业有强烈的进取心和献身精神，必须以“开拓、再开拓”为人生信条，要注意扩大视野，克服习惯思维障碍，注意捕捉机会，发挥独创力；要雷厉风行，立即行动。

案 例

袁隆平作为杂交水稻研究领域的开创者和带头人，一直致力于杂交水稻的研究，先后成功研发出“三系法”杂交水稻、“两系法”杂交水稻、超级杂交水稻等。与此同时，他还提出并实施了“种三产四”丰产工程。获得了国内外无数奖项，但是他仍然保持着工匠精神，当他还是一个乡村教师的时候，已经具有挑战世界权威的胆识，当他名满天下的时候，却依然只专注于田畴。袁隆平始终坚守在科研工作的第一线，不懈探索，不断地突破原有的成绩，为人类的运用科技手段战胜饥饿带来绿色的希望和金色的收获。

袁隆平的卓越成就为中国人民的温饱和保障国家粮食安全作出了贡献。另外，他的杂交水稻在非洲各个国家进行推广和成功种植，以及新的沙漠杂交水稻种植技术的应用，还为世界和平和社会进步立下了丰碑。袁隆平及其团队，敢闯敢拼，不断地通过自身的努力，敢于突破技术难题，勇于开拓，实现水稻的推广种植和丰收。尤其是在迪拜沙漠水稻实验的成功，更是创新精神的重要体现。在荒漠中种植需水量极大的农作物水稻，本身就是一种对自己的突破，和对技术的创新。这种创新精神解决了中国人民乃至世界人民的饥饿问题。袁隆平团队在科学技术领域取得的成绩令人感到欣喜，也是对创新精神的完美诠释。

（资料来源：搜狐．世界杂交水稻之父——袁隆平_研究 https：//www. sohu. com/na/451987550_121034064）

三、创造性思维

自动摘收番茄问题的解决

20世纪初，农业机械化在发达国家就已经实现。然而，发明一种能自动摘收番茄的机器始终是可望而不可即的。这主要是因为番茄的皮太柔嫩，任何机械都可能因抓得过紧而将番茄夹碎。那么，怎样才能实现番茄的自动摘收呢？解决这个问题有两种不同的思维方式。第一种方式是研究控制机器的抓力，使其既能抓住番茄又不会将番茄夹碎。但是始终未能成功。第二种方式则是采用了一种从问题源头解决的办法，即研究如何才能培育出韧性十足、能够承受机器夹摘力的番茄。沿此思路，人们成功研制出一种硬皮番茄。

（资料来源：道客巴巴．创新创业基础2-道客巴巴 http：//www. doc88. com/p-3397441231875. html）

面对同一个问题，人们可以采取不同的思维方式去寻求解决问题的方法。上例中的第一种解决方案是大多数人习惯使用的思维方式，即利用现有信息进行分析、综合、判断、推理，从而找出解决办法，将所需解决的问题与头脑中已储存的曾经用过的问题做比较，以寻找解决问题的办法，其本质是通过学习、记忆和记忆迁移的方式去思考问题。这种思维被称为再现性思维，也称为习惯性思维。而上例中的第二种方案是在已有经验的基础上寻找另外的途径，从某些事实中探求新思路、发现新关系、创造新方法以解决问题，这就是创造性思维的表现。

何为创造性思维？

目前学术界对此尚无统一定义。各领域专家已从不同的角度、根据不同的理解对其有很多的阐释。

从广义上看，创造性思维是创造者利用已掌握的知识和经验，从某些事物中寻找新关系、新答案，创造新成果的高级的、综合的、复杂的思维活动，通常包含三层含义。

第一层含义是创造性思维的基础是创造者已掌握的知识和经验。

第二层含义是创造性思维的结果是创新，即需要从某些事物中寻找新关系、新答案，创造出新成果。

第三层含义是创造性思维是一种高级的、综合的、复杂的思维活动。

从狭义上看，创造性思维也可具体地指在思维角度、思维过程的某个或某些方面富有独创性，并由此而产生创造性成果的思维。也就是指在整个思维中的更具体的方面，如他人意想不到的某个思维角度，在整个思维过程中的某一小阶段，其思维具有独特性、新颖性，而且主要是因为其独创性、新颖性而产生了创造性成果的思维。

诺贝尔化学奖获得者李远哲博士曾经说过，科学史上的每一项重大突破，总是由某些杰出的科学家完成最关键或最后一步的，他们之所以能超过前人和同时代人，作出划时代的贡献，并不在于他们比别人的知识更渊博，重要的在于他们富有科学革命精神和高度的创造性思维。

创造性思维是人类所特有的最高级、最复杂的精神活动，并非少数发明家、天才人物所独有的素质，而是任何一个正常人都具备的一种思维方式。千百年来，人们凭借创造性思维不断认识世界并改造世界，创造出了数不胜数的物质文明和精神文明成果。

四、创新方法

交通工具的发明

如图 1-10 所示，以交通工具的发展变化为例，对于马车，我们有很多很多的东西可以研究，比如研究马的育种、饲养、驯服等；又如研究轱辘，研究车体结构，等等。但是这些研究仅仅局限在牵引式的思路下，成果再好也不能超出马跑的速度。跳出传统的牵引式思维方式，转入驱动式的思维方式，通过不断创新，人们就发明了蒸

汽机、火车、飞机、轮船、宇宙飞船等。

图 1-10　交通工具从原始到高科技

（资料来源：360 问答．交通工具发展史_360 问答 https：//wenda. so. com/q/1370574377067306）

（一）创新方法的含义

创新方法是创造学家根据创造性思维发展规律和大量成功的创造与创新的实例总结出来的一些原理、技巧和方法。如果把创造、创新活动比喻成过河的话，那么方法就是过河的桥或船。

自近代科学产生，尤其进入 20 世纪以来，思维方法和工具的创新与重大科学发现之间的关系更加密切。据统计，从 1901 年诺贝尔奖设立以来，有 60% ~70% 是由于科学观念、思维、方法和手段上的创新而取得的。例如，1924 年哈勃望远镜的发明与应用揭开了人类对星系研究的序幕，为人类的宇宙观带来新的革命；1941 年，“分配色层分析法”的发明解决了青霉素提纯的关键问题，使医学进入了用抗生素防治疾病的新时代；20 世纪 70 年代，我国科学家袁隆平提出了将杂交优势用于水稻育种的新思想，并创立了水稻育种的三系配套方法，从而实现了杂交水稻的历史性突破。

（二）创新方法的三个阶段

根据创新方法的发展历程，可将其分为尝试法、试错法和头脑风暴法三个阶段。

1. 尝试法

在人类发展早期，人们从事发明创造活动所采用的方法主要是效率极低的尝试法。“神农氏尝百草”，便是这种尝试法的生动写照。中国人自古就有神农尝百草的传说，意思是，古代中国人不知道什么可以吃，什么不可以吃，吃错了就会生病、丧命，于是才有“神农尝百草，得茶而解之”，基本摸清了什么样的食物可以吃。

2. 试错法

试错法是纯粹经验的学习方法。主体行为的成败是用它趋近目标的程度或达到中间目标的过程评价。趋近目标的信息反馈给主体，主体就会继续采取成功的行为方式；偏离目标的信息反馈给主体，主体就会避免采取失败的行为方式。通过这种不断的试错和不断的评价，主体就能逐渐达到所要追求的目标。

3. 头脑风暴法

头脑风暴法是指由美国 BBDO 广告公司的亚历克斯·奥斯本首创，该方法主要由价值工程工作小组人员在正常融洽和不受任何限制的气氛中以会议形式进行讨论、座谈，打破常规，积极思考，畅所欲言，充分发表看法。头脑风暴法出自“头脑风暴”一词。所谓头脑风暴，最早是精神病理学上的用语，指精神病患者的精神错乱状态而言的，如今其表示无限制的自由联想和讨论，其目的在于产生新观念或激发创新设想。

头脑风暴法是通过学科交叉解决创新问题。随着全球化进程的加剧、科技的进步，要解决的问题越来越复杂，新的创新时代正在逐渐到来，它的基本标志就是从试验性的科学向工程性的科学转变，而工程性的科学是多学科的交叉，是多学科方法的集成，完全依靠尝试法和试错法是无法解决这些复杂问题的。

挖掘员工巨大创造力的一次头脑风暴

一家拥有300人的中小型私人企业，这一企业生产的电器有许多厂家和它竞争市场。该企业的销售负责人参加了一个关于发挥员工创造力的会议后大有启发，开始在自己公司谋划成立了一个创造小组。

在冲破了来自公司内部的层层阻挠后，他把整个小组（约10人）安排到了农村议价小旅馆里。在之后的三天中，小组中的每个人都采取了一些措施，以避免外部的电话或其他干扰。

第一天全部用来训练，通过各种训练，组内人员开始相互认识，他们相互之间的关系逐渐融洽，开始还有人感到惊讶，但很快他们都进入了角色。

第二天，他们开始进行创造力训练，开始涉及智力激励法及其他方法。他们要解决的问题有两个，在解决了第一个问题，发明一种拥有其他产品没有的新功能电器后，他们开始解决第二个问题，并为此新产品命名。

在第一和第二个问题的解决过程都用到了智力激励法，但在为新产品命名这一问题的解决过程中，经过2个多小时的热烈讨论后，小组成员共为它取了300多个名字，而主管则暂时将这些名字保存起来。

第三天刚开始，主管便让大家根据记忆，默写出昨天大家提出的名字。在300多个名字中，大家记住了20多个。接下来，主管又在这20多个名字中筛选出了3个大家认为比较可行的名字，征求客户意见后，最终确定了一个。

结果，新产品一上市，便因为其新颖的功能和朗朗上口、让人回味的名字，受到了顾客热烈的欢迎，迅速占领了大部分市场，在竞争中战胜了对手。

头脑风暴法是一种通过会议的形式，让所有参加者在自由愉快、畅所欲言的气氛中，自由交换想法或点子，对一个问题进行有意或无意的争论辩解的一种民主议事方法。发明创造的实践表明，真正有天资的发明家，他们的创造性思维能力远较平常人要优越得多。但对天资平常的人，如果能相互激励，相互补充，引起思维“共振”，也会产生不同凡响的新创意或新方案。

（资料来源：360问答．头脑风暴案例 https：//wenda. so. com/q/1534559631215248？src=140&q=%E5%A4%B4%E8%84%91%E9%A3%8E%E6%9A%B4%E6%A1%88%E4%BE%8B）

第三节　创造学的兴起与发展

一、创造学的诞生

创造，正以其巨大的动力驱动着人类历史车轮的前进。回顾历史我们不难发现，人类从走出原始的洞穴到住进豪华的建筑，从脱下遮丑的树叶到穿上华丽的盛服，从钻木取火、茹毛饮血到使用现代化的各种科学技术……每一项成果都是创造的结晶和精华。由此，我们可以毫不夸张地说，创造是神圣而伟大的，没有创造就没有当今的科学技术，没有创造就没有人类的发展进步。从这个意义上说，人类社会进步和发展的历史就是一部创造的历史。创造是人类社会活动的永恒主题。

然而人们对于创造的本质并不了解。

首先，人们长期以来所崇拜、所赞扬的，大多是一些知名人物的创造，却忽视了普通人的创造。比如，只要一提起创造，人们便会想到牛顿、爱因斯坦、伽利略、爱迪生、达尔文、门捷列夫、高尔基、鲁迅等一大批贡献卓越、硕果累累的科学巨匠、发明大师和文坛泰斗，很少有人会想到普通人的创造，更少有人会想到自己的创造。

其次，人们对这些知名人物所赞扬的，往往也只是他们在创造发明中所取得的那一部分成果。比如，人们习惯于敬仰爱因斯坦的相对论、赞扬爱迪生的一千多项发明、称赞牛顿的三大定律、崇拜达尔文的进化论，但却忽视了他们具体的创造发明过程，忽视了他们创造发明的机制和规律。即使在浩如烟海的资料中所记载的，也只是他们的创造成果或者是一些实验的经过，人们很少关心这些知名人物创造发明过程中具体的思维和方法，也很少关心创造活动本身的规律和技巧。由此，人们便常常误认为他们取得如此重大的成果与普通人做普通事是一样顺利的，往往看不到他们在刻苦钻研并取得成功的背后隐藏着的创造技巧和创造规律，甚至盲目相信只要刻苦钻研就一定会很快产生创造性成果。

再次，最为常见、影响最深刻的偏见，就是人们错误地认为只要知识越多就越能创造。故此，要从事创造，似乎必须先进行无限制的知识学习。此外，人们还误认为发明创造都是学理工科的人的事，而与学文科的人似乎没有什么关联，等等。

在上述偏见或误解的影响下，人们无形中就为创造涂上了一层神秘色彩，认为创造只能属于极少数的天才人物而与大多数普通人无缘。即使有些人最初也相信自己会有所创造，但在遇到两三次挫折或失败之后，也可能因为不了解创造的机制和规律而重新陷入前述种种偏见或误区之中，怀疑、甚至完全放弃自己的创造。不难看出，这些偏见或误解极大地阻碍了科学技术的进步和生产力的发展，也极大地阻碍了人们创造潜力的开发。

20 世纪以来，人类步入了一个激烈竞争的时代，尤其是在科学技术突飞猛进、知识信息成倍增加的现代知识经济社会中，众多有识之士早已认识到，在当今世界，各国之间在经济、政治、军事等方面的竞争，归根结底是其科学技术力量的竞争；而科学技术力量竞争的实质则又是创造的竞争，是创造速度和创造效率的竞争，更是创造性人才的竞争，是人力资源开发和人才创造能力培养的竞争。

在这种激烈竞争的背景下，要想得到最快的创造速度和最高的创造效率，人们就不得不重新认识人类自身的创造问题。于是，人们开始对创造的过程和机理产生兴趣，对创造思维、创造规律和创造方法产生兴趣，同时对普通人的创造活动开始给予关注，对创造性人才的培养和使用也开始予以重视。随着一个颇具影响力的重要创造技法——智力激励法（头脑风暴法）的提出，标志着研究人类创造能力、创造发明过程及其规律的一门科学——创造学的正式诞生。

二、创造学在中国的传播

由于种种原因，创造学传入我国比较晚。但是，有关创造学的零星研究在我国却可追溯到很早期。例如，我国古代的玄学、禅宗在论道、悟道方面曾发展了一些卓有成效的创造性思维方法，提出过某些至今仍为美国、日本创造学家所推崇的有价值的见解。

（一）陶行知创造教育思想阶段

20 世纪 40 年代，著名教育家陶行知先生曾发表过《创造宣言》，并身体力行地写文章、办学校，主张以激发人的创造性为办学目的。

1. 提出了“创造教育”的目的

创造的教育目的是什么？陶行知认为是培养真善美的活人（学生）。陶行知在《创造宣言》中说：“教育者不造神，不是造石像，不是造爱人。他们所要创造的是真善美的活人。”所谓“真善美”，是指勇于实践、实事求是、品德高尚、举止文明等，所谓“活人”，就是指富有创造精神，能够适应社会发展需要，开拓进取的现代人。

2. 阐述了“创造教育”的内涵

陶行知把“培养创造力”作为生活教育的宗旨之一，认为只有发明工具、创造工具、运用工具才是真的教育。在《育才学校节略》一文中，陶行知更加明确地提出，“本校师生之友以集体力量从事五项创造工作：甲，创造健康之堡垒；乙，创造艺术之环境；丙，创造生产之园地；丁，创造学术之气候；戍，创造真善美之人格。”他还进一步提出，学校要培养学生的创造力，使学生可能单独或共同去征服自然、改造自然。

3. 强调了“创造教育”的重要性

陶行知在许多文章中论述了创造的重要性，把创造教育提高到了非常高的高度。甚至提出了“一切为创造”的口号，认为教育就是生活的改造，要推进现代文明就必须发挥创造精神，把培养学生的创造力视为“我国今日当务之急”。

4. 论述了“创造教育”的可行性

针对一些人认为环境平凡、生活单调、年纪太小等原因而不能创造的错误认识，陶行知一一进行了分析和批驳，认为，处处是创造之地，天天是创造之时，人人是创造之人。他满怀激情地写道：“只要有一滴汗、一滴血、一滴热情，便是创造之神所爱住的行宫，就能开创造之花，结创造之果，繁殖创造之森林。”陶先生的论述，打破了创造的“天才论”“神秘论”“唯条件论”，解放了人们的思想，树立起创造的信心，鼓舞人们敢于创造，积极创造。

5. 肯定了行动是创造的前提

陶行知一贯十分重视实践的作用，他著名的“教学做合一”理论，就是以“做”为

中心。同样，他认为，行动是创造的前提和创造的基础。他曾指出："今日的学校是行以求知的地方，有行动的勇气，才有真知之收获，才有创造之可能""行动是老子，思想是儿子，创造是孙子""行动是中国教育的开始""创造是中国教育的完成"等。

（二）创造学从日本引进中国

20 世纪 80 年代，创造学由许立言从日本引进中国，以 1985 年中国发明协会的成立为标志。

最早把创造学理论系统引进中国大陆的是上海交通大学的许立言老师。在 1980 年 11 月和 12 月号的《科学画报》上，他分两次发表了文章《发明的艺术——创造工程初探》，结合一些典型的具体事例，详细介绍了创造工程产生的必要性、创造工程具有普遍的指导作用、如何开发创造力及创造发明的方法等。他的文章一经发表就引起了强烈的反响，一些对创造学有所关注的学者也开始发表相关文章。

1982 年 1 月号的《科学画报》上增设"创造技法 100 种选载"专栏，陆续登载创造技法。该专栏的第一篇文章，就是许立言的《创造学与创造技法》，文中第一次向人们介绍了"创造学"这门学问，之后又陆续发表了 14 篇文章介绍了智力激励法、特性列举法、缺点列举法等创造技法。该专栏一直持续到 1984 年，这一时期的《科学画报》成为宣传、推广创造学理论的主要阵地。

1983 年至 80 年代末期可以视为创造学在中国产生并得到初步发展的时期，我国创造学研究者所做的工作主要是加强与国外学者的交流，消化、吸收、介绍国外的创造学理论，译介国外创造学重要著作，并结合我国创造学研究的需要出版了一批专著。

（三）独立研究与学术研讨阶段

1994 年 6 月 9 日，经中国科学技术协会、国家科学技术委员会、民政部审核批准，中国创造学会在上海正式成立。中国创造学会成立后，进一步推动了创造学的独立研究和创造力开发工作。如今，中国创造学会在全国建立了一批创造学实验基地。创造教育实验基地旨在大、中、小学、幼儿园推广与应用创造教育，推进以培养创新精神与实践能力为重点的素质教育。企业创新实验基地旨在推动企事业的创新、创造能力开发活动。中国创造学会还通过举行报告会、培训班，在企事业单位员工中普及创造技法、开发创造创新能力，有力地推动了企事业单位的创造创新成果的不断涌现。中国创造学会有两个品牌活动：一是中国创造学会创造成果奖。经科技部授权，设团体及个人"中国创造学会创造成果奖"并已完成十二届评选活动。该奖项是经国家科技部批准的社会力量设立的奖项，是创造学界的最高奖项并具有一定的权威性，是国家科技进步奖的必要补充，可推荐参加国家科技进步奖的评比。二是全国大学生创新体验竞赛。竞赛宗旨是通过开展竞赛活动，吸引和鼓励大学生参加科技创新活动，激发创新灵感，培养创新思维习惯，提高创新实践能力，孕育创新成果雏形。2022 年，在中国创造学会的指导下，2022 年度全国创新创业创造教育研讨会线上举行。该会议举办初衷是为打造一个优质的资源平台和分享平台，展示了一批优秀的创新创业创造教育成果，支持高校教师的参与、分享与学习，促进了中国创新创业创造教育的良性可持续发展。

三、创造学在我国的发展

目前，创造学在我国大有突飞猛进、蓬勃发展之势，主要表现在如下几个方面。

（一）创造学群的诞生和发展

创造学群，是指以创造学学科理论研究及应用为主要活动内容的学术性团体。从20世纪80年代以来，我国以创造学研究为中心发展了各种类型的创造学群，如中国发明协会、中国创造学会、创造发明协会、创造学研究会、创造工程学会、发明家协会、发明者联谊会、创造学研究与推广协会等。

1983年6月28日至7月4日，在广西南宁召开了我国第一次创造学学术讨论会，并成立了中国创造学研究会筹备委员会，标志着创造学在我国已作为一门独立的学科而诞生。之后，各种全国性的和地方性的创造学类学术讨论会相继召开，各种相应的创造学群陆续出现，其中影响最大的是中国发明协会和中国创造学会。

1985年，中国发明协会成立，武衡任会长，随后很多省（市）也相继成立了地方发明协会。中国发明协会成立之时即举办了首届全国发明展览会，并于1988年和1992年分别举办了北京国际发明展览会。此外，还多次组织人员前往瑞士日内瓦、蒙特利尔、巴黎、吉隆坡、芬兰、菲律宾和南斯拉夫等地参加国际发明展览会。很多项目获得金奖载誉而归，为国增光。自1985年开始，至2021年中国发明协会已经举行了25届的全国发明展。1988年开始，举行了10届的国际发明展。中国发明协会有300多个企、事业单位会员，有个人会员近5 000人。中国发明协会与世界知识产权组织（WIPO）、发明者协会国际联合会（IFIA）等国际组织一直保持着密切的联系，协会还是IFIA的正式会员。

1994年，中国创造学会在上海成立，会长袁张度，随后又成立了创造教育专业委员会。学会每两年举办一次全国性学术讨论会，并编辑出版创造学会议论文集，为我国的创造学理论研究作出了一定贡献。中国创造学会开展从胎教、幼教、小学、中学、大学、成人至老年人创造力开发系统研究，建立了团体会员、实验基地、创造发明学校（院）、创造工程院（所），截至2022年年初培训中心（基地）约300个，并在近30个省、市、地区成立了创造学会。学会的成立及其活动的开展，对于全面普及创造学活动具有一定的促进作用。

（二）高等学校的创造学研究

1980年，创造学最早由上海交通大学引入我国，随后便在其他高校如雨后春笋般地发展起来。20世纪80年代，以东北大学谢燮正等为首的一批创造学研究者与国外学者建立了广泛联系，并翻译了几百万字的国外创造学研究资料，为我国的创造学研究和发展奠定了一定理论基础。在这期间，创造学在我国高校多以选修课或第二课堂的形式出现。据1993年首届全国高校创造学研讨会公布的信息，那时经有关方面批准、正规开设创造学选修课的高校约有20所，近几年来，这个数字呈现出成倍增长的趋势。开设创造学课程已成为高校研究、推广创造学的主要形式。与此同时，一些高校也陆续成立了创造学方面的有关机构和组织。比如，中国矿业大学成立了创造学教研室，湖南轻工业高等专科学校成立了创造学与新产品开发教研室，上海理工大学成立了创造学研究室等。

高校的创造学研究者除了进行创造教育的实践以外，还对创造学的理论进行了全面的、多层次的研究和探讨，并取得了很多研究成果，如东北大学的谢燮正教授（1997年12月在东北大学出版社出版了《企业创新能力开发》，1998年5月在东北大学出版社出版了《创造力开发丛书（企业、科技人员、班组团队共3册）》）；广西大学的甘自恒教授（2003年在科学出版社专著《创造学原理和方法——广义创造学》，获普通高等教育“十

五”国家级规划教材；2010 年科学出版社专著《创造学原理和方法》）

近年来，在许多创造学工作者的努力下，高校中的创造学教学深度逐年加大（如创造学课程已细化为创造性思维、创造技法、创造案例、创造原理等近 20 门课程），层次逐年提高（创造学课由最初的一般讲座发展到公共选修课，再到有关专业的必修课，直至公共基础必修课），进而出现了创造学本科专业（方向）和创造学研究方向的硕士、博士研究生培养的试点，在创造学教学和科研两方面均取得了丰硕成果，从而引起各地学者的关注。

（三）科研院所的创造学应用

由于创造学特别是行为创造学在提高人的创造能力方面有着特殊作用，所以创造学在科研院所亦产生了相当的影响，受到许多科研人员的青睐。中国科学院南京地质古生物研究所就曾多次结合古生物研究举办过创造学学术讲座，极大地活跃了科研学术氛围，被认为开拓了地质工作者的思路，对科学的发展起了积极的作用。

中国科学院合肥物质科学研究院是应用创造学比较典型的单位。该院从 1987 年便开始对其科技人员和管理干部进行创造学培训，其后举办了多期创造学培训班或研讨班。例如，1999 年举办了“中国科学院创造学培训班”，2004 年再次以创造学为依托举办了“国内外创新比较研讨班”，通过学习创造学，学员研究出了一批科研成果。

2005 年，中国科学院合肥物质科学研究院、中国矿业大学和中国科技大学联合组成的课题组完成了“中国科学院创造学继续教育模式的探讨”研究课题。该课题组认为，当前我国的创造学已开始向多方面深入发展，而中国科学院要更好地推进创造学的继续教育，则应该更偏重于其中的行为创造学理论体系和具有传统文化特色的中国式创造学内容。这项研究成果为促进创造学在高层次人员中的发展奠定了基础。

（四）企业的创造学推广

创造学以其能够开发人们创造潜力的实用性而备受厂矿企业的欢迎。事实表明，创造学在厂矿企业推广的最佳方式是开发广大职工的创造潜力，促进企业的发明创造活动和合理化建议运动的开展。为此，中华全国总工会很早就开始抓在企业推广创造学的工作。

1984 年，中国工人出版社出版了袁张度为工会系统编著的《创造与技法》一书。1985 年，中国机械冶金工会机械系统群众技术进步工作委员会首先做出“推广运用创造学的决议”；次年便在上海、大连两地正式开办了创造学培训班；1987—1990 年又在全国 14 个省 24 个大中城市 50 多个大中型企业办培训班或举行讲座 70 多次，培训了 5 000 多名推广运用创造学的骨干；1988 年正式成立了全国机械工业系统创造学研究推广协会。1995 年第 06 期《中国工运》上发表张贵友写的题为《推广普及创造学，开发职工创造力》的评论员文章，遂掀起在企业普及创造学的热潮。

与此同时，全国涌现出了一批推广创造学的重点企业（如东风汽车公司、上海第三钢铁厂等）、重点行业（如机车车辆制造行业）和重点地区（如上海、沈阳、大连、宜昌等）。

后来，全国总工会职工技协办公室又先后在湖北、辽宁、江西、河北和陕西建立了五个推广普及创造学的骨干培训班基地，组织编写了总字数达 20 余万字的《创造学基本知识》（辽宁人民出版社，1991）教材，并拍摄了创造学电视录像片，为各省市培训了万余名推广运用创造学的骨干。1994 年，该办公室颁发了《关于继续加强推广普及创造学的通知》，进一步动员全国近 400 万会员把推广普及创造学的群众活动深入、持久地开展下去。

由于参与市场竞争的需要，不少厂矿企业也越来越意识到培养职工创造力的重要性，对创造学表现出越来越多的关注。例如，山东日照港务局对中层管理干部进行了全面的创造学培训；南通市测绘院在把创造学用于企业的发展和管理方面，取得了令人振奋的创新效果；1998 年下半年，江苏省总工会组织实施了培训创造学的计划；等等。

扩展资源

1. 创新能力测评

创新能力测评就是对人的创新能力进行测量及评价的过程。创新能力测评的具体做法是依据一定的测评目标来选择测评方式，并制定出适当的测量工具和手段，让受测者参与实施各项测量活动；然后对每一项测量活动赋予一定分值，待受测者全部做完后，将分数汇总；最后，根据预先制定出的评分标准，对受测者的创新能力进行评估。在实际测评时，应注意以下问题。

(1) 评价者必须在测评之前明确对创新能力概念的理解，以选用恰当的评价工具，让使用者通过测评达到实践目的。

(2) 测评工具应能反映创新能力的共性与复杂多样性。

(3) 需要对创新能力的计分和统计采取科学态度，应由专门受过训练的人进行测评。

截至目前，国内外创造学家已开发出十多种创新能力测评方法，但目前尚无一种公认的、客观的且适合各类人才的测评方法。但已开发的测评方法，还是可以从不同角度，对多层面、多维度结构的创新能力进行测评。下面有一套“你的创新能力有多大?”的简单测试。这里有 50 个句子，句子不复杂，也不故意“捉弄人”。回答应尽量做到准确。并在每一句后面用一个字母表示对这一提法的同意或反对的程度：同意用 A 表示；不清楚用 B 表示；不同意用 C 表示。

然后，对选出的答案进行统计（表 1-1），测出自己的创新能力水平，被测试者只需 10 分钟左右的时间，就可知道自己是否具有创造才能。当然，如果需要慎重考虑一下，也可以适当延长试验时间。

(1) 我不做盲目的事，也就是我总是有的放矢，用正确的步骤来解决每一个具体问题。

(2) 我认为，只提出问题而不想获得答案，无疑是浪费时间。

(3) 无论什么事情，让我产生兴趣，总比别人困难。

(4) 我认为，合乎逻辑的、循序渐进的方法，是解决问题的最佳方法。

(5) 有时，我在小组里发表的意见，似乎使一些人感到厌烦。

(6) 我花费大量时间来考虑别人是怎样看待我的。

(7) 做自己认为正确的事情，比力求博得别人的赞同要重要得多。

(8) 我不尊重那些做事似乎没有把握的人。

(9) 我需要的刺激和兴趣比别人多。

(10) 我知道如何在考验面前，保持自己的内心镇静。

(11) 我能坚持很长一段时间以解决难题。

(12) 有时我对事情过于热心。

（13）在无事可做时，我倒常常想出好主意。
（14）在解决问题时，我常常单凭直觉来判断“正确”或“错误”。
（15）在解决问题时，我分析问题较快，而综合所收集的资料较慢。
（16）有时我打破常规去做我原来并不想要做的事。
（17）我有收藏癖。
（18）幻想促进了我许多重要计划的提出。
（19）我喜欢客观而又理性的人。
（20）如果我要在本职工作和之外的两种职业中选择一种，我宁愿当一个实际工作者，而不当探索者。
（21）我能与自己的同事或同行们很好地相处。
（22）我有较高的审美观。
（23）在我的一生中，我一直在追求着名利和地位。
（24）我喜欢坚信自己结论的人。
（25）灵感与获得成功无关。
（26）争论时，使我感到最高兴的是，原来与我观点不一致的人成了我的朋友。
（27）我更大的兴趣在于提出新的建议，而不在于设法说服别人接受这些建议。
（28）我乐意独自一人整天深思熟虑。
（29）我往往避免做那种使我感到低下的工作。
（30）在评价资料时，我觉得资料的来源比其内容更为重要。
（31）我不满意那些不确定和不可预计的事。
（32）我喜欢一门心思苦干的人。
（33）一个人的自尊比得到一个人的敬慕更为重要。
（34）我觉得那些力求完善的人是不明智的。
（35）我宁愿和大家一起努力工作，而不愿意单独工作。
（36）我喜欢那种对别人产生影响的工作。
（37）在生活中，我经常碰到不能用“正确”或“错误”来加以判断的问题。
（38）对我来说，各得其所、各在其位，是很重要的。
（39）那些使用古怪和不常用的词语的作家，纯粹是为了炫耀自己。
（40）许多人之所以感到苦恼，是因为他们把事情看得太认真了。
（41）即使遭到不幸、挫折和反对，我仍然能够对我的工作保持原来的精神状态和热情。
（42）想入非非的人是不切实际的。
（43）我对“我不知道的事”比“我知道的事”印象更深刻。
（44）我对“这可能是什么”比“这是什么”更感兴趣。
（45）我经常为自己在无意之中说错话而闷闷不乐。
（46）纵使没有报答，我也乐意为新颖的想法而花费大量的时间。
（47）我认为“出主意没有什么了不起”这种说法是中肯的。
（48）我不喜欢提出那种显得自己无知的问题。
（49）一旦任务在肩，即使受到挫折，我也要坚决完成。
（50）从表1-1描述人物性格的形容词中，挑选出10个你认为最能说明你性格的词。

表 1-1 表达性格的词

精神饱满的	有说服力的	实事求是的	虚心的	观察力敏锐的
谨慎的	束手束脚的	足智多谋的	自高自大的	有主见的
有献身精神的	有独创性的	性急的，高效的	乐意助人的	坚强的
老练的	有克制力的	热情的	时髦的	自信的
不屈不挠的	有远见的	机灵的	好奇的	有组织力的
铁石心肠的	思路清晰的	脾气温顺的	爱预言的	拘泥于形式的
不拘小节的	有理解力的	有朝气的	严于律己的	精干的
讲实惠的	感觉灵敏的	无畏的	严格的	一丝不苟的
谦逊的	复杂的	漫不经心的	柔顺的	创新的
实干的	泰然自若的	渴求知识的	好交际的	善良的
孤独的	不满足的	易动感情的	—	—

从以上50题中挑选出下列词语可各得2分：精神饱满的、观察力敏锐的、不屈不挠的、柔顺的、足智多谋的、有主见的、有献身精神的、有独创性的、感觉灵敏的、无畏的、创新的、好奇的、有朝气的、热情的、严于律己的；挑选出下列词各得1分：自信的、有远见的、不拘小节的、不满足的、一丝不苟的、虚心的、机灵的、坚强的；其余的词不得分。

表 1-2 测试打分表

题号	1	2	3	4	5	6	7	8	9	10	11	12	13	14	15	16	17	18	19	20
A	0	0	4	−2	2	−1	3	0	3	1	4	3	2	4	−1	2	0	3	0	0
B	1	1	1	0	−1	0	0	1	0	0	1	0	1	0	0	1	1	0	1	1
C	2	2	0	3	0	3	−1	2	−1	3	0	−1	0	−2	2	0	2	−1	2	2
题号	21	22	23	24	25	26	27	28	29	30	31	32	33	34	35	36	37	38	39	40
A	0	3	0	−1	0	−1	2	2	0	−2	0	0	3	−1	0	1	2	0	−1	2
B	1	0	1	0	1	0	1	0	1	0	1	1	0	0	1	2	1	1	0	1
C	2	−1	2	2	3	2	0	−1	2	3	2	2	−1	2	2	3	0	2	2	0
题号	41	42	43	44	45	46	47	48	49	—	—	—	—	—	—	—	—	—	—	—
A	3	−1	2	2	−1	3	0	0	3	—	—	—	—	—	—	—	—	—	—	—
B	1	0	1	1	0	2	1	1	1	—	—	—	—	—	—	—	—	—	—	—
C	0	2	0	0	2	0	2	3	0	—	—	—	—	—	—	—	—	—	—	—

【评判标准】

根据得分总数，被测者可分为5个等级。得110～140分，说明有非凡的创新能力；得85～109分，说明有很强的创新能力；得56～84分，说明有较强的创新能力；得30～55分，说明创新能力一般；得15分以下，说明创新能力较弱，有待提高。被测者可以根据问题判断自己在思维敏感性、流畅性、灵活性、独特性、精确性和变通性等方面有哪些地方有待改善。

2. 创造心理特征测评

对下面20种情况做出判断，如果符合自己的情况就在（）里打“√”，如果不符合就在（）里打“×”。

（1）在做事、观察事物和听人说话时，我能专心一致。（ ）
（2）我说话、写作文时经常用类比的方法。（ ）
（3）我能全神贯注地读书、书写和绘画。（ ）
（4）完成老师布置的作业后，我总有一种兴奋感。（ ）
（5）我不大迷信权威，常向他们提出挑战。（ ）
（6）我很喜欢（或习惯）寻找事物的各种原因。（ ）
（7）观察事物时，我向来很精细。（ ）
（8）我常从别人的谈话中发现问题。（ ）
（9）在进行带有创造性的工作时，我经常忘记时间。（ ）
（10）我总能主动地发现一些问题，并能发现和问题有关的各种关系。（ ）
（11）除了日常生活，我平时差不多都在研究学问。（ ）
（12）我总对周围的事物保持着好奇心。（ ）
（13）对某一些问题有新发现时，我精神上总能感到异常兴奋。（ ）
（14）通常，我对事物能预测其结果，并能正确地验证这一结果。（ ）
（15）即使遇到困难和挫折，我也不会气馁。（ ）
（16）我经常思考事物的新答案和新结果。（ ）
（17）我有很敏锐的观察能力和提出问题的能力。（ ）
（18）在学习中，我有自己选定的课题，并能采取自己独有的发现方法和研究方法。（ ）
（19）遇到问题，我经常能从多方面来探索它的解决办法，而不是固定在一种思路上或局限于某一方面。（ ）
（20）我总有些新的设想在脑子里涌现，即使在游玩时也常能产生新的设想。（ ）

【评判标准】

如你打“√”的数目占总数（20题）的90%以上，说明你的创造心理特征很好；如在80%左右（即打“√”的有14~17道题），则属于良好；在50%左右（即打“√”的有10~13道题），则属于一般；若在30%以下，则比较差。

3. 创造力倾向测评表

表1-3是一份帮助你了解自己创造力的表单。在下列句子中，如果你发现某些句子所描述的情形很适合你，则请在题后的表格里“完全符合”的选项内打“√”；如果某些句子只是在部分时候适合你，则在“部分符合”的选项内打“√”；如果某些句子对你来说根本是不可能的，则在“完全不符”的选项内打“√”。

每一题都要做，不要花太多时间去思考；所有题目都没有正确答案，凭你读完每一句的第一印象作答；虽然没有时间限制，但尽可能地争取以较快的速度完成，越快越好。

凭自己的真实感受作答，在最符合自己情况的选项内打“√”；每一题只能打一个“√”。

表 1-3 了解自己创造力的表单

问题	完全符合	部分符合	完全不符合
1. 在学校里，我喜欢试着对事情或问题的结果进行猜测，即使不一定猜对也无所谓			
2. 我喜欢仔细观察我没有见过的东西，以了解详细的情形			
3. 我喜欢情节复杂和富有想象力的故事			
4. 画图时我喜欢临摹别人的作品			
5. 我喜欢利用旧报纸、旧日历及旧罐头盒等做成各种好玩的东西			
6. 我喜欢幻想一些我想知道或想做的事			
7. 如果事情不能一次完成，我会继续尝试，直到完成为止			
8. 做功课时我喜欢参考各种不同的资料，以便得到多方面的了解			
9. 我喜欢用相同的方法做事情，不喜欢选择其他新的方法			
10. 我喜欢探究事情的真相			
11. 我喜欢许多新鲜的事			
12. 我不喜欢交新朋友			
13. 我喜欢想一些不会在我身上发生的事			
14. 我喜欢想象有一天能成为艺术家、音乐家或诗人			
15. 我会因为一些令人兴奋的念头而忘记了做其他事情			
16. 我宁愿生活在太空站，也不愿生活在地球上			
17. 我认为所有问题都有固定的答案			
18. 我喜欢与众不同的事情			
19. 我经常想知道别人正在想些什么			
20. 我喜欢故事或电视剧中所描写的情景			
21. 我喜欢和朋友在一起，和他们分享我的想法			
22. 如果一本故事书的最后一页被撕掉了，我就自己编造一个故事，把结果补上去			
23. 我长大以后，想做一些别人从没想过的事			
24. 尝试新的游戏和活动是一件有趣的事			
25. 我不喜欢受太多规则限制			
26. 我喜欢解决问题，即使没有正确答案也没关系			
27. 有许多事情我都很想亲自去尝试			
28. 我喜欢唱还没有普及的新歌			
29. 我不喜欢在同学面前发表意见			
30. 当我读小说或看电视剧时，我喜欢把自己想成故事中的人物			

续表

问题	完全符合	部分符合	完全不符合
31. 我喜欢幻想200年前人类生活的情形			
32. 我常想自己编一首新歌			
33. 我喜欢翻箱倒柜，看看有些什么东西在里面			
34. 画图时，我很喜欢改变各种东西的颜色和形状			
35. 我不敢确定我对事情的看法都是对的			
36. 对于一件事情先猜猜看，然后看是不是猜对了，这种方法很有趣			
37. 我对玩猜谜之类的游戏很有兴趣，因为我想知道结果如何			
38. 我对机器感兴趣，也很想知道它的里面什么样子以及它是怎样转动的			
39. 我喜欢可以拆开来玩的玩具			
40. 我喜欢想一些新点子，即使这些点子用不上也无所谓			
41. 一篇好文章应该包含许多不同的意见和观点			
42. 为将来可能发生的问题找答案，是一件令人兴奋的事			
43. 我喜欢尝试新的事情，目的只是为了想知道会有什么结果			
44. 玩游戏时，我通常根据自己的兴趣选择是否参加，而不在输赢			
45. 我喜欢想一些别人时常谈起的事情			
46. 当我看一张陌生人的照片时，我喜欢去猜测他是怎么样的一个人			
47. 我喜欢翻阅书籍及杂志，但只想大致了解一下			
48. 我不喜欢探寻事情发生的各种原因			
49. 我喜欢问一些别人没有想到的问题			
50. 无论在家里还是在学校，我总是喜欢做许多有趣的事			

本量表共有50题，包括冒险性、好奇性、想象力、挑战性4项。

冒险性：包含1、5、21、24、25、28、29、35、36、43、44这11道题。其中29、35为反面题目。得分顺序分别为：正面题目完全符合得3分、部分符合得2分、完全不符得1分。反面题目完全不符得3分、部分符合得2分、完全符合得1分。

好奇性：包含2、8、11、12、19、27、33、34、37、38、39、47、48、49这14道题。其中12、48为反面题。计分方法同冒险性题目。

想象力：包含6、13、14、16、20、22、23、30、31、32、40、45、46这13道，其中45为反面题。计分方法同冒险性题目。

挑战性：包含3、4、7、9、10、15、17、18、26、41、42、50这12道题，其中4、9、17为反面题。计分方法同冒险性题目。

计算自己的最后得分，得分高则说明创造能力强、得分低则说明创造能力差。

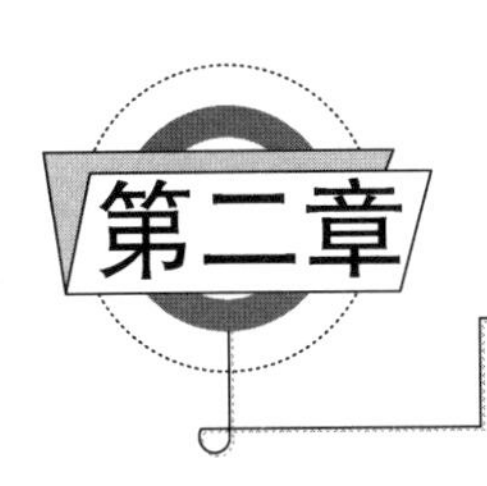

第二章 创造性思维

自古以来，科学技术以不可抗拒的力量推动着人类社会的发展。历史告诉我们，社会能否进步，国家是否强大，取决于其是否注重科技创新。创新是由主客体在一定的时空条件下的多因素构成的综合系统，其中最重要的决定因素是具有创新思维能力的人。一切创新之举都是由人的创新思维引发、推动和完成的，没有人的创新思维，就不可能有任何创新的实施，所以创新的实质和核心是创造性思维。创造性思维是从创新思维活动中总结、提炼、概括出来的具有方向性、程序性的思维模式，它为创新思维提供方向。本章介绍了创造性思维、创造性思维的方式及创造性思维训练。

第一节　创造性思维概述

思维是人脑对客观事物间接的、概括的反映过程，是认识的高级形式。思维在创造活动中有着极其重要的作用，因为创造活动是人类对未知世界的认识和发现的活动过程，在创造的过程中，人们要产生新的思想、新的知识和方法，探索到尚未发现的规律，这时就尤其需要思维活动的参与，如果离开了思维活动，人类的创造活动便寸步难行。

创造性思维是人类所独具的。千百年来，人类凭借创造性思维不断地认识世界、改造世界。从这个意义上说，人类所创造的一切成果，都是创造性思维的外在表现与具体实物化。古今中外，人们无限赞美创造者、崇拜发明者、敬仰科学家，但对于人类这种创造性思维的本质、特征及其机制等问题却了解甚少。

思维不一定都能产生创造。思维是人脑对客观事物间接的概括和反映，总是指向于解决某一个或几个问题，这就为人们的创造性活动奠定了基础。但是，并不是所有的思维结果都表现为创造，特别是对于保守型思维来说，则更是如此。

创造性思维是与常规思维相对而言的。常规性思维是从已有的知识和经验中引申出解决问题的方案，或者运用已有的知识和经验去重复地解决前人已经解决的问题。而创造性思维不是照搬书本知识和过去的经验去解决问题，而是根据实际情况，突破理论权威及现成的规律、方法和思维定式的束缚，以新颖的方式和多维角度独立思考，首创性解决问题。创造性思维与常规性思维的区别主要有两点：一是从思维过程看，是否有现成的规律、方法可以遵循，凡有现成的规律、方法可以遵循的思维都是常规性思维，只有无现成规律、方法可以遵循的思维才是创造性思维；二是从思维结果看，是不是前所未有的，凡思维成果不是前所未有的，都不是创造性思维，只有思维成果是前所未有的，才是创造性思维。

综上所述，创造性思维一般指的是开拓人类认识新领域的一种思维，是要突破已有知识与经验的局限，产生前所未有的思维新结果、达到新的认识水平的思维，常常是在看来不合逻辑的地方发现玄机。从这一点上说，创造性思维是一种具有开创意义的思维活动，一种复杂的高级心理活动。一项创造性思维成果的取得，一般要经过长期的探索、刻苦的钻研，甚至多次的挫折。而创造性思维能力也要经过长期的知识积累、意志磨砺才能具备。至于创造性思维的过程，则离不开繁多的推理、想象、联想、直觉等思维活动，是需要人们付出脑力劳动才能获得的。

一、脑与思维

（一）脑的解剖结构和功能

脑是人类意识和思维等高级神经活动的器官。也是人类进行创新的物质基础。要进行创新活动，首先要了解脑，了解脑的解剖结构和功能。

脑可分为大脑、间脑、小脑和脑干四部分。大脑由结构大致对称的左、右两半球组成，包括大脑皮质（皮层）、皮质下白质和灰质（基底神经节）等，中间由胼胝体相连。大脑半球遮盖着间脑、中脑和小脑，间脑包括丘脑和下丘脑（丘脑下部），脑干包括中脑、脑桥和延髓。大脑半球的表面有很多深浅不等的沟或裂，沟或裂之间的隆起叫回，它们大大地增加了大脑的表面积。大脑半球表面重要的沟或裂有大脑外侧裂、中央沟和顶枕裂。大脑半球借外侧裂、中央沟及枕切迹至顶枕裂顶端之间的假想连线分为五个脑叶，即额叶、顶叶、颞叶、枕叶及岛叶。覆盖在大脑半球表面的一层灰质结构称大脑皮质，约占中枢神经系统灰质的90%。皮质的厚度为1.5～4.5毫米，平均为2.5毫米。脑回凸面的皮质较厚，脑沟深处则较薄，大约2/3面积的皮质埋于脑沟之内。大脑皮质的表面积约4 000平方厘米，它的质量占脑质量的1/3～1/2，约600克，由10亿～20亿个神经元组成。大脑的皮质结构是人类运动、感觉、思维、记忆和情感的高级中枢，亦是中枢神经的最发达部分。

人类大脑结构和认识功能的一个主要特征为两侧半球功能的不对称性，这个现象又称为半球优势、功能侧化、半球侧化或半球专化。也就是说，在产生行为、高级心理活动或认识功能的神经过程中，左、右大脑起着不同的作用。一般而言，语言功能、运用技巧主要取决于左侧半球（也称为优势半球），空间功能则主要依赖右侧半球。半球功能的不对称性不仅见于成人，也存在于儿童和婴儿中。人类双手的运用也存在不对称性，表现于优先选用的差异和熟练、技巧的区别。按照习惯选用手的不同，人可分为右利或左利，以右利为明显优势的人占90%左右，总体上大约93%的人的语言优势半球在左侧半球。

大量研究显示，左右大脑半球虽有分工，但正常人在进行语言、思维等时，更多地需要两半球的协同作用。当一侧功能受损时，另一侧会适当地进行协调和补偿。研究者对裂脑人的研究显示，可以通过非优势半球认一些简单的词，并证明了左右半球在功能上是互补的，两者既各司其职又相互配合。人脑好比两套不同类型的信息加工系统，它们相辅相成，组成了统一的控制机制。

总而言之，抽象思维和形象思维、左脑和右脑具有互补的优势，二者缺一不可。正是它们各自优势的相互补充，才使大脑的思维功能得到最大限度的发挥，这种观点叫作思维的互补说。

（二）脑的发育和训练

我们每一个人都希望自己拥有一颗健康而又聪明的大脑，希望自己的大脑不仅能使我们胜任日常的学习和工作，而且能比其他人更好地完成学业，在事业上有所成就。然而，我们的大脑都是各自的父母给予的。从生命在母亲的子宫内形成的那一时刻开始，我们的大脑就处在孕育和形成的过程之中。可以说，我们的创新在那时就已经开始了漫长而又艰辛的历程。

1. 人脑的孕育和成形

生命始于受精卵，从卵子受精这一刻开始，一个直径只有约 0. 1 毫米的受精卵逐渐经历漫长的过程发育成为一个拥有大脑的生命。单个受精卵细胞在妊娠后 16 天形成胚胎，继而植入子宫内膜，在那里获得新生命所需的所有营养。植入后约 12 天时，胚盘上层的某些细胞开始移向中部，经多次分化，成为神经元。前体神经元的上层被称为神经板，到了 18 ~ 20 天，神经板中部开始发生变化，生成神经沟，继而形成神经管。这样在到达子宫后 1 个月，一个初始的脑已经形成。在子宫内 15 周后，胚胎前端可以看到两个隆起，那是人类高度发达的大脑半球的原基，已可以辨认出皮层下的某些脑区，如基底神经节。神经管的关闭导致了脑内的空腔——脑室的形成。这些脑室组成相互交错的迷路，最终开口向着脊髓。通过这些迷路的小孔，脑脊液可以循环，并将终生浸浴整个脑和脊髓。包容所有这些纷乱的萌芽状活动的是头颅。发育中的头颅有膜质区，使其能扩展，为这种充分的生长提供了基础。到妊娠结束时，人脑逐渐发育而成。

对于所有的物种而言，在基本构造单元，即神经元的水平上，脑生长中发生事件的顺序是一样的。脑要生长，而脑又是由神经元组成的，所以神经元在数量上必须持续增加，未来每一个神经元都要分裂几次，甚至细胞数目有巨大的增加，在速度最高时，细胞每分钟将产生 250 000 个新的神经元，以满足发育中脑的要求。到了妊娠 9 个月时，脑中就已经拥有了大多数神经元。

2. 人脑的发育和训练

人脑的发育是个体在先天遗传和后天环境中多种因素相互作用的结果。遗传和生物学因素决定脑发育的可能范围（组织结构），而环境条件则决定能否最大限度地挖掘大脑潜能。大脑就像一块巨大的海绵，从一出生就不断从环境中吸取各种感觉经验，包括视觉、听觉、触觉、嗅觉和味觉，对自身进行塑造和修饰、重组和调整，不断地建立神经信息高速公路，并随环境变化改变其结构和功能。脑的结构和功能在很大程度上受到胚胎早期孕育生长过程（包括母体内化学物理环境、营养、感染及生物学因素）的影响，而出生后，针对大脑的训练则是大脑基因中的信息与外界因素相互作用的结果。人类 90% 以上的感觉信息来自视觉和听觉，这里以视听觉为例，说明婴幼儿的早期训练对脑发育的重要作用。

（1）人脑的发育。婴儿刚出生时，脑的质量仅有 350 ~ 400 克，大约是成人脑重的 25% 。此时，虽说在外形上已具备了成人脑的形状，也具备了成人脑的基本结构，但在功能上还远远不及成人。所以，婴儿刚生下来时，不会说话、不会自主活动，这些能力需要

在日后脑发育的基础上才能逐渐具备。出生6个月到1岁时，脑的质量为出生时的2倍，达到成人脑质量的50%，2岁时为成人脑重的75%。从脑质量增长的速度可以看出，在最初的1~2年内脑的发育是最快的，所以婴幼儿出生后头1~2年是脑发育的敏感期。所谓敏感期，也就是说在这段时间内婴幼儿最容易学习某种知识和经验，错过这个时期就不能获得或达到最好的水平。4岁时人脑的大小是出生时的4倍，达到成人的标准，即1 400立方厘米。在16岁时，人有了发育成熟的大脑。在约16年的时间里，个体的脑就是随着生长而发育起来的。然而，在生命的最后时期，脑的实质开始减少，脑的质量在人70岁时就已失去5%，到90岁时将失去20%。

在生命的第一个月内，婴儿已拥有了一些反射反应，这些反射之一是抓握物体的精巧能力。随着时间的流逝，这个抓握反射变得越来越灵巧。最后，他们能随心所欲地抓到所看见的任何东西。到了1岁末，他们常常开始在不经意间用拇指和食指捡起小物体了，而能做这类动作的主要是灵长类动物，这种精细的手指运动是最灵巧、最高级的。在运动皮层，手指所占用的神经元相当可观。一旦能够独立地运动每个手指，手工技巧就大大提高了。

（2）婴幼儿视听觉的发展进程和训练。视觉和听觉是婴儿出生时就具备的本能，人天生对于光线、色彩和声音的感受力特别强。新生儿除了应接受丰富的视觉刺激外，还应接受丰富的听觉刺激。婴儿刚出生时，视觉和听觉各司其职，对婴儿进行视觉和听觉的训练有助于感觉之间的接通，促进婴儿感知觉的发展。促进婴幼儿视听觉的音响玩具品种很多，如各种音乐盒、哗铃棒、摇铃、拨浪鼓和各种形状的捏响玩具、能拉响的手风琴、各种能发出声响的悬挂玩具等。

0~6个月时，婴儿对声音就有初步的辨识能力，会转动头和眼睛寻找声音来源，或被太大的声音吓哭，在他们清醒时，家长可在宝宝耳边轻轻摇动玩具，发出响声，引导宝宝转头寻找声源。除了用音响玩具外，大人还可以通过拍手，学小猫、小狗叫等逗引宝宝，使他们做出向声音方向转头的反应。

6~12个月时婴儿对声音开始有理解能力，可以分辨各种声音的不同，尤其可以听出妈妈的声音，这时叫其名字多半会有反应；饿时听到摇奶瓶的声音，也会表现出兴奋的样子。

当宝宝学会听声转头时，还可用音响玩具训练宝宝俯卧抬头，让宝宝趴在床上，大人用音响玩具在宝宝头顶的上方逗引，使宝宝抬起眼睛看。每天可训练一两次，通过此训练，宝宝以后对手的够取、坐和爬都会学得比较快。注意听觉训练时声音刺激要柔和、动听，声音不要连续很长，否则婴儿会失去兴趣，停止反应。在给予声音刺激时要防止有其他声音的干扰。

12~18个月是语言发展的关键时期，幼儿会跟从大人的指令做动作，如拍拍手、坐下等，能模仿大人发出的声音，跟大人互动。18~24个月时可以用字卡、图卡引导他们讲单字，他们已经认得出其中的字或会发单音，并且学习意愿高。除了用玩具训练他们的视听觉外，平时在他们清醒时，妈妈可以用亲切的语调和他们说话，逗他们发音，以促进听觉的发展。2岁以后，他们说的话已经可以连成句子了，有时还会用长句将自己的意见表达出来。

在对婴幼儿的听觉进行科学训练的同时，也要随时注意和加强对其听觉的保护。某些先天或后天的原因，如遗传因素、氨基甙类抗生素的应用、病毒感染等可能会引起婴幼儿的听觉功能减退或丧失，因此听觉保护要先从预防此类情况的发生入手。一是要注意产前防护、产前检查等，尽量防止有基因缺陷患儿的出生；二是要对婴幼儿进行听力测试和听力筛选，尽量及早发现婴儿是否有听觉功能异常；三是多在生活中注意观察婴幼儿对声音的反应，及早发现听觉异常；四是尽量母乳喂养以增强婴幼儿的抵抗力，防止中耳炎的发生和病毒感染；五是在可选择抗生素的情况下减少氨基甙类抗生素的使用，防止中毒性耳聋的发生。

（3）左右脑的平衡训练。近几十年来，随着对人类大脑研究的深入，左右脑开发、平衡训练越来越受到人们重视。事实证明，右脑在很多方面明显优越于左脑，因为在创造活动中，起主要作用的想象、直觉、整体综合等都来自右脑，许多高级心理活动如果没有右脑的参与也是无法进行的。因此，扭转左右脑发展不均衡的局面，使二者具有协同作用，是实施素质教育、培养创造型人才的当务之急。左右脑平衡训练的方法多种多样，但总的来说，要以“音乐脑”为切入点，改善性格、丰富知识、陶冶情操；以“形象思维脑”为切入点来培养科学创新的能力；以“双手操作”为切入点，促进左右脑的协调发展；以“体育锻炼”为切入点，促进左右脑与躯体的协调发展。音乐、玩具和手工、美术、体育活动等正是从这四个方面入手对幼儿和学龄前儿童的左右脑进行平衡训练和开发的，为以后的学习和创新打下坚实的基础。

①音乐。音乐对青少年的大脑发育、认知乃至神经细胞微观世界的构建（突触连接、神经递质释放和基因表达等）均有积极显著的催化效应与奠基作用。音乐爱好和欣赏不单是一种文化修养，更是促进大脑心理健康发育的优化途径。崔宁在其研究论文《音乐教育的大脑心理效应》中指出，音乐体验活动有助于明显改善青少年的感受性、认知状况、预见性和判断性，对于强化右半球（包括前额叶和顶题叶）的神经电生理学反应特征和促进感受皮层与联络皮层的互动性协同发育均有明显的刺激作用。音乐教育能够增强人的注意力、记忆力、联想力、想象力和价值判断力，促进大脑左右半球的灵敏性协调和高效性活动。音乐欣赏有助于丰富、增强人的形象记忆、情绪记忆和运动记忆等能力。音乐体验对联想力、想象力和判断力等智力素质的影响，主要通过题叶主导的感觉中枢联络皮层（右脑为主，经由海马和杏仁核的情感模式调制匹配），高效实现听觉、视觉表象的互补完形与立体呈现；并且在概象符号的语义或意义加工中得到前额叶的定向指导，使激情体验与自由想象进入以听者主体意象为核心的自我新大陆，从而解放主体的感性和知性世界，并使个体的情感、理想与人格意向获得音乐世界的自由品格与真善美境界。

②玩具和手工。玩具在儿童成长过程中是必不可少的，也是开发幼儿智力的工具。玩具具有启迪心智、培养兴趣和增长知识等作用，能促进身体运动、语言、认知和社会交往等能力的发展。玩具还是孩子与社会接触的媒介，喜爱玩具的孩子可能在手工、操作或独立思维，甚至在智商方面受影响。而手工活动是促进幼儿脑训练和发育的重要内容之一，手工活动不仅能发展幼儿手指动作的精确性、灵活性和实际操作（动手）能力，训练幼儿手脑一致、手眼协调能力，同时还能培养幼儿主动探索、主动制造的能力，为他们将来的成长打下良好的基础。让幼儿尝试用多种材料、多种方式重新组合玩具，创造新的游戏方法或规则，培养幼儿动脑、动手的创造能力，以促进他们的创造性思维，而幼儿的创新思维也必将在手工活动中得到更进一步的发展。

③美术。美术可以培养人的视知觉思维的能力、想象思维的能力，促进人的感觉能力、直觉能力和形象思维能力的形成。美术以美感人，以情动人，使人们从心理上乐于接

受，情感上产生共鸣，在潜移默化中增强了人们认知美、欣赏美的能力，对美好的事物具有独到的见解和分析能力。美术教育属于美育（审美教育）范畴，无论是美术创作还是美术欣赏，通过感受美、体验美和表现美、创造美的系列活动，使参与者特别是幼儿获得成功的体验、宝贵的自信、探索的精神、创造的渴望、个性的张扬和美的享受，为幼儿人格的健全发展奠定良好的基础。美术可以引导孩子观察生活、感知美的事物，激发幼儿潜意识中的艺术想象力，引导、触发幼儿画画的激情，让他们自由自在地把自己的感觉通过手和笔表现出来，通过孩子主动性绘画创作达到对创作力、想象力潜能的开发。

美术教育以形象思维为主，和创新思维及创新想象有密切联系。经常参与美术活动不仅可以培养审美观和美术技能，还可以提升孩子的人文素养，养成丰富的洞察力，培养创新思维能力和创新能力，对心智、个性和创造力的发展均可产生重要的影响。

④体育。体育是人类社会发展中，根据生产和生活的需要，遵循人体身心的发展规律，以肢体的技巧和力量的训练活动为基本手段，增强身体基本素质、提高运动技术水平、丰富社会文化生活、进行思想品德教育而进行的一种有目的、有意识、有组织的社会活动。

经常参加体育活动可以提高大脑皮层细胞活动的强度、平衡性、灵活性，以及分析综合能力，使整个大脑神经系统的功能得到加强，改善神经系统对各器官的调节作用，从而提高大脑神经系统的功能，促进脑力和智力的发展。体育运动还可促进人体形态的正常发育和调节身体各部分器官的功能，提高机体适应环境的能力，促进身体健康，增强体质。

体育作为德、智、体、劳全面发展的重要组成部分，不仅与德育和智育密切相关，而且互相促进，共同发展。体育道德和在体育运动中所表现出来的协作、拼搏、积极向上的精神是社会道德的一个缩影；体育训练和技能的不断突破可以为创新思维和创新实践提供很好的借鉴；通过体育运动可以增强体质，特别是加强大脑神经的功能，使得记忆力、思维力等也相应增强，进而促使学习和工作效能的提高，促进智力的发展；体育还与美育、劳动教育密切联系，健与美历来一致；体育训练和各种运动可以促进学生劳动技能的增强。

健康的身体不仅是学习、工作和创新活动的本钱，也关系到整个国家、民族的强弱盛衰。

（4）形象思维训练。形象思维是指在对形象信息传递的客观形象体系进行感受、储存的基础上，结合主观的认识和情感进行识别（包括审美判断和科学判断等），并用一定的形式、手段和工具（包括文学语言、绘画线条色彩、音响节奏旋律及操作工具等）创造和描述形象（包括艺术形象和科学形象）的一种基本的思维形式。

形象思维与逻辑思维是两种基本的思维形态，逻辑思维指的是一般性的认识过程，其中更多理性的理解，而不多用感受或体验，也称为抽象思维。而形象这一概念，通常是和感受、体验等相关联的，形象思维就是用直观形象和表象解决问题的思维，其特点是具体形象性，形象思维是反映和认识世界的重要思维形式，是培养人、教育人的有力工具，上面提到的音乐、玩具、手工、美术和体育均离不开形象思维，它们是培养和训练形象思维的重要途径。形象思维不仅与艺术、体育和教育密切相关，也是科学家进行科学发现和创造的一种重要的思维形式，是企业家在激烈而又复杂的市场竞争中取胜不可缺少的重要条件。同样，一个创新者离开了形象信息和形象思维，就难以对所得到的信息进行科学的筛选、分析和综合，也就不可能有正确的决策，也就无法获得预期的创新成果。

形象思维的训练和培养要从幼儿做起，音乐、玩具、手工、美术和体育就是培养形象思维最简单有效的手段和工具。

3. 脑的可塑性

可塑性是大脑的主要属性之一。近年来，认知神经科学研究越来越注重从动态的视角来研究大脑，研究大脑受发展与经验的影响而出现的结构、功能的变化，也就是大脑的可塑性问题。在医学上，可塑性是指器官或组织修复或改变的能力，组织器官的这种修复或改变的能力可以保证其应对不断变化的外部环境。继医学领域提出了可塑性这一概念以后，认知神经科学研究者迅速将其引入研究视野，并对其最初的含义予以拓展，将脑的可塑性界定为大脑改变其结构和功能的能力。大脑的这种可塑性不仅在动物身上有所发现，在人类身上也有所发现；不仅在个体发展的早期有所发现，而且在个体发展的中、晚期也有所发现。也就是说，在动物和人类毕生发展的进程中，中枢神经系统都具有一定的可塑性。

（1）正常脑神经的可塑性。人的大脑大约有 140 亿个神经元，新生儿和成人的数量基本相同。神经元虽然不能再生，但脑的可塑性很大，可以再构成新的神经元与神经元之间的联络，恢复兴奋传递，发挥代偿作用。并且，年龄越小，再构成代偿能力越强，治愈的可能性就越大。新生脑对缺氧有较高的耐受性，有较好的自身保护作用，对脑损伤的可塑性强，其代偿性功能适应包括神经元的再生、轴突绕道投射、树突出现不寻常的分叉并产生非常规的神经轴突，这些变化在脑的可塑性方面起着重要作用。早期有关大脑可塑性的观点一致认为，中枢神经系统在发育过程中具有可塑性，但是发育成熟以后，其可塑性便会逐渐消失；但是，近年来的研究发现，大脑不仅在发育过程中会表现出发展可塑性，而且在发育成熟以后大脑皮层仍然存在可塑性。重要的是，不仅人类的视觉、听觉和躯体感觉皮层存在可塑性，即使像语言、记忆、运动技能等高级认知领域也同样存在可塑性。

大脑既是一个复杂的系统，也是一个动态的系统，其结构和功能是在发展的过程中形成的。但是受学习、训练及经验等因素的影响，大脑皮层会出现结构的改变及功能的重组，也就是出现所谓的可塑性。这种结构的改变既有宏观层面的，也有微观层面的。从宏观层面上讲，因可塑性而引起的大脑结构的改变，包括脑重的变化、皮层厚度的变化、不同脑区沟回面积的改变等；从微观层面上讲，因可塑性而引起的大脑结构的改变，包括树突长度的增加、树突棘密度的改变、神经元数量的改变及大脑皮层新陈代谢的变化等。而功能的重组则在分子层面、细胞层面、皮层地图层面及神经网络等层面都有可能发生。分子和细胞层面的功能重组，包括突触效能的改变、突触连接的改变等；而皮层地图层面的重组，包括表征面积、表征区域、表征方位及表征区域之间联合或分离的变化等；在神经网络层面，大脑的可塑性主要表现为系统水平的可塑性，即不同感觉通道之间跨通道的可塑性。

（2）脑损伤后的重塑。对人类大脑可塑性的研究最初是针对脑损伤患者进行的。随着时间的推移，脑损伤患者的大脑功能会出现自发性的恢复和补偿效应。对于那些因脑损伤而引起的失语症患者而言，随着时间的推移，他们大都会出现一些自发性的语言恢复现象。但是，功能的恢复到底是受经典的左半球语言区的调节还是受右半球相同皮层区域的调节，是长期以来失语症研究中一个备受关注的问题。针对这一问题，研究者们在训练情景下运用正电子发射计算机断层显像技术对大脑左半球外侧裂受损的 20 名失语症患者的

大脑可塑性进行了研究。结果发现，所有病人的行为表现在训练结束后都得到了明显的改善，与训练引起的语词理解成绩的改善明显相关的脑区是右侧题上回的后部和左侧的前楔叶。这一研究表明大脑右半球在失语症恢复过程中扮演着非常重要的角色，也显示了由具体训练引发的听觉理解能力的改善伴随着大脑功能的重组。

（3）大脑可塑性的影响因素。研究大脑可塑性不仅要探索其表现形式，更重要的是要进一步了解其机制及其影响因素。影响大脑可塑性的因素既有内在的，也有外在的，而影响大脑可塑性的内在因素和外在因素之间往往存在复杂的交互作用。以内在因素而言，有关突触可塑性和皮层地图可塑性的研究显示，突触可塑性引起了皮层地图的重组，而在大脑皮层可塑性重组的过程中受体和基因表达等方面的变化起着十分重要的作用。

就脑损伤患者而言，其损伤开始的时间，损伤的部位、面积、严重程度，损伤部位周围和对侧脑区的完整情况，受损脑区的特异性，发病前的认知发展水平及社会支持都会影响大脑功能的恢复模式及其可塑性。受损越轻、受损面积越小、受损脑区周围和对侧的脑区越完整、受损脑区的特异性越弱，大脑功能的恢复和补偿越好。同时，在受损面积较小的情况下，患者的受损脑区同侧的脑区会出现可塑性的变化；在受损面积较大的情况下，对侧的脑区会补偿受损脑区的功能。

尽管人类和动物的中枢神经系统在整个生命过程中都具有可塑性，但是大脑可塑性并不是自发产生的，而是受经验、训练、损伤等许多因素影响的。经验对大脑的影响有时是积极的，但有时则是消极的。训练开始的时间、类型、强度、持续时间等因素都会影响训练的结果，进而影响大脑可塑性。一般而言，训练开始比较早、类型比较适当、强度比较大、持续时间比较长的情况更容易诱发大脑的可塑性。单就训练类型而言，若要诱发大脑可塑性的变化，训练必须具有行为关联性。

当前，围绕大脑可塑性的表现形式、内在机制及其影响因素，研究者从分子、细胞、行为、皮层地图及神经网络等层面开展了大量的研究，并且已经获得了一些重要的发现。研究大脑在教育、培训等经验的影响下产生的可塑性变化及其机制，是摆在神经科学工作者面前的一项紧急的任务。大脑可塑性是诸多学科共同关注的研究领域，不同领域的专家学者需要联合攻关才可能真正揭示大脑可塑性的机制。

二、创造性思维的特征及影响因素

（一）创造性思维的特征

创造性思维是一种开创性的探索未知事物的高级、复杂的思维，是一种有自己的特点、具有创见性的思维，是扩散思维和集中思维的辩证统一，是创造想象和现实定向的有机结合，是抽象思维和灵感思维的对立统一。创造性思维是指有主动性和创见性的思维，通过创造性思维，不仅可以揭示客观事物的本质和规律性，还能在此基础上产生新颖的、独特的、有社会意义的思维成果，开拓人类知识的新领域。广义的创造性思维是指思维主体有创见、有意义的思维活动，每个正常人都有这种创造性思维。狭义的创造性思维是指思维主体发明创造、提出新的假说、创见新的理论，形成新的概念等探索未知领域的思维活动，这种创造性思维是少数人才有的。创造性思维是在抽象思维和形象思维的基础上和相互作用中发展起来的，抽象思维和形象思维是创造性思维的基本形式。除此之外，创造性思维还包括扩散思维、集中思维、逆向思维、分合思维、联想思维等。

创造性思维是创造成果产生的必要前提和条件，而创造则是历史进步的动力，创造性思维能力是个人推动社会前进的必要手段，特别是在知识经济时代，创造性思维的培养、训练显得更加重要。其途径在于丰富知识结构、培养联想思维的能力、克服习惯思维对新构思的抗拒性、培养思维的变通性、经常进行思想碰撞。

1. 新颖性

创造性思维不同于非创造性思维的主要特征就是新颖性。从本质上说，创造性思维就是一种新颖性思维，这种新颖性思维包括三个含义。

（1）它是突破常规思维、习惯思维的旧程序，采取新程序、新思路的超常思维。

（2）它是突破过去和现在已知的、现成的思路和形式，善于适应不断变化的新情况，以新思路、新方法解决新问题的应变思维。

（3）它是体现在思维的结果上，必须是首次获取。思维者通过思维过程第一次产生的各种新设想、新概念、新设计、新方法、新理念、新作品等，都是首次获取的创造性思维成果。这些思维成果都符合前所未有的条件，其新颖性必定是空前的。

奥运火炬大火变“微火”

2022年2月4日夜，“鸟巢”内，中国“00后”冰雪运动选手迪妮格尔·衣拉木江和赵嘉文共同高举火炬，成为北京冬奥会最后一棒火炬手。他们的身后，象征着91个参赛代表团团结、汇聚的雪花台散发出耀眼光芒。在全场观众的注视下，两位年轻运动员一起将手持的“飞扬”火炬嵌入雪花台。随后，雪花台缓缓旋转上升，成为北京冬奥会的主火炬。没有奥运圣火“点”的过程，也没有盛大的火焰，这是奥运主火炬首次以“微火”形式呈现在世界面前，是奥运史上全新的一幕。“我们用全世界参赛代表团的名字构建了雪花台，最后一棒火炬就是主火炬，是百年奥运史上从未有过的‘微火’。”北京2022年冬奥会开闭幕式总导演张艺谋表示，将熊熊燃烧的奥运之火，幻化成雪花般圣洁、灵动的小火苗，这一创意来自低碳环保理念，将成为奥运会历史上一个经典的瞬间。值得一提的是，与往届奥运会使用液化天然气或丙烷等气体作为火炬燃料有所不同，本届冬奥会首次使用了氢能作为火炬燃料，实现了奥林匹克精神与“绿色”“环保”的进一步结合。氢能是环保的燃料，燃烧的时候只产生水，不会产生二氧化碳，可实现完全的零排放，真正体现了北京冬奥会绿色、低碳、可持续的原则。北京冬奥会的主火炬的设计极好地体现了创造性思维的新颖性。

（资料来源：人民网，奥运火炬大火变“微火”北京冬奥会开幕式这些细节彰显绿色理念 https：//baijiahao. baidu. com/s? id=1723986557366000823&wfr=spider&for=pc）

2. 流畅性

创造性思维的流畅性是指能够迅速产生大量设想或思维速度较快的性质。流畅性是对思维速度的一种评价，创造性思维无疑是流畅性思维。人们常用“文思泉涌”来形容才思敏捷的科学家的风貌，用“一气呵成”来描述才华横溢的文学家的工作状态。“涌”字与“呵”字，充分体现了创造性思维的高速度特征。

创造性思维的酝酿过程可能是十分艰辛的，但在它诞生之时，就必定表现为高速的流畅性思维。

3. 灵活性

创造性思维的灵活性是指思维的灵活、多变，其思路能及时转换和变通，主要表现在以下几点。

（1）思维的主体性。能从多方位、多角度、多侧面去思考问题，寻求问题的答案。

（2）思路的变通性。当某一思路行不通时，能及时放弃旧的思路，转向新的思路。

（3）方法的多样性。不仅善于采取多种方法解决问题，而且能主动放弃无效的方法而采取新的方法。创造性思维并没有现成的思维方法和程序可以遵循，进行创造性思维活动的人在考虑问题时，可以迅速地从一个思路转向另一个思路，对问题进行全方位思考。因此，创造性思维常伴随“想象”“直觉”“灵感”之类的非逻辑、非规范的思维活动，他人不能完全模仿或者模拟，往往一闪即逝，不能复制。沈石溪的创作以动物小说为主，别具一格，在海内外赢得了“中国动物小说大王”的美称。

案 例

龙鸟诞生

《龙鸟诞生》（图 2-1）就是沈石溪以中华龙鸟化石为素材，通过拟人化的想象和一连串引人入胜的故事，描述了龙鸟诞生的过程。

图 2-1 《龙鸟诞生》

澄六代——潆，比它的祖先更加弱小、轻盈、感情丰富。潆面对强大的敌人显得更加柔弱无力。潆目睹了邻居一家因为亲密的情感接连在天敌来临时发生的悲剧，所以它决定切断亲情，用冷酷的方式对待子女。然而，这并没有起作用。面对一只鹦鹉嘴龙的袭击，全家人团结御敌、逃过一劫，温情再次回归。地球板块移动、火山喷发，大量的火山灰遮挡住了太阳，可怕的"侏罗纪大黑暗"来临。潆一家依靠银杏树上丰富的果实和厚实的羽毛熬过了漫长的黑暗，迎来了新的光明。这时，一只贪婪而饥饿的犬齿甲龙爬到树上，把它们逼向绝路。为了引开甲龙，潆从树枝上坠下，情急之下不断扇动自己肩胛处两片宽大、薄脆的骨骼，却惊奇地发现自己可以腾空飞翔。孩子们也学习妈妈一飞冲天，逃过了劫难。从此，中华大地诞生了鸟类的祖先——中华龙鸟！

（案例来源：沈石溪. 龙鸟诞生［M］，沈阳：辽宁少年儿童出版社，2019）

4. 敏感性

创造性思维的敏感性是指敏锐地认识客观世界的性质。客观存在的事物是丰富多彩而错综复杂的，一切事物又都处在发展变化的运动状态之中。人们通过各种感觉器官直接感知客观世界，但如果想理性地认识客观世界，就得运用思维。在人们开展各种形式思维的过程中，创造性思维对于客观世界的认识往往更为敏锐。例如，成语"一叶知秋"，反映了可以把第一片黄叶的飘落作为秋天来临的标志这一规律，也表明了第一个总结出这个成语的人创造性思维的敏感性。

在人类的发展史上，反映创造性思维敏感性的例子就更多了。相传有一年，鲁国国君任命鲁班为监工建造一座大宫殿，工程期限为三年。可是，当时人们伐木的主要工具是斧子，效率很低，光是准备宫殿所需的大量木料，就足够工匠们砍上三年了。接受这项任务的工匠们早出晚归地在山上砍伐木材，每天累得筋疲力尽，木料还是远远不够，耽误了工程的进度。这样下去，一旦工期延误，所有工匠都会受到严厉的惩罚。鲁班心急如焚，亲自上山察看。一天，他上山时，脚滑了一下，匆忙中抓住了一丛茅草，结果，他由于没有抓牢茅草面而滑到了山脚，手心还多了道鲜血淋漓的伤口。鲁班十分不解，小小的茅草叶子怎么会如此锋利？他把草叶扯下来仔细观察，发现叶片的两边长有许多细密的小齿，原来就是这些小齿划破了他的手。鲁班不禁想：既然草叶的齿可以划破我的手，那么，带有许多小齿的铁条也应该能伐倒大树吧？于是，他把自己的想法告诉给金属工匠，让其制作出一把带细齿的铁条。鲁班用这把简陋的铁条去伐木，果然快捷省力。就这样，善于观察实践的鲁班发明了世界上第一把锯。

5. 精确性

创造性思维的精确性是指能周密思考、满足详尽要求的思维。随着科学技术的发展，客观事物的复杂性要求人们细心观察、周密思考，舍此便难以完成许多重大的科研项目和系统工程。以微电子技术为例，到 20 世纪 80 年代末期，极大规模集成电路的集成度（每片芯片的晶体管数）已经超过 100 万，采用 6 英寸（15. 24 cm）硅片的存储器位数已达到 1 024 K，加工技术则需要精确到 1 ~ 1. 5 um，而且要求环境绝对清洁，每立方英寸内的灰尘不得超过 100 颗。在这种情况下，要想创新，必须有独到的见解和周密、详尽的思维能力。创造性思维的精确性正是我们探索微观世界的可靠保证。

郭守敬破解莲花漏之谜

郭守敬是我国元朝最著名的科学家。他的父亲在史书上未见记载，而他的祖父郭荣是位见识广博的学者。在祖父的影响下，郭守敬从小就对各种自然科学知识很感兴趣，总是试图揭开周围发生的某些自然现象的奥秘。少年时期，郭守敬开始显露出非凡的科技才能。郭守敬15岁那年，一天，家里来了一位法号子聪的和尚，他是郭守敬祖父郭荣的至交，精通术数方面的学问。这天，子聪把一幅莲花漏（古代的一种计时器）的拓片拿给郭荣看，兴致十足地说："这是天圣（北宋皇帝宋仁宗赵祯的年号）莲花漏，此物设计巧妙，计时准确，只是已于战乱中失传，甚是可惜。我偶然见到一节断碑，从上面拓下了这幅图样，想解开其中的奥秘，尽管每日琢磨，推敲很久，依然百思不得其解。"子聪的话，被站在一旁的郭守敬听到了。他想：我早已明白漏壶滴水计时的道理，也见过不少精美工巧的漏壶，但我可从未见过如此别具匠心的莲花漏呢。想到这里，郭守敬鼓起勇气向子聪提了一个请求："师父，能否请您将这拓片借给我半个月？"子聪知道郭守敬聪敏好学，就答应了他。过了半个月，子聪来找郭荣，顺便问郭守敬要回拓片。郭守敬一见子聪，就笑逐颜开地迎过来说："师父，我已经明白里面的一些诀窍了。"然后，他就把莲花漏各部分的结构和用处一一讲给子聪听。子聪边听边连连点头，不由称赞道："慧心巧思，真乃神童！"郭荣摇摇头说："他可不是什么神童，这十几日，他整日守着这拓片，一会儿写，一会儿算，再一会儿画。看看，人都瘦了一圈。"制造莲花漏的原理很复杂，所画的示意图构造也不简单。十几岁的郭守敬并没有因为自己小小的年纪就产生畏惧，竟然仅仅依据一幅图就掌握了其制造方法和原理。他的这种勇于挑战，勤于专研的精神为日后在天文、历法、算学等方面取得的造诣打下了牢固的基础。

（案例来源：邢卓．科学家的故事［M］．北京：天地出版社，2017）

华佗不耻下问，集众家之长，医术不断提高，臻于至善。他不仅把在实践中所获得的丰富知识加以总结和运用，并且能根据病人的特殊情况而决定医治方法和用药的分量，因此取得了很好的疗效。据说，有两人头痛发热，一个叫倪寻，一个叫李延，他们同时来请华佗治病。华佗仔细诊察了他们的病情以后，给倪寻吃泻药，而给李延吃发散的药。当时有人问华佗："他们两人患了同样的病，你为什么给他们服不同的药？"华佗就告诉这个人，倪寻是伤食，而李延是外感风寒，症状虽然相同，但病源不同，所以给他们吃的药也就不同。而倪寻和李延在服药后的第二天就都痊愈了。

6. 变通性

创造性思维的变通性是指运用不同于常规的方式对已有的事物重新定义或理解的性质。人们在认识客观世界的过程中，如果只会按照常规的方式进行思考，久而久之，就会形成固定的习惯，因局限于已有的认识而难以创新发展，在遇到障碍和困难的时候，往往也会束手无策，难以超越和克服。在这种情况下，创造性思维的变通性有助于打破常规，找到新的出路。

曹冲称象的故事反映了创造性思维变通性的作用。有人送给曹操一头大象，为了测定大象的质量，大家想尽办法却没有结果。曹操的幼子曹冲灵机一动，让人把大象牵到船上，并记下船的吃水深度；然后换上使船吃水深度相同的石块，再分批称出石块的质量，石头的总质量即为大象的体重。就创造性思维的变通性而言，曹冲使用了等值变换法，把欲求质量的概念由不可分割的大象替换成了可分割的石块。

综上所述，新颖性、流畅性、灵活性、敏感性、精确性和变通性是典型的创造性思维所具备的基本特征，其中尤以新颖性、流畅性和灵活性为主。并非所有的创造性思维都具有上述全部特征，而是各有侧重，因人因事而异。因此，我们在评价创造性思维时，应该进行全面衡量，不能苛求完美无缺。

（二）创造性思维中的影响因素

在创新思维中有许多因素起着重要的作用，比如形象、直觉、灵感、顿悟、思维观念、创新视角等。

1. 形象

形象的反义词是抽象，一般是指能够引起人的思想或感情活动的具体形状或姿态。比如，图画教学是通过形象来发展儿童认识事物的能力。从心理学的角度来看，形象就是人们通过感觉器官在大脑中形成的关于某种事物的整体印象，也就是知觉。

印象是指客观事物在人的头脑里留下的迹象。由于形象就是人们通过感觉器官在大脑中形成的关于某种事物的整体印象，所以，形象不是事物本身，而是人们对事物的感知，不同的人对同一事物的感知不会完全相同，因此其正确性或客观性将受到人的意识、认知过程和其他因素的影响。

在思维或创新思维中对事项的描述应该是客观的，并且需要通过一定的技法来确定它的客观性。这虽然是一个显而易见的问题，但是许多人却经常忽略了它，导致出现事倍功半、甚至失败的结果。

2. 直觉

直觉一般是指直观感觉，或没有经过分析推理的观点。但在思维科学领域，直觉是对事物本质和客观规律的直接把握或洞察。直觉可以是纯经验的，比如人们通过直觉感到某个人是个好人或坏人；也可以是理性的，例如科学家经常要用到理性阶段的直觉（不是灵机一动的感想）来推进科研工作。产生直觉的原因很多，但是本领域内知识、经验体验性的多少或高低是能否产生直觉的重要原因之一。直觉的 6 个主要特点如下。

（1）非逻辑性，即主体不是通过一步步地分析，而是直接获得对事物的整体认识，这是直觉思维最基本和最显著的特征。

（2）快速性，即思维结果的产生显得很迅速，这种快速性甚至导致思维者对所进行的过程无法做出逻辑的解释。

（3）跳跃性，即直觉一旦出现，便摆脱了原先常规思维的束缚或框架。

（4）个体性，即与主体个体特征的思维观念和知识经验相联系，或者说是主体个体特征的一种反映。

（5）理智性，即主体以直觉方式得出结论时，理智清楚，意识明确，这使直觉有别于冲动性行为，并且主体对直觉结果的正确性持有本能的信念。

（6）或然性，即直觉的结果具有或然性，可能是正确的，也可能是错误的；直觉如同灵感一样，其结果要经过一定的验证。

案 例

一行的直觉

一行，唐代僧人，天文学家。虽为僧人，却云游天下，四方求学。在一行之前，人们对天象的测量都是间接进行的，测量结果还需要再进行换算，误差很大。黄道游仪解决了这个问题，使测量更准确了。而水运浑象仪，其内部有自动报时装置，比国外发明的自鸣钟的出现时间早600多年。这在我国天文仪器制造史上是一大创举。早期的人们认为恒星是静止不动的。在用黄道游仪测定恒星位置的时候，一行发现自己测得的恒星位置和前代天文学家所测的位置有很大不同。因此，一行凭直觉推断，恒星不是静止的，而是也在运动。一行发现的恒星移动现象，改变了人类对恒星的错误认识，推动了后世科学家对恒星的观测和研究。1718年，英国天文学家哈雷测量恒星位置时发现，他测得的位置与古希腊时代差异较大，便提出了恒星并非静止不动的观点。但是，他的发现比一行晚了近1 000年。

（案例来源：邢卓．科学家的故事［M］．北京：天地出版社，2017）

唐代僧人一行凭直觉推断恒星是运动的这一例子说明了直觉在创新中具有重要的作用。直觉总是具有引导性的，有时候直觉与当前活动主方向一致，如一行的直觉；有时候直觉与当前活动的主方向不一致，如果选择转向，也许会有意想不到的效果，但有时这种直觉也许会扑空。

3. 灵感

灵感一般是指在文学、艺术、科学、技术等活动中，由于艰苦学习，长期实践，不断积累经验和知识而突然产生的富有创造性的思路。北京大学的傅世侠教授在其著作《科学创造方法论》中指出，灵感是人们潜心于某一问题达到癫狂着迷的程度而又无法摆脱的情况下，由于某一机遇的作用（中介事物的启发）而受到启迪的心理状态，这种心理状态会导致产生灵感。在灵感产生前，所有积极的心理品质都得到调动，借助中介的启发，问题一下子得到了启发性的答案。伴随着灵感的是极强烈的情感，有种“天上掉馅饼”的感觉。所以，灵感有以下6个最显著的特征。

（1）长期的艰苦性。

任何创造性的思维活动，都要经过艰苦的劳作，才有可能获得成功。但就孕育期来讲，灵感思维较其他思维形式而言要长得多。就是说，任何灵感思维都要在显意识活动长期得不到解决问题的情况下，才能调动潜意识并和显意识沟通、交融和协作，最终才获得对问题的解决。所以，任何灵感思维的产生都客观上要经历一个艰难的过程。由此可见，任何灵感思维的孕育期都是极其长久的艰苦的过程。

（2）中介的启发性。

灵感常常是在受到某些事物或因素等中介的启发下产生的，灵感的发生是人们事先难以预料的，往往是由意想不到的偶然因素诱发的。这些偶然因素或刺激物既可能是人们事先从未曾碰到过的，也可能是早已熟知的日常现象。但当灵感闪现之前，这些熟悉的现象往往处于被忽略的状态。

(3) 引发的随机性。

有心栽花花不开，无意插柳柳成荫。灵感通常是可遇不可求的，至今人们还没有找到随意控制灵感产生的办法。人不能按主观需要和希望产生灵感，也不能按专业分配划分灵感的产生。

(4) 显现的瞬时性。

灵感思维就如一位不速之客，来得突然，去得也迅速，有时甚至瞬息即逝。有些科学家、文学家则用"闪电一样""脑子里的发条'卡'的一响""一束思维激光"等来形容灵感思维发生了瞬时性。正因为灵感思维有这种瞬时性的特点，所以它出现时虽然神摇目眩，令人眼前一亮，但又来去倏然，稍纵即逝，而且一旦消失就很难再追回。

(5) 结果的模糊性。

模糊性是灵感思维的一个突出特征。如德国化学家凯库勒关于苯分子环状结构的重大发现，就不是一下成功的。一开始，凯库勒因梦见被蛇咬而产生了灵感，想到苯分子的结构式是环状的，后经多次修正，才得出了今天人们所见的环状结构图。灵感思维是突然发生的，认识质变是跳跃式的，所以它不可能如逻辑思维那样严密清晰，尽管它在总体上把握了事物的本质或规律，但在细节上还很粗糙，使它不可避免地带上了模糊性的特征。

由于这些特点，当人们产生灵感时，往往充满了激情，甚至缺乏应有的理智。

灵感是突如其来的，并没有逻辑的一步一步推导，所以灵感的出现意味着思维的跳跃。灵感的产生，都是长期观察、实验、勤学、苦想的结果，没有这些基础，灵感是不会飞进你的大脑的。同时，由于灵感往往是模糊的，如果不重视，后就可能溜掉。

4. 顿悟

佛教指顿然破除妄念、觉悟真理为顿悟，也可指忽然领悟。顿悟的前期必定有艰苦的解题或探索过程；直觉则不一定必须经过这样的过程，但却需要体验过程；而灵感一般要受到外界事物的启发，但也有从心灵内部产生的、无法说清产生途径的启迪。顿悟一般是在思维内在的活动加工过程中，忽然得到结果，中介的引导作用比较少。因此，伴随顿悟的是平静的喜悦。人们通过顿悟主要得到的是"是什么""是谁""是什么时间和地点"和"是多少"的回答。以下例子中，李冰就是从乡下老婆婆垒石造饭的过程中得到启发，顿悟了，最终顺利了推进凿石工程的。

案例

从鹅卵石垒灶获得的启发

李冰是战国时期的水利工程专家，其中，最著名的就是他主持兴修的都江堰水利工程。李冰初到蜀郡，就不辞劳苦地沿岷江进行实地考察，了解水情、地势等情况，四处调查灾害发生的原因。他发现，发源于成都平原北部岷山的岷江，沿江两岸山高谷深，水流湍急；到了灌县附近，岷江则逐渐开阔，进入一马平川的水道，这时，由上游积累而下的江水声势浩大，一泻千里，经常冲垮堤岸，造成洪涝灾害。与此同时，从上游冲带来的大量泥沙也容易淤积在这里，抬高了河床，加剧了水患；特别是在灌县城西南面有一座玉垒山，阻碍江水东流。每年夏秋洪水季节，常常出现这样一种奇怪的状况：西部地区在遭受水患，东部地区却在忍受干旱之苦。李冰考察后不久，便开始着手进行大规模的治水工作。他总结了前人治水的经验，在实地考察的基础上，提出“分洪以减灾，引水以灌田”的治水方针，决定在城江上修建一座防洪、灌溉、航运兼用的大型综合水利工程——都江堰。按照方案，首先要打通玉垒山，使岷江水能够畅通无阻地流向东边。工程开始时，由于没有施工经验，再加上玉垒山石坚硬，工程进度极其缓慢。当时的人们还未发明火药，无法炸石开山。如何能加快开凿玉垒山的工程进度？李冰苦思冥想了许久也没有找到办法。一天，李冰发现一位老婆婆用几块鹅卵石垒灶做饭，鹅卵石被火烧得干裂。饭熟后，老婆婆把冷水淋在石头上，冷热相激，石头一下子爆裂开来。看到这番情景的李冰豁然开朗，于是，他马上令人在玉垒山的岩石上开出一些沟槽，然后在沟槽上放上柴草，点火燃烧，岩石被柴草烧热后，再用冷水浇岩石，岩石纷纷爆裂。李冰利用热胀冷缩的原理，成功地使凿石工程的进展变得非常顺利。经过一段时间的努力，玉垒山终于被凿开了一个20米宽的口子，这就是都江堰非常有名的“宝瓶口”。奔流不息的岷江水通过宝瓶口源源不断地流向了东部旱区。李冰此举，使岷江成功实现了分流，彻底改善了当地东旱西涝的状况。

（案例来源：邢卓．科学家的故事［M］．北京：天地出版社，2017）

5. 思维观念

思维观念与思维风格有所不同，在思维活动中具有定向的作用，它有意或无意地规定和支配着思维的角度和性质、路径和方法等，并在思维运行中发挥着激励、“推手”和筛选等作用。我们的观念决定我们所看到的世界。观念在思维中主要有如下三个方面的表现。

（1）观念不同，思维的指向和时空视野也就不同。比如，系统观念使人具有宽阔的时空视野，使思维朝着整体目的和整体效用的方向运动。

（2）已形成的思维观念使思维活动对于客体所发出的信息具有选择和同化的作用，下面用的神经形态智能湿度传感器案例来加以说明。

案 例

受骆驼鼻子启发的神经形态智能湿度传感器

应用湿度传感器精准监测生产环境中水含量变化，或鉴定生产管道漏水位置（特别是在无法通过视觉等途径鉴定的场合），不但要求湿度传感器要具有高灵敏度和良好的识别能力，而且需具有耐用性和优良的智能仿生特性。然而，大多数传统的传感器无法同时具备上述功能。众所周知，许多电阻式湿度传感器的性能会随着温度的变化而波动，并且持续产生的焦耳热一方面降低器件性能；另一方面导致器件功耗升高。而场效应晶体管（FET）湿度传感器虽然具有出色的信号放大能力和高灵敏度，但光照射后通道中光电流的变化限制了其在室外的应用。色度湿度传感器具有相对较高的耐久性并且可以通过颜色变化读出信号，但它们的灵敏度一般较低，并且难以给出定量的检测结果。因此，发展高性能且具有神经形态的智能湿度传感器至关重要。中国科学院福建物质结构研究所硕士研究生李财聪等人，通过模拟骆驼鼻子的结构，开发了一种神经形态电容式湿度传感器。通过模拟类似于骆驼的寻水行为，他们尝试使用湿度传感器通过对时空两个维度的水分含量梯度变化分析来跟踪和定位开阔场地中的水源。基于此，他们制作了一个由四个湿度传感器和一个显示四个传感器实时电容的屏幕组成的水源位置分析系统。这样，将湿度传感器的兴奋性突触电容精确地集成到电路中，就可以精确地定位水源。该传感器可以精确跟踪运动过程中人体皮肤的汗液分泌，无须直接接触即可感知手指的位置和运动，实现无接触人机交互输入。此外，两性离子聚合物网络具有良好的化学、热和光稳定性，从而使传感器具有优异的耐久性，并能够在原位监测复杂挥发性成分的热排气湿度波动。由于水和两性离子之间的超高结合能，传感器还表现出典型的突触行为，如双脉冲易化和学习/遗忘特性，并具有定位水源的功能。该工作为其他高性能生物化学传感器和具有更广泛应用的下一代智能传感器提供了通用的设计原则。

（案例来源：X-MOL 资讯，http://mp.weixin.qq.com/s?biz=MzAwOTEx Nzg4Nw==&mid=2657742346&idx=2&sn=049f8ce2fe0974c95667078b1cba010b&chksm=80f9c7dab78e4eccca90c2538e5964e5e421ae1596ce70d349d1fac1dbc1e2df0057c52f03b2 &mpshare=1&scene=23&srcid=0211ScUmq4FsU62wvA7osUyO&sharer_sharetime=1649 386061786&sharer_shareid=ae0512b4540f75dc1b93a89ba877dd2d#rd）

在以上案例中，李财聪等人的这种选择、同化作用和表现出来的特殊敏感性是在观念引导下不知不觉产生的。这说明，主体存在的知识资源和主体注意的客观现象在某种思维观念的作用下被引导和筛选了。

（3）观念因素还制约着思维活动的结果。在思维过程中，使用观念的正确与否会导致思维的结果是否与实际相符合。

观念因素在思维活动中起着相当重要的作用，观念的变化和发展就必然引起思维方式和方向等的变化和选择。所以，观念的变革也就成了制约思维方式、方法等变革的内在因素之一。为了帮助进一步地理解思维中观念的作用、影响等在人的种种思想或观念之间，有一种联系的原则，而且当出现于记忆或想象中时，它们会以某种次序和规则来互相引申。在我们较严肃的思想或探讨中，我们最容易看出这一点来，所以任何特殊的思想如果闯入各观念的有规则的路径，那它就会立刻被人注意，而加以排斥——如果我们把最松懈、最自由的谈话记录下来，则我们立刻会看到，有一种东西，贯穿于谈话中的一切步骤。

思维观念就像在人脑思维空间中不时闪烁的一座座导航灯，既有方向性，又有区域性；既引导了方向，照亮了区域，又引导着你注意什么方向和注意些什么内容。

其实，观念也是促使形成特定空间的方法之一，虽然对于同一主题每个人都会客观地形成一个思维空间，但是由于观念不同，思维空间的范围、内容和色彩等都会有所不同。

观念具有引导思维活动的作用。观念是人们在实践当中形成的各种认识的集合体，人们会根据自身形成的观念进行各种活动。观念具有主观性、实践性、历史性、发展性等特点。

人类的行为都是受观念支配和指挥的，观念正确与否直接影响到行为的结果，人们常说的“观念先行”就是这个道理。在思维中，特别是在创新思维中，主体选择哪一种思维方向，采用哪一种思维形式、方式和方法等主要也是由其思维观念决定的。

在思维或创新思维中，大家应当注意以下几点。

①主体要学会通过观念来管理自己的思维，因为在主体思维自然发展的过程中，思维

的观念决定着思维的视野、视角、方向或方法等。

②在学习创新案例时，我们要善于发现躲藏在创新行为背后的观念，从技法中学习仅是一种模仿，如果以观念为基础进行学习，不仅能够理解、运用技法，而且能够创造技法。

③驾驭自己思维的办法除了“强制”，比如运用“思维检核表”或相关软件外，掌握思维观念、更新思维观念和创新思维观念就是最有效的方法了。

比如，在曹冲称象这个故事中，其主题是“小秤不能称大象”。我们可以在不同的思维观念引导下对其进行简要的分析和思考（图 2-2）。

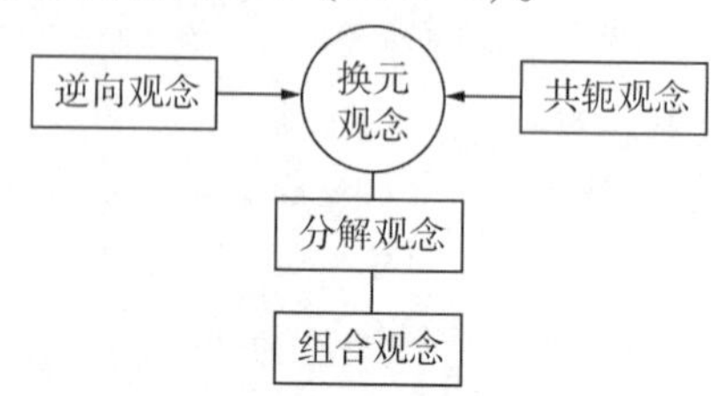

图 2-2　案例中的观念组成示意

a. 在逆向观念引导下，将主题“小秤不能称大象”反向一下，变为“大秤能够称小象”，成了期望的命题。小与大在特定的环境中是相对而言的，也就是说，如果秤不发生变化，但是，假设象变小并且小到秤能够称起的时候，那么也就可称为“小象”了。这样一来，问题的关键是，秤不变化，怎么才能够使大象成为“小象”。

b. 在共轭观念引导下，将主题“小秤不能称大象”完善，即成为“小秤的秤重不能称大象的重量”。这样，就明显地看出共轭对象是“重量”。它们之间的“不能”是由各自重量的量值不能相融造成的。此时问题的关键是，在重量的量值不变的情况下，如何改变象的重量。

c. 在换元观念引导下，因为重量具有累计性的特点，说明它是可以分解的。作为整体的象是不能分割的，但是从重量具有替代性的特点来看，重量的载体是可以置换的。由于任何的置换都是有条件的，一般需要特征或功能等值，在这里，则是特征中的重量等值。此时问题的关键是，象的原重量不变，用什么载体来等值置换大象的重量，并且替代物的重量是可以化整为零的。

d. 在分解观念与组合观念引导下，如何满足秤重的要求，将等值物分解。如何将各重量组合，并还原成大象的整体重量。此时问题的关键是，等值量不变、如何具体进行分解和组合。

总之，思维观念决定了思维的思路、视角、视野、方向或方法等，在创新思维中是一个十分重要的概念。

6. 创新视角

视角是指观察问题的角度，在思维或创新思维中也可以理解为观察目标对象的角度。对同一事物或对象，从不同的角度加以观察、思考，所得到的认识或结果是不同的。所以，客观事物是一回事，而人们对事物的认识是另一回事。这两件事不可能是完全一样的，当然，也不会是完全不一样的，面对同一种事物或现象，如果人们之间的认识出现了差异，可能是正确和错误的关系，但更多的是不同视角之间的关系，无所谓对与错。

抽烟

有两个人去问牧师“在祈祷的时候能否吸烟?”这个问题。

其中，A先上前问：“在祈祷的时候能否吸烟?”

牧师生气地回答：“不可以!”

A闷闷地不乐地退了下去。

B上前问：“在吸烟的时候能否祈祷?”

牧师愉快地回答：“当然可以!”

（案例来源：https://baijiahao.baidu.com/s?id=1658121596198312782&wfr=spider&for=pc）

其实，在上述案例中，“在祈祷的时候能否吸烟?”与“在吸烟的时候能否做祈祷?”这两句话具有相同的行为，即在某一特定的时间内完成两个动作：吸烟和祈祷。但是，它们的结构却不同，前一句是以“祈祷”为主兼带“吸烟”，而后一句却是以“吸烟”为主兼带“祈祷”。

所谓创新视角，是指用不寻常、非常规的视角去观察事物，使事物显示出某些特殊的性质或特征。这里所指的特殊性质或特征，并不是事物新产生的，而是一直存在于事物之中的，只不过以前人们从未发现而已。比如，地球一直处在不停自转的状态，但长久以来人们却把它当作静止不动的。当视角由静转向动时，就是一种新的视角。我们同样有理由认为，在创新思维时如果只用一个视角，那么是很容易被引入歧途的。

三、创造性思维障碍的突破

（一）思维障碍的含义

当代心理学家认为，思维是人脑对客观事物概括的、间接的反映。从字面上理解思维的含义，“思”就是思考，“维”就是方向，“思维”可以理解为沿着一定方向进行思考。人的大脑思维有一个特点，就是一旦沿着一定的方向、按照一定的次序思考，久而久之就会形成一种惯性。也就是说，这次解决了一个问题，下次遇到类似的问题或表面看起来相似的问题，会不由自主地沿着上次思考的方向或次序去思考，这种情况就叫作“思维惯性”。就像物理学里的惯性一样，思维惯性也很顽固，是不容易克服的。如果对于自己长期从事的事情或日常生活中经常发生的事物产生了思维惯性，多次以这种惯性思维来对待客观事物，就形成了非常固定的思维模式，即“思维定式”。思维惯性和思维定式合起来，就称为“思维障碍”，一方面，思维障碍有着巨大好处，它使人们的学习、生活、工作简洁和明快，社会高度有序化；另一方面，思维障碍的固定程序化等模式又阻碍科技发展，尤其是在创造活动中，思维障碍阻碍了人们创造性地解决问题，对于创新是非常不利的。

（二）常见的思维障碍

1. 习惯性思维障碍

习惯性思维障碍又称思维定式，它是指人们常常沿用一种思路或固定的思维方式，去

考虑同一类问题。俗话说“习惯成自然”，习惯性思维几乎人皆有之，可以说是一种常见现象。但是这种思维一旦固化，就会束缚人的思维，使人们发现不了新的问题，也想不到新的解决方法，从而构成学习、创造的心理障碍。

毕昇发明活字印刷术

毕昇发明的活字印刷术是印刷史上的一次伟大革新，被列为我国古代四大发明之一，为人类文明的发展和传播作出了杰出贡献，彰显了我国劳动人民的聪明才智和创造精神。毕昇从十几岁开始，就进了杭州一家私人书坊当学徒。这家书坊是由一个书商设立的刻书机构。毕昇进入书坊后，勤学好问，对雕版印刷的每个环节都不放过。通过努力学习，他逐渐熟悉了雕版印刷的各个程序，对刻工、印工的技术都掌握得十分娴熟。几年以后，毕昇终于成为一名熟练的书坊印刷工匠。毕昇在工作的过程中，渐渐认识到雕版印刷有很多弊病。例如雕刻书版不仅耗时较长，而且雕刻过程中若刻错一个字，就得从头再刻。这样印出来的书成本较高，书价自然就很昂贵，这使好多人想看书却又买不起书。有一天，毕昇在书坊里工作了一整天，眼看一块书版就要刻成了，可一不留心，刻坏了一个字。他绞尽脑汁思考出刻坏了一个字的补救办法：重新刻一个字补上去。毕昇抱着试试的心理，先把刻坏的字用刀削去，在这个地方挖出一个浅浅的小方孔，再做成一个与小方孔大小吻合的小木片，再在上面刻好需要的那个字，接着用胶粘在小方孔里，然后上墨印刷，结果印刷的效果很好，这个办法成功了。这件事对毕昇的启发很大，他更加希望能改良雕版印刷术，找到一种更简单便捷的方法来代替雕版印刷。可是，他想了很久，也没有想到合适的办法。没过多久，适逢清明节，毕昇便带着妻子和两个儿子回乡祭祖。两个儿子在乡间玩得十分开心。在玩过家家时，他们把从田间挖来的泥巴捏成锅碗瓢盆、人和动物，然后随意地摆来摆去。孩子们玩耍的情景，触发了毕昇的灵感，他眼前一亮，心想：我为什么不能用过家家的办法？先做出单字的印章，刻上字，再把印章随意排列起来，不就可以印文章了吗？想到这儿，毕昇赶紧回到家里，着手开始做活字印刷的试验。大约在1041年，毕昇开始着手制造单个的活字，这项工作前后整整花费了毕昇八年的时间。因为制造活字是一项“前无古人”的工作，没有现成的办法可以借鉴或参考，可以说是困难重重。对这些困难，毕昇毫不畏惧，每天开动脑筋，认真琢磨。开始试验时，毕昇选用木材作为制造活字的材料，费了很大的劲，总算做成了一个又一个的木活字，接着他把这些活字都拼在一块铁板上面，再用一个铁框把它们都圈在里面，可是这些木活字在铁板上稍稍一动，就变得歪七扭八了，根本无法上墨印刷。毕昇左思右想，忽然想到，松脂和蜡的黏性很大。于是，他找来一些松脂和蜡，先在火上加热熔化，然后倒在铁板上。这下，木活字终于被牢牢地固定在铁板上，再也不会扭来扭去了，可以加墨印刷了。

（案例来源：邢卓．科学家的故事［M］．北京：天地出版社，2017）

以上案例中，毕昇从一次失误，找到了突破口，进而多次试验，最终突破旧的思维模式，研究出了活字印刷术。这就说明，如果完全依赖过去的经验，我们就会永远原地踏步。尤其在当今社会，世界变化非常快，科学进步也非常快，以前有很多不可能的事情变成可能。我们不能完全依照我们过去的经验来判断未来。过去经验的积累导致了我们思维上的一种定式。所以有一句话叫作："过去的经验既是我们的财富，但在某种程度上又是我们的包袱。"

习惯性思维并不都是有害的。对于有些简单的问题，如日常生活中的小事，按照习惯性思维去行事，可以节省时间，或者少费脑筋。例如，写字是先找纸还是先找笔，早上起来是先洗脸还是先刷牙，各人有各人的习惯，都无不可。人的思维不仅有惯性，还有惰性，对于比较复杂的问题如果仍按照习惯性思维如法炮制，就会使人犯错误，或者面对新问题一筹莫展。要想使自己变得聪明起来、要想进行创新，就必须自觉打破习惯性思维障碍，主动寻求新的思维方式。

突破习惯性思维，从表面看似乎很简单，很容易操作，但人的头脑往往会因为陷入经验主义而逐渐僵化，意识不到自己已被习惯性思维束缚，因此往往无法使用这种单纯的突破性思考方法。

2. 直线型思维障碍

直线型思维是指一种单维的、定向的、视野局限、思路狭窄、缺乏辩证性的思维方式，但同时也被认为是以最简洁的思维历程和最短的思维距离直达事物内蕴的最深层次的一种思维方式。由于在解决简单问题时人们只需用一就是一，二就是二，或因为 $A=B$、$B=C$，所以得出结论 $A=C$，这样直线型的思维方式就可以奏效，因此往往在解决复杂问题时仍用简单的非此即彼或者按顺序排列的直线方式去思考问题。在学习时，虽然也遇到过稍微复杂的数学问题、物理问题，但多数情况下是把类似的例题拿来照搬。对待需要认真分析，全面考虑的社会问题、历史问题或文学艺术方面的课题，经常是死记硬背现成的答案。久而久之，就形成了直线型思维障碍。

案 例

寻找作案嫌疑人

1985 年，某厂有 35 000 元被窃，当时这是一笔不小的数目，厂方和市公安局出动了大批人员来破案。他们的破案思路：进行排查，找出嫌疑人，再通过审查破案。嫌疑人应当是有前科的，经济上支出明显超过收入的。结果找到了一个年轻工人，他平时吊儿郎当，工资较低，这时恰好又买了一辆新摩托车。于是，这个年轻工人便成了重点怀疑对象，被审查了好几个月，结果却搞错了。实际上作案的是另一个平时显得很老实的职工，两年后，他看没事了，到银行去存款，被机警的出纳员发现了破绽，报告给公安局，这才破了案。

（案例来源：何名申．跳出框框想之二：鉴别经验，思维与智慧［J］．2002（4））

在以上案例中，错误的产生显然与办案人员的直线型思维方式有关。在过去、平时表现不好的，在经济上又突然发生变化的人可能有作案的嫌疑，但并非所有这样的人都会盗窃公款，而平时表现还不错的人，也不一定就不会干坏事。

3. 权威型思维障碍

权威型思维障碍也叫权威定式，是指在思维过程中盲目迷信权威，以权威的是非观为是非观，缺乏独立思考能力，不敢怀疑权威的理论或观点，一切都按照权威的意见办。权威定式对人类的发展与进步有着一定的积极意义，因为权威的存在，人们节省了重复探索的时间和精力。尊重权威当然没有什么错，但一切都按照权威的意见办事，盲目崇拜和服从权威，不敢怀疑权威的理论或观点，不敢逾越权威半步，就会严重阻碍人们创造性思维的发挥。

相传秦二世在位时，丞相赵高野心勃勃，试图谋权篡位，可朝中大臣有多少人能听他摆布，有多少人反对他，他心中没底。于是，他想了一个办法，准备试一试自己的威信，也可以找出敢于反对他的人。一天上朝时，赵高让人牵来一头鹿，满脸堆笑地对秦二世说："陛下，臣献给您一匹好马。"秦二世一看，心想：这哪里是马，这分明是一头鹿嘛！便笑着对赵高说："丞相搞错了，此乃鹿也！"赵高面不改色心不慌地说："请陛下看清楚了，这的的确确是一匹千里好马。"秦二世又看了看那头鹿，将信将疑地说："马的头上怎么会长角呢？"赵高一看时机到了，转过身，用手指着众大臣们，大声说："陛下如果不信我的话，可以问问众位大臣。"大臣们悟了一会儿，忽然明白了他的用意，一些胆小又有正义感的大臣全部低下头，不敢说话；那些正直的大臣，坚持认为是鹿而不是马；还有一些平时就紧跟赵高的奸佞之人立刻表示拥护赵高的说法，对秦二世说："此乃千里好马也！"事后，赵高通过各种手段把那些不顺从自己的正直大臣纷纷治罪，甚至满门抄斩。"指鹿为马"这个成语也就成了权威型思维障碍的典型案例。

在通常情况下，服从专家的看法会少走很多弯路，时间久了，人们就会认为："专家的意见不会错"，在现实生活中当两人发生争执时，人们往往会用某位专家的话来做引证。

事实上，权威的意见只是在某个阶段、某个领域、某个范围是正确的，并非适用于所有问题，而只有实践才是检验真理的唯一标准。人类史上的大量创造性成果都是克服了对权威的无条件崇拜、打破了迷信权威的思维障碍后取得的。

当某一领域专家的权威确立之后，除了不断地强化外，还会产生"权威泛化"的现象，即把某个专业领域内的权威不恰当地扩展到社会生活的其他领域内。

有人的地方就有权威的存在，迷信权威是任何时代、任何地方都会存在的现象，人们对权威也总是怀有崇敬之情，尊重权威固然重要，然而盲目尊崇权威也会严重影响人们的判断。

对于权威，我们应当学习他们的长处，以他们的理论或学说作为基础和起点。但不可一味模仿，不敢超过他们。如果只是跟在他们后面亦步亦趋，那就谈不上改革和创新了。

4. 从众型思维障碍

从众心理，就是不带头、不冒尖，一切都随大流的心理状态。当个体的信念与大众的信念发生冲突时，虽然清楚地知道自己的信念是正确的，但由于缺乏信心，或不敢违反大众的信念而主动采取与大众相同的观念。存在这种心理的人，有的是为了跟大伙保持一致，不被指责为"标新立异""哗众取宠"，也有的是思想上的懒汉，认为跟着大家走就错不了。在实际生活中，大多数人都可能因从众心理而表现出盲目性，明明稍加独立思考就能解决的事却偏偏跟着大家走弯路，这就是从众型思维障碍。

大家知道，人与人之间是不可能事事保持一致的，一旦群体内出现了不一致，有两种方法可以维持群体的不破裂，一是整个群体服从某一权威，与权威保持一致；二是群体中的少数人服从多数人，与多数人保持一致。

每个人或多或少都有从众心理，对一些约定俗成的说法或做法，我们应有判断力，既要相信“群众的眼睛是雪亮的”，又要相信“真理往往只掌握在少数人手里”，无论是面对“群众”还是面对“少数人”，我们都应该独立思考，不盲从、不轻信。如果想成功，你应开辟出一条新路，而不是沿着过去的老路走。在任何时候，如果放弃独立思考，一味跟随大众，是会走弯路的。

案 例

郑板桥练字

清朝“扬州八怪”之一郑板桥自幼酷爱书法，古代著名书法家各种书体他都临摹，经过一番苦练，终于和前人写得几乎一模一样，能够以假乱真。但是大家对他的字并不怎么欣赏，他自己也很着急，比以前学得更加勤奋，练得更加刻苦了。一个夏天的晚上，他和妻子坐在外面乘凉，他用手指在自己的大腿上写起字来，写着写着，就写到他妻子身上去了。他妻子生气地把他的手打了一下说：“你有你的身体，我有我的身体，为什么不写自己的体，写别人的体？”郑板桥猛然从这句话中受到启发：“各人有各人的身体，写字也各有各的字体，本来就不一样！我为什么老是学着别人的字体，而不写自己的体呢？即使学得和别人一样，也不过是别人的字体，没有自己的风格，又有什么意思？”从此，他取各家之长，融会贯通，以隶书与篆、草、行、楷相杂，用作画的方法写字，终于形成了雅俗共赏的“六分半书”，也就是人们常说的“乱石铺街体”，成了清代享有盛誉的著名书画家。

（资料来源：https://wenku.baidu.com/view/5b0f0a0f0422192e453610661ed9ad51f 01d5411.html）

张三开了一个面馆，生意红火，利润丰厚，李四看到也开了一个面馆，王五也同样开面馆——大家效仿张三开面馆，结果谁的生意也不好。著名经济学家吴敬琏曾点评这种商业模式为：“一哄而起，一哄而上，一哄而乱，一哄而散。”只会跟在别人后面的人永远成就不了事业，而不盲目从众、坚持独立思考的人能出类拔萃，获得成功。

创新就是用不妥协于常规的思维来创造不同的结果，只有如此，才会收到意料之外的惊喜。

5. 书本型思维障碍

书本是千百年来人类经验与智慧的结晶，有了书本，前人能够很方便地将自己的知识、观念等传递给下一代人，使得后人能够始终站在前人的肩膀上做事。知识的传播与传承是人类社会进化得以加速进行的重要原因，但书本在带给我们大量有益信息的同时，也会给我们带来一些麻烦。战国时期，赵国大将赵奢的儿子赵括，从小熟读兵书，爱谈军事，别人往往说不过他。因此他很骄纵，自以为天下无敌。公元前259年，秦军又来犯，赵军在长平（今山西高平市附近）坚持抗敌，那时赵奢已经去世。廉颇负责指挥全军，他年龄虽大，打仗仍然很有办法，使秦军无法取胜。秦国知道拖下去于己不利，就施行了反间计，派人到赵国散布“秦军最害怕赵奢的儿子赵括将军”这一说法。赵

王因此上当受骗，派赵括替代了廉颇。赵括自认为很会打仗，死搬兵书上的条文，到长平后完全改变了廉颇的作战方案，结果四十多万赵军尽被秦军歼灭，他自己也被秦军乱箭射死。

许多人认为，一个人的书本知识多了，比如上了大学，读了硕士、博士，必然有很强的创新能力，其实不然。还有的人认为，书本上写的就都是正确的，遇到难题先查书，如果自己发现的情况与书本上不一样，那就是自己错了。在这种认识的指导下，有的人对书上没有写的不敢做，对读书比自己多的人说的话百分之百地相信，一点儿也不敢怀疑。因此，人们把这种由于对书本知识的过分相信而不能突破和创新的思维方式，叫作“书本型思维障碍”。

人们常说：“知识就是力量”，但是如果不能灵活运用所学的知识，那知识就并非力量。实际上，知识只是潜在的力量。只有正确、有效地应用知识，它才能成为现实力量。不能认为谁读书多，知识丰富，谁的力量就大，创造性思维就强。以下案例中的初中生小崔，就是一个敢于质疑书本的人。

案 例

初中生发现英语教材漏洞

教材，作为每个学生学习的主要依据，往往需要订正无数次，才会发放到学生的手中，几乎不会出现任何明显的错误。作为考试和教学的主要依据，是不允许有任何马虎和疏漏的。然而，沈阳市126中学的一位七年级学生小崔，在预习英文教材时，却发现了一些问题。这名非常认真的七年级学生没有盲目地相信书本，并第一时间将问题反馈给了上海教育出版社，多位专家经过校验才发现，原来编写教材时真的出现了疏漏。在英文教材的95页上，列举了三个昆虫，而且上面分别标的是蝴蝶、蚂蚁和蜜蜂。但是，小崔同学看到照片后，却发现被标注“蜜蜂”的昆虫，实际是食蚜蝇(图2–3)。很多网友非常好奇，这个小男孩，为什么比生物专家还要专业，只是看一眼就知道了昆虫的分类。事实上，小崔同学就从小对生物非常喜爱，当看到这张图片有问题时，非常喜欢求证的小崔同学在第一时间翻开了相关资料求证。

图 2–3　有漏洞的教材

(案例来源：https：//www. sohu. com/a/496329444_120931790)

俗话说，尽信书不如无书。也就是说，书本知识固然重要，但是，书本知识毕竟是前人知识和经验的总结，时代发展了，情况变化了，书本知识也可能过时。更何况书上写的东西有可能就是错误的或是片面性的。即使书上说的是正确的，也有一定的适用范围，不能无条件地照抄照搬。

所以，正确对待书本知识的态度应当是：既要学习书本知识，接受书本知识的理论指导，又要防止书本知识可能包含的缺陷、错误或落后于现实的局限性，要敢于否定前人，培养提出问题的能力。学习新知识，不能完全依靠老师，也不能盲目迷信书本，应勇于质疑，勇于提出问题，这是一种可贵的探索求知的精神，是很多新发明新创造的萌芽。人们常说：真理诞生于一百个问号之后，就是鼓励大家要敢于在寻求真理的路上怀疑一切。

6. 经验型思维障碍

我们生活在一个需要经验的世界中，所谓经验就是人们通过大量实践获得的知识、掌握的规律或技能。通常情况下，经验对于我们处理日常问题是有好处的。因为拥有了某些方面的经验，我们才能将各种各样的问题处理得井井有条。一个具有熟练技术的工人就能够很好地完成加工一个精密零件的工作任务；一个熟悉车间运作的管理人员能够很好地管理这个车间；老工人听到机器运转的声音就知道机器在什么地方出现了问题——这些都与人们所拥有的丰富经验分不开。

经验和习惯是宝贵的，它是我们日常生活和工作的好帮手，为我们办事带来方便。要是没有个体与群体经验的积累，人类和社会的进步是不能想象的。但经验和习惯又有局限性，它们常常会妨碍创新思维，成为创新路上的绊脚石。因此经验需要鉴别。而我们运用创造性思维，跳出框框，突破经验的局限性才能创造财富、创造奇迹。

案例

拴在木桩上的水牛

一位画家去乡村写生时，看到有位老农把一头大水牛拴在一个小木桩上，于是走上前对老农说："大伯，它会跑掉的。"老农呵呵一笑，语气十分肯定地说："它不会跑掉的，从来都是这样。"这位画家有些疑惑，忍不住又问："为什么会这样呢？这么一个小木桩，我只要稍稍用力，不就拔出来了吗？"这时，老农靠近了他，压低声音说（好像怕牛听见似的）："小伙子，我告诉你，当这头牛还是小牛的时候，就拴在这个木桩上了。刚开始，它不老实，有时撒野想从木桩上挣脱，但是那时它的力气小，折腾了一阵子还是在原地打转，见没法子，它就蔫了。后来，它长大了，却再也没有心思跟这个木桩斗了。有一次，我拿着草料来喂它，故意把草料放在它脖子伸不到的地方，我想它肯定会挣脱木桩去吃草的。可是，它只是叫了两声，就站在原地望着草料。你说，有意思吗？"。

（资料来源：https：//www. sohu. com/a/277477441_799907）

摆脱经验型思维定式的真正意义在于促使我们探索事物的存在、运动、发展、联系的各种可能性，从而摆脱思维的单一性、僵硬性和习惯性，以免陷入某种固定不变的思维框架。以上案例中的水牛就是受了经验型思维定式的影响，即使草料近在眼前，也不会挣脱木桩去吃草。

历史上有不少事例是由于受到了经验型思维定式的影响而使发明的东西性能大打折扣，有的甚至因为这种定式的影响而失败；相反，如果没有受到经验型思维定式的影响，就更容易获得成功。

最初问世的火车的车轮上有齿轮，铁轨上也有齿轮。火车行进时，车轮上的齿轮和铁轨上的齿轮正好啮合。这样的设计是从安全的角度出发，为了防止火车打滑出轨。火车的设计者和制造者为什么会采取这种加齿轮的做法呢？它既不是直接来自书本的知识，也不是来自实践经验的结果，设计者认为车轮上的齿与铁轨上的齿啮合后能够避免打滑，设计者并没有对这种设计进行认真的分析、研究和论证，便认定齿轮对于防止打滑出轨是必不可少的。后来，去掉齿轮后的火车不但依然能够安全行驶，还大大提高了行车速度，降低了制造成本。

7. 其他类型的思维障碍

以上介绍的是常见的、多数人可能出现的思维障碍，还有一些思维障碍，在不同的人那里表现的严重程度也不同。例如，以自我为中心的思维障碍、自卑型思维障碍、麻木型思维障碍、偏执型思维障碍等。

（1）以自我为中心的思维障碍。在日常生活中，我们常常可以看到有些人特别固执，思考问题时以自我为中心，阻碍了创造性思维的发展。

诸葛亮智胜张飞

刘备三顾茅庐请来了诸葛亮，对诸葛亮言听计从。张飞很不服气，一心想和诸葛亮比试比试，并常常借机戏弄诸葛亮。有一天，诸葛亮想：该让张飞有一点自知之明了。就对张飞说：“张将军，我们来比一比力气怎么样？”张飞轻蔑地笑了起来。于是诸葛亮就问张飞：“请问是一只鸡重，还是一根鸡毛重？”“当然是一只鸡重。”“那再请问是一只鸡扔得远，还是一根鸡毛扔得远？”“自然是一根鸡毛扔得远。”“好，那我来扔鸡，你来扔鸡毛。”他们各拿各的，开始扔了。结果，诸葛亮扔得比张飞远多了。诸葛亮看张飞还是不服气的样子，便又问：“请问是拳头有劲，还是手指头有劲？”“当然是拳头有劲。”“好。”诸葛亮说着，用手指着一只蚂蚁：“那我们分别用拳头和手指头来打死这只蚂蚁。”还没等诸葛亮说完，张飞便迫不及待地用拳头砸了下去，可是，却怎么也砸不死它。而诸葛亮用手指轻轻一摁，蚂蚁就死了。张飞一下子明白了过来，从此对诸葛亮佩服得五体投地。

（案例来源：刘红宁，等，创新创业通论［M］. 北京，高等教育出版社，2012）

上面《诸葛亮智胜张飞》的故事虽然是民间传说，但也说明了一个道理，以自我为中心的人，往往一叶障目，不见泰山，有时在很简单的问题面前也可能失去了思考能力，发挥不出自己的优势。

（2）自卑型思维障碍。就是非常不自信，由于过去的失败或成绩较差，受到过别人的轻视，从而产生了自卑心理。在这种自卑心理的支配下，不敢去做没有把握的事情，即使是走到了成功的边缘，也因害怕失败而退却。

（3）麻木型思维障碍。即对生活、工作中的问题习以为常，精力不集中，思维不活跃，行为不敏捷，不能抓住机遇，对关键问题不能及时捕捉，更不会主动寻找问题，迎接挑战。

（4）偏执型思维障碍。他们大多颇为自信，但有的爱钻牛角尖，明知这条道路走不通，非要往前闯，直到碰得头破血流才罢休，不知道及时转弯；有的喜欢跟别人唱对台戏，好赌气，费了好大力气，走了许多弯路还不愿回头。

不同的人在不同的情况下产生的思维障碍有所不同。其实不管遇到的思维障碍是什么，只要能冷静客观地发现自己的思维障碍，分析它产生的原因，换一种方式去思考，有意识地去克服它，这就是了不起的进步。因为在很多情况下，人一旦突破了思维障碍，就能开始进行创造性思维了。

（三）思维障碍的突破

思维障碍抑制着我们的创新意识，使我们的创新能力难以得到进一步提高。要提高创新能力，就应该突破思维障碍，而突破思维障碍的关键就是转换思维视角。创造学里将思维开始的切入点称为思维视角。对同一事物以不同的切入点进行思考，其结果是大相径庭的。就像我们切苹果一样，我们以通常的角度竖着切下去，看到的只是几粒籽，而如果横着切下去，我们将看到一个可爱的五角星。

思维障碍的突破是一个人格独立、自我意识觉醒的过程。很多人走不出思维定式，所以走不出宿命般的可悲结局，而一旦走出思维定式，便可以看到许多别样的人生风景，甚至可以创造新的奇迹。因此，从舞剑可以悟到书法之道，从飞鸟可以造出飞机，从蝙蝠可以联想到电波，从苹果落地可悟出万有引力。换个位置，换个角度，换个思路，也许我们面前就是一番新的天地。

1. 思维视角的定义

横看成岭侧成峰，远近高低各不同。我们观察一个物体，从各个角度看到的图像是不一样的。人的思维活动也是一样，不仅有方向，有次序，还有起点。在起点上，就有切入的角度。实际上，对于创造活动来说，这个起点和切入的角度非常重要。思维开始时的切入角度，就叫作思维视角。

思维障碍是妨碍我们创造性思维的拦路虎，而突破思维障碍的办法就是扩展思维视角。

扩展思维视角对认识客观事物有极大的影响，原因如下。

（1）事物本身都有不同的侧面，从不同的角度去考察，就能更加全面地接近事物的本质。

（2）世界上的各种事物都不是孤立存在的，它们与周围的其他事物有着千丝万缕的联系，学会整体性观察，研究某一未显露本质的事物，可以从与它有联系的另一事物中找到切入点。

（3）事物是发展变化的，发展变化的趋势有多种可能性。

（4）对于某个领域的一些事物，特别是社会生活或专业技术领域里的常见事物，许多人都观察思考过了，你自己也经常接触。

2. 扩展思维视角的方法

（1）改变万事顺着想的思路。从古至今，对于问题，大多数人按照常情、常理、常规去思考，或者按照事物发生的时间、空间顺序去思考，这就是所谓的万事顺着想。这样虽然容易找到切入点，解决问题的效率比较高。但是在互相竞争的情况下，很难出奇制胜。更重要的是，客观事物本身并不是那么简单的，而是复杂的、千变万化的，顺着想不可能完全揭示事物内部的矛盾，从而发现客观规律。

①变顺着想为倒着想。在顺着想不能很好地解决问题时，倒着想不失为一种新的选择。比如在下面的案例中，利用逆向思维就顺利给网球充上气了。

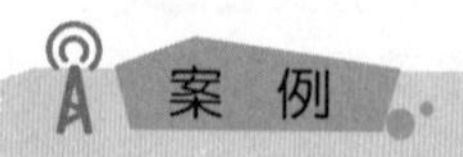

怎样给网球充气

网球与足球、篮球不一样，足球、篮球有打气孔，可以用打气针头充气。网球没有打气孔，漏气后球就软了、瘪了。那么应该如何给瘪了的网球充气呢？专业人士首先分析了网球为什么会漏气，气从哪里漏到哪里。我们知道，网球内部气体压强高，外部大气压强低，气体就会从压强高的地方往压强低的地方扩散，也就是从网球内部往外部漏气，最后网球内外压强一致了，就没有足够的弹性了。怎么让网球内压强增加呢？运用逆向思维，专业人士考虑让气体从球外往球内扩散。怎么做呢？那就是把软了的网球放进一个钢筒中，往钢筒内打气，使钢筒内气体的压强远远大于网球内部的压强，这时高压钢筒内的气体就会往网球内“漏气”，经过一定的时间，网球便硬起来了。让气体从外向里漏的逆向思维让没有打气孔的网球同样可以实现充气。很显然，逆向思维可以把不可能变为了可能。

（案例来源：https：//zhidao. baidu. com/question/71522724. html）

②从事物的对立面出发去想。遇到问题时可以直接跳到事物中矛盾一方的对立面去想。由于对立的双方是既对立又统一的，改变这一方不行，改变另一方则可能有助于解决问题。

③思考者改变自己的位置。改变思考者自己的位置，从另外的角度看问题，这就是换位思考或易位思考。如果你是思考社会问题，你可以把自己换到其他人的位置上，特别是换到你的考察对象的位置上；如果你研究的是科学技术问题，你可以更换观察的位置，从前后、左右、上下等各个方向去分析问题。比如下面案例中的生物医学工程博士生就利用自身专业知识解决了核酸报告排查这一难题。

案 例

一串代码搞定核酸报告排查

2022 年 4 月 7 日，复旦大学官微发文，自 3 月初以来，学校启动常态化核酸筛查工作，要求班级辅导员必须核查学生“健康云”核酸完成截图，确保不漏一人。信息科学与工程学院博士生李小康正好担任学院 2019 级信息 1 班辅导员，他说：“对于核查核酸报告的工作，听起来好像很简单，但实际做的时候，一个班级的截图可能就需要花上半小时进行核查，如果是人数多的院系可能需要更久，还可能看错看漏。”作为生物医学工程专业博士生，他的研究方向是医学影像与人工智能，平常会接触很多图像处理方法。李小康第一时间想到以前学到过的 OCR（Optical Character Recognition，光学字符识别）技术。他还想到了 Python 语言中的正则表达式——可以搜索到字符串中的特定模式内容。最后，李小康确定了“OCR 文字识别+正则表达式筛选”的程序思路。3 月 15 日晚，他花了一个多小时就写出了初始代码，共 130 行，发现确实能够跑通，且运行效率很高。程序一写好，李小康就在自己班级的核酸截图数据上进行验证，准确率果然很高，甚至检测出了之前人工核查时没有发现的问题。另外，程序运行时间很短，筛选 80 多张图只需要 20 多秒。

（案例来源：https：//focus. youth. cn/article/abn？signature = Pz8W62Rvorl9xBbN3dqEaxNpNloFE4pjVLXQDk0GeygYZOJ5mn）

对于一个企业来讲，要想实现可持续性的长远发展，一定要从真正意义上做到换位思考，而这种换位思考不仅包括管理者与被管理者之间的内部换位思考，更包括企业与客户间的内外换位思考。换位思考要求参与者加强自己思想的换位，而不是强求他人的转变。就如以下案例中的超市设计一般，只有真正做到换位思考，企业才能运营合理、效益提升、事半功倍。

案 例

小型超市的设计

关于小型超市设计的理念与方案，对于大多数的设计公司来说并不是一件困难的事，然而细节决定成败的案例并不在少数，为何有的小型超市能够使得消费者络绎不绝，而有的却人烟稀少？除了超市所在的地理环境及自身所销售的产品以外，在很大程度上，超市的设计起到了至关重要的作用。对于超市设计师来说，如果能够更多地进行换位思考，为消费者设想，相信未来国内的小型超市市场将会越来越火热。根据相关设计专家的建议，超市设计师在起初进行消费者换位思考时，需要做到如下两点：一是重视消费者的购物感受与体验。合理布局、层次分明的超市结构能够使消费者一进入超市就能够清晰地定位到自己所需购买的物品。试想，当消费者已明确自己要购买的物品时，一旦走入超市，当然是希望直奔目标位置。二是超市的整体设计以简单、实用、方便为主。不同于大型购物超市，小型超市的设计材料不宜过于奢华，整体设计符合朴素而实用、简单而不简陋的原则即可。

（案例来源：https：//wenku. baidu. com/view/1903d8f06c1aff00bed5b9f3f90f76c661374c6d. html）

（2）转换问题获得新视角。虽然我们遇到的问题是多种多样的，但彼此之间有相通的地方。对于难以解决的问题，与其死盯住不放，不如把问题转变一下。例如把几何问题转换为代数问题，把物理问题转换为数学问题。

①把复杂问题转化为简单问题。在以下案例中，于振善就是利用“尺算法”将复杂的不规则形状土地面积问题解决了。

案 例

于振善测量土地面积

很久以前，各国的数学家们都一直在思考，如何计算出不规则形状土地的面积。许多国家的边界线由于受到自然环境等方面的影响，如同蚯蚓般曲折蜿蜒。多年来大家一直寻找不到一个标准的计算方法，一般都是大致估算一下，粗略地取个近似值。

事有凑巧，我国有一位木匠，他就是于振善。面对这样的问题，他专心致志地研究起来，经过多次的实践，终于找到了一种计算不规则图形面积的方法——“尺算法”，也叫“称法”。他巧妙地称出了我国各行政区域的面积。

他的“称法”是这样的：先精选一块重量、密度均匀的木板，把各种不规则形状的地图剪贴在木板上；然后分别把这些图锯下来，用秤称出每块图板的重量；最后再根据比例尺算出1平方厘米图板的重量。用这样的方法，就不难求出每块图板所表示的实际面积了。也就是说，图板的总重量中含有多少个1平方厘米的重量，就表示多少平方厘米，再扩大一定的倍数（这个倍数是指比例尺中的后项），就可以算出实际面积了。

“尺算法”解答的原理是：面积与重量的比等于单位面积的重量比，实际是对比例的综合应用，只要测量重量和单位长度的仪器精密，经测量算出来的地图面积就会非常精确。

（案例来源：https://baijiahao.baidu.com/s?id=1651493750197370575&wfr=spider&for=pc）

②把生疏的问题转换成熟悉的问题。对于从未接触过的生疏的问题，可能一时无法下手，找不到切入点，但不要望而却步，试着把它转换成熟悉的问题，可能就会有新的视角，也许还会有出色的成果诞生。

案 例

如果有一天父母忘记了你，你会怎么做？

你看过《父亲》这部电影吗？它讲述了主人公安东尼患有阿尔茨海默病后，逐渐痴呆，最后甚至无法辨认自己的女儿。随着年岁增长，每个人的记忆都可能慢慢模糊。如果有一天你的父母忘记了你，你会怎么做？和许多人一样，来自江西师范大学的王炀琨，之前从未设想过这样的情况，也完全无法想象这样一天的到来。在“21世纪杯”的比赛中拿到这个即席演讲的题目之前，王炀琨对阿尔茨海默病并不了解，也不具备任何这一方面的专业知识，这也使他的演讲一度陷入了僵局。王炀琨说，他进行了一番思想斗争：是按照常规思维，遵循一般的演讲套路，一步步罗列自己应对阿尔茨海默病的做法，还是另辟蹊径，推陈出新？在他看来，硬着头皮讲自己并不熟知的内容，无法说服任何一名听众。唯有真诚面对，讲述自己的故事，才能引起共鸣。“终有一天，当我老了，当我忘记了整个世界，我相信，我也深知，未来我的孩子也会对我说同样的话，就像我会永远深爱着他们，无论如何。患有阿尔茨海默病的老人就像刚出生的婴儿，事事都需要照顾。我们总是习惯于躲在父母的庇护下，渐渐地，我们忘了，忘记了父母也会有脆弱的一面，忘记了时间与病痛的残酷。”对于王炀琨来说，阿尔茨海默病的病因、症状等，此时都不再那么重要，他抛弃了所谓的“演讲套路”，卸下思想上的包袱，转换了思维视角，将生疏的问题转换为自己熟悉的东西。这不是一篇慷慨激昂的演讲，而是他与妈妈之间自然的对话，平日里不外露的情感得到了充分的抒发。

（案例来源：http：//mp. weixin. qq. com/s? biz = MzU1NTcxODQ0OQ = = &mid = 2247681707&idx = 1&sn = 57f7bb485e4141b23d97e17da8347e96&chksm = fbdc44f5ccabcde3c718e368e1329a01bd76bcca8f94607645c8bc2dffc69dd851bc274fe86f&mpshare = 1&scene = 23&srcid = 02164XM9d0G7fDf7jW3Zx46r&sharer_sharetime = 1655462149033&sharer_shareid = ae0512b4540f75dc1b93a89ba877dd2d#rd）

③把不能办到的事情转化为可以办到的事情。世间有些事情是能够办到的，有些是难以办到的，还有些根本就是不能办到的。但是，不能办到的事，就不能转换成能够办到的事吗？以下案例中，黄克起就用实际行动做到了“7 天交付一座大桥”，如图 2-4 所示。

7 天交付一座大桥

图 2-4　深圳河钢线桥施工现场

“7 天时间，在 200 米宽的河上修一座桥，你能完成吗?”2022 年 2 月 23 日，在香港抗疫形势异常严峻的关键时刻，“老桥梁人”黄克起接到了这样一通电话，他思索了一下，询问桥梁的位置，电话那头传来坚定的声音“在深圳河上，通向香港。”

形势严峻，关键时刻，应特区政府请求，经党中央批准，在落马洲河套地区援建应急医院，保障施工队第一时间高效进场的关键就是这座桥。

没有图纸，没有水文、地质资料，甚至没有桥位，这是个“不可能完成的任务”。……

不确定性巨大，施工周期吃紧，桥梁建设者们一刻也没怠慢。一通通电话打出，人马向河边集结。2 月 25 日，任务正式下达，给了 48 小时准备时间。

48 小时内，第一根桥桩就稳稳地打进了深圳河的河床，昼夜不停地施工，他们冒着危险，解决了一个又一个的困难。3 月 6 日一早，胜利的红旗招展，工人们踏着

钢线桥，跨过了深圳河。

疲惫的黄克起，看着静静流淌的深圳河，看着这座跨度达180多米的钢线桥，舒了口气。他很骄傲："奋战了7天7夜，这座桥是我最自豪的作品，终生难忘。"

（案例来源：https：//baijiahao.baidu.com/s？id=1729518391807042945&wfr=spider&for=pc）

（3）把直接变为间接。在解决比较复杂、困难的问题时，直接解决往往会遇到极大的阻力，这时，就需要扩展视角，或退一步来考虑，或采取迂回路线，或先来设置一个相对简单的问题作为铺垫，为最终实现原来的目标创造条件。

①先退后进。先退后进在军事上是很重要的一种策略。在解决其他方面的问题时，如果遇到了困难，暂时退一步，等待时机，就可能使情况朝着有利的方向转化。这时再前进，问题的解决可能就要容易得多。退，绝不是逃避，而是积极地转移，是以最小的代价取得最大收获的手段。以下案例中的老头，就是利用"花钱请孩子踢球"的方式解决了一直令他头痛的问题。

巧治捣蛋的小孩

从前有一个老头，居住在一个安静的小区里，可最近总有一群附近的小孩来楼下骚扰他。他们恶作剧地在老头的楼下踢瓶子，然后一窝蜂地跑掉，第二天再来踢瓶子，乐此不疲，惹得老头很懊恼。过了很久，老头觉得不管如何凶巴巴地发火也没用，就另想了一个办法。一天，老头和颜悦色地出现在孩子们面前，说："欢迎你们来玩，从今天起我会给每个踢瓶子的孩子10元。"小孩们一听都高兴极了："干坏事还给钱？真是太好了！"第二天，小孩们来到老头家楼下又是一顿踢，然后每人又得到10元。就这样连续三天，第四天就不一样了，孩子们踢完瓶子后每人只得到5元。又过了两天更少了，老头只给每个孩子2元，孩子们对待遇的降低都不满意，也不好好踢瓶子了。接下来几天，老头更过分了，连屋都不出，一分钱都不给。孩子们很生气："我们在这辛辛苦苦地踢瓶子，他还不给钱，不给他踢了！"困扰老头已久的问题就此解决。

（案例来源：https：//www.jianshu.com/p/69d6ec19defa）

②迂回前进。迂回前进是指我们解决问题有难以逾越的障碍时，用直接的方法得不到解决，就必须相应地采取迂回的方法，设法避开障碍，取得成功。这就要求我们一方面要保持对解决问题的毅力和耐心；另一方面在必要时另辟蹊径，使难题迎刃而解。

③先做铺垫，创造条件。在面对一个不易解决的问题的时候，有时要先设置一个新的问题作为铺垫，为解决问题创造条件，这也是采取变直接为间接的新视角。在以下案例中，老汉分牛避开了复杂的数学公式计算，而是采用一种间接的视角，通过借牛，将问题尽可能转化为自己熟悉的简易计算，从而快速、创造性地解决了问题。

老汉分牛

一个老汉有17头牛，打算分给3个儿子。大儿子得1/2，二儿子得1/3，小儿子得1/9，但不得把牛杀死分肉。他问儿子们："你们说应该怎样分?"

儿子们想了很久，也没有想出分法。老汉说："直接分当然不行了。我先借来1头牛，共18头。大儿子分9头，二儿子分6头，小儿子分2头，剩下的1头再还回去，不就行了吗?"

（案例来源：https：//3g. 163. com/dy/article/GPGHP1AS0552QVJT. html）

第二节　创造性思维的方式

一、思维的分类

思维最初是人脑借助于语言对事物的概括和间接的反映过程。思维以感知为基础又超越感知的界限。通常意义上的思维，涉及所有的认知或智力活动。它探索与发现事物的内部本质联系和规律性，是认识过程的高级阶段。

思维对事物的间接反映，是指它通过其他媒介作用认识客观事物，并借助于已有的知识和经验、已知的条件推测未知的事物。思维的概括性表现在它对一类事物非本质属性的摒弃和对其共同本质特征的反映。

随着研究的深入，人们发现，除了逻辑思维之外，还有形象思维、顿悟思维等思维形式的存在。逻辑思维也叫抽象思维，形象思维也叫具象思维，顿悟思维也叫灵感思维。

按照思维的方向分类，可以分为发散思维与收敛思维，正向思维与逆向思维，侧向思维与转向思维，求同思维与求异思维；按照思维的方式分类，可以分为逻辑思维（包括形式逻辑思维与辩证逻辑思维）与形象思维（想象思维、联想思维、直觉思维、灵感思维等）；按思维的过程和结果分类，可以分为常规思维和创造性思维。

从理论上说，分类越详尽越好。但有些思维方式在训练与应用的过程中并不需要严格区分，一是很多思维方式总是共同起作用，二是有些思维方式统一在某种思维方式之中。

二、方向性思维

（一）发散思维与收敛思维

1. 发散思维

孔的应用

"孔"结构在工程实例中被广泛应用，利用发散思维，可以用"孔"结构解决很多问题，例如以下问题。

(1) 整版邮票用直线“齿孔”将其一枚枚地分隔开来，零售时就方便多了，另一个优点是带齿孔的邮票比无齿孔的邮票美观。

(2) 钢笔尖上有一条导墨水的缝，缝的一端是笔尖，另一端是一个小孔，最早生产的笔尖是没有这个小孔的，既不利于储水，也不利于在生产过程中开缝隙。

(3) 钢笔、圆珠笔之类的商品常常是成打（12支）平放在纸盒里的，批发时不便一盒一盒拆封点数和查看笔杆颜色，有人想出在每盒盒底对应每一支笔的下面开一个较大的孔，查验时只要翻过来一看，就可知道够不够数，是什么颜色，省时又省力。

(4) 有一种高帮球鞋两边也开有通风孔，有利于运动时散热。

(5) 弹子锁最怕钥匙断在里面或被人塞纸屑、火柴梗进去，很难钩取出来。如果在制锁时，在钥匙口对面预留一个小孔，再出现上述情况时，用细铁丝一捅异物就出来了。

(6) 电动机、缝纫机的机头上留小孔，便于添加润滑油。

(7) 防盗门上有小孔，装上“猫眼”能观察门外来人。

(8) 在水果等的外包装箱开几处孔，快递途中可保持通风。

采用发散思维，可以尽可能多地提出解决问题的办法，最后再收敛，论证各种方案的可行性来得出理想方案。

（案例来源：https：//www. renrendoc. com/paper/199040028. html）

(1) 发散思维的定义。发散思维也叫辐射思维、放射思维、扩散思维或求异思维，是指大脑在思维时呈现的一种扩散状态的思维模式，它表现为思维视野广阔，呈多维发散状，如图2-5所示。例如“一题多解”“一事多写”“一物多用”等方式，都可培养发散思维能力。不少心理学家认为，发散思维既是创造性思维最主要的特点，也是测定创新能力的主要标志之一。

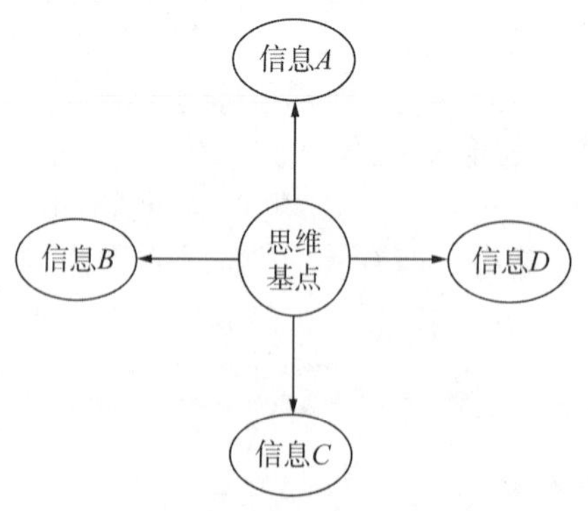

图2-5 发散思维

发散思维是根据已有的某一点信息，运用已有的知识、经验，通过推测、想象，沿着各种不同的方向去思考，重组记忆中的信息和眼前的信息，从多方面寻找问题答案的思维方式。这种思维方式最根本的特色是多方面、多思路地思考问题，而不是限于一种思路、一个角度。对于发散思维来说，当某种方法、某个角度不能解决问题时，它会主动否定这一方法、这个角度，而向另一方法、另一角度跨越。它不满足已有的思维成果，力图向新的方法、领域探索，并力图在各种方法、角度中找到更好的方法、角度。例如风筝的用途除了放到空中去玩，还可以辐射出测量风向、传递军事情报、做联络暗号、当射击靶子等。类似的例子在科学史和实践史上数不胜数。

发散思维体现了思维的开放性、创造性，是事物的普遍联系在头脑中的反映。

发散思维的客观依据是，由于事物的内部及其所处客观环境的复杂性，事物的发展往往不是单一的可能性，而是多种可能性，而其中的每一种可能性都可以作为一个解决问题的依据。事物是相互联系的，是多方面关系的总和，我们应从多个方面、多个角度去认识事物，向四面八方发散出去，从而寻找出解决问题更多、更好的方法。发散思维是创造性思维中最基本、最普通的方式，它广泛存在于人们的创造活动中。

（2）发散思维的特点。发散思维具有流畅性、变通性和独特性三大特点。

①流畅性是指短时间内就任意给定的发散源，选出较多的观念和方案，即对提出的问题反应敏捷，表达流畅，机智与流畅性密切相关。流畅性反映的是发散思维的速度和数量特征。

目前我们课堂教学往往注重的是收敛性思维的培养和训练，追求标准答案，缺乏的恰恰是那种能充分发挥学生主动性和创造性的发散性思维训练，应该让学生追求多种答案。习惯寻求单一正确答案，会严重影响我们面对问题和思考问题的方式。

②变通性是指思维能触类旁通、随机应变，不受消极思维定式的影响，能够提出类别较多的新概念。可举一反三，提出不同凡响的新观念、解决方案，产生超常的构想。变通过程就是克服人们头脑中某种自己设置的僵化思维框架，按照新的方向来思索问题的过程。

变通性比流畅性要求更高，需要借助横向类比、跨域转化、触类旁通等方法，使发散思维沿着不同的方向扩散，表现出极其丰富的多样性和多面性。

例如，让学生在 8 分钟之内列出红砖的所有可能用途。

某学生说："盖房子、盖仓库、建教室、修烟囱、铺路、修炉灶等。"所有这些回答，都是把红砖的用途局限于"建筑材料"这个范围之内，缺乏变通。

另一学生说："压纸、支书架、打钉子、磨红粉等。"这些回答的变通性较大，多数是红砖的非常规用途。因此，后者的变通性好，创新能力比前者高。

③独特性是指超越固定的、习惯的认知方式，以前所未有的新角度、新观点去认识事物，提出不为一般人所有、超乎寻常的新观念。它更多地表征发散思维的本质，属于最高层次。比如，认为红砖能够当尺子、画笔、交通标志等就是具有独特性思维的表现。

流畅性、变通性、独特性三个特征彼此是相互关联的。思路的流畅性是产生其他两个特征的前提，变通性则是提出具有独特性新设想的关键。独特性是发散思维的最高目标，是在流畅性和变通性基础上形成的，没有发散思维的流畅性和变通性，也就没有其独特性。

（3）发散思维的常见形式有多路思维和立体思维。

①多路思维就是根据研究对象的特征，人为地分成若干路，然后一路一路地考虑，以取得更多解决方案的发散思维。这是发散思维最一般的形式。用多路思维进行思考可以化复杂为简单，化整为零，且使条理更清楚，思路更周密，使思维的流畅性、变通性大幅度提高，产生的有价值方案也大大增加。

多路思维要求思考者善于一路又一路地想问题，而不要在一条道上走到黑。

例如，以电线为题，设想它的各种用途，学生们自然地把它和“信号”等联系起来，作为导体；也可以把它当作捆东西、扎口袋等的绳子。但如果把电线分成铜质、质量、体积、长度、韧性、直线、轻度等要素再思考，你会发现电线的用途无穷无尽，如可把电线加工成织针，弯曲成鱼钩，可以做成弹簧，缠绕加工制成电磁铁，铜丝熔化后可以铸铜字、铜像，变形加工可以做外文字拼图、做运算符号等。

多路思维需要涉及各方面的知识，还要综合社会生活经验，这就需要同学们在日常生活中细心观察，认真学习，拓宽知识面，敢于冲破陈规陋习的束缚。

②立体思维就是在考虑问题时突破点、线、面的限制，从上下左右、四面八方去思考问题，即在三维空间解决问题。该问题在平面上是不可能解决的，想到立体空间，就十分简单了。其实，有不少东西都是跃出平面、伸向空间的结果，小到弹簧、发条，大到飞驰长啸的火车，高耸入云的摩天大楼。

立体思维在日常生活和生产上是非常有用的。例如，在养鱼过程中，根据各种鱼的习性，合理搭配饲养的鱼种，就可以充分利用鱼塘的空间提高单位面积产量；在农业生产中，利用空间，采取间作、套种等多种措施，都是运用立体思维的结果。

2010 年美国《时代》周刊年度 50 大最佳发明中，北京立体快速巴士获得交通类最佳发明。立体快速巴士由深圳一家公司设计，其设计思路是将地铁或轻轨列车车厢与铁轨间的垂直距离增高，以便使小汽车能在车厢下通行，避免了城市公共交通工具与小汽车争路的情况，提高了城市道路利用率。立体快速巴士的设计就是立体思维的结果。

2. 收敛思维

洗衣机的发明

在探讨洗衣服的问题时，人们首先围绕“洗”这个关键词，列出各种各样的洗涤方法：用洗衣板搓洗、用刷子刷洗、用棒槌敲打、在河中漂洗、用流水冲洗、用脚踩洗等，然后进行思维收敛，对各种洗涤方法进行分析和综合，充分吸收各种方法的优点，结合现有的技术条件，制定出设计方案，再不断改进，最终发明了洗衣机。洗衣机的发明，使烦琐的手工洗衣方式演变为自动化的机械洗衣方式，改善了人们的生活质量。

在洗衣机的发明过程中，人们利用收敛的思维方式对发散思维的结果加以总结，最终创造出洗衣机。收敛思维能够从各种不同的方案和方法中选取解决问题的最佳方法或方案。

（案例来源：https：//www. sohu. com/a/270733029_661307）

（1）收敛思维的含义。收敛思维与发散思维是一对互逆的思维方式。收敛思维也叫作“聚合思维”“求同思维”“辐集思维”或“集中思维”，是指在解决问题的过程中，尽可能利用已有的知识和经验，把众多的信息和解题的可能性逐步引入条理化的逻辑序列中，最终得出一个合乎逻辑规范的结论，如图 2-6 所示。

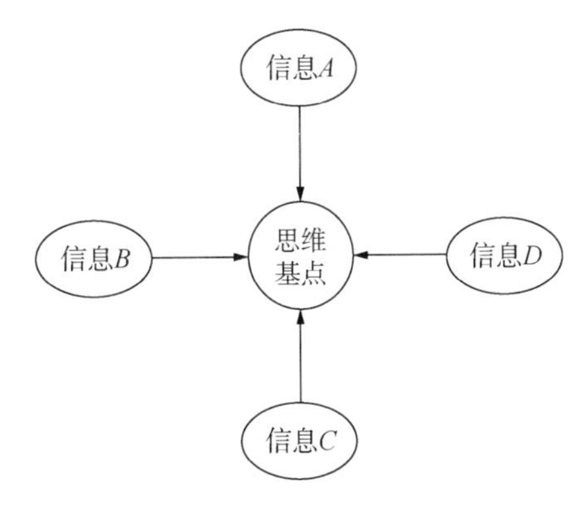

图 2-6 收敛思维

收敛思维也是创造性思维的一种形式。与发散思维不同，发散思维是为了解决某个问题，从这一问题出发，想的办法、途径越多越好，总是追求更多的办法，而收敛思维使我们直接对准思维目标。收敛思维也是为了解决某一问题，在众多的现象、线索、信息中，向着问题的一个方向思考，根据已有的经验、知识或发散思维中针对问题的最好办法而得出最好的结论。如果说发散思维是“由一到多”的话，那么收敛思维则是“由多到一”。当然，在集中到中心点的过程中也要注意吸收其他思维的优点和长处。

收敛思维属于逻辑思维推理的领域，可纳入智力范围。虽然发散思维是创造性思维中最基本、最普遍的方式，但是没有收敛思维，就没有办法确定由发散思维所得到的众多方案中，究竟哪一个方案最合适、最有效果。

(2) 收敛思维的特点。收敛思维有唯一性、逻辑性、比较性等特点。

①唯一性。尽管解决问题有多种多样的方法和方案，但最终总是要根据需要，从各种方法和方案中选取解决问题的最佳方法或方案。收敛思维所选取的方案是唯一的，不允许含糊其词、模棱两可，一旦选择不当就可能造成难以弥补的损失。

②逻辑性。收敛思维强调严密的逻辑性，需要冷静的科学分析。它不仅要进行定性分析，还要进行定量分析，要善于对已有信息进行加工，由表及里，去伪存真，仔细分析各种方案可能产生的后果和应采取的对策。

③比较性。在收敛思维的过程中，对现有的各种方案进行比较才能确定优劣。比较时既要考虑单项因素，更要考虑总体效果。

收敛思维对创造活动的作用是正面的、积极的，和发散思维一样，是创造性思维不可缺少的。这两种思维方式运用得当，会对创造活动起促进作用；使用不当，就不能发挥其应有的作用。

（二）正向思维与逆向思维

1. 正向思维

所谓正向思维，就是人们在创造性思维活动中，沿袭某些常规去分析问题，按事物发展的进程思考、推测，是一种从已知到未知，通过已知来揭示事物本质的思维方法。这种方法一般只限于对一种事物的思考。坚持正向思维，就应充分估计自己现有的工作、生活条件及自身所具备的能力，就应了解事物发展的内在逻辑、环境条件、性能等。这是自己获得预见能力和保证预测正确的条件，也是正向思维法的基本要求。

例如，根据居民的货币收入与商品销售量的相关性，根据新建的住宅和新婚人数的相关性，根据婴儿服装销售量与当年婴儿出生数量的相关性等进行大量的数据统计分析，找出其变量之间的关系，推算出其将来的发展状况，也是运用了正向思维方法。

我国古代的“月晕而风、础润而雨”“朝霞不出门、晚霞行千里”“鱼鳞天，不雨也风颠”之类预报天气的谚语，也都体现了正向思维。

2. 逆向思维

司马光砸缸

从前，有一个聪明的孩子名叫司马光。有一天，司马光和自己的小伙伴在院子里玩捉迷藏，有人躲在树后面，有人躲在草丛中，有人躲在假山后面。这时，意外发生了，躲在假山后的小朋友不小心掉进了假山下面的一口大水缸里，大水缸里装满了水，如果不及时将孩子救出来，恐怕他就要溺水身亡了。小伙伴们都吓傻了，有些孩子吓得边哭边喊，有的孩子赶紧往家里跑想要向家人求助。只有司马光非常冷静地思考了一番，在附近找到一块大石头，直接向水缸砸去。只听“哗啦”一声，水缸被砸出一个大窟窿，里面的水全部流出来了，掉进水缸的孩子也得救了。

司马光砸缸的故事，运用的是逆向思维方法。与常规思维不同。逆向思维是反过来思考问题。是用与绝大多数人相反的思维方式去思考问题。运用逆向思维去思考和处理问题，实际上就是以出奇达到制胜。因此，逆向思维的结果常常会令人大吃一惊，喜出望外。

（案例来源：https：//baike. baidu. com/item/%E5%8F%B8%E9%A9%AC%E5%85%89%E7%A0%B8%E7%BC%B8/10072914？fr=aladdin）

（1）逆向思维的含义。逆向思维也称逆反思维或反向思维，它是相对正向思维而言的一种思维方式。

正向思维是人们习以为常、合情合理的思维方式，而逆向思维则与正向思维背道而驰，朝着它的相反方向去想，常常有悖常理。而创造学中的逆向思维是指为了更好地想出解决问题的办法，有意识地从正向思维的反方向去思考问题。平常所说的“反过来想一想、看一看”“唱唱反调”“推推不行、拉拉看”等都属于逆向思维。比如在以上案例中，碰到有人落水，常规的思维模式是“救人离水”，而司马光面对紧急情况，运用了逆向思维，果断地用石头把缸砸破，“让水离人”，救了小伙伴的性命。

电影《非诚勿扰 2》里有两个场景利用了逆向思维，是整部电影的亮点。一个是李香山和芒果的离婚典礼，离婚比结婚办得还隆重，颠覆了很多人举办结婚典礼的传统观念；另一个是李香山的人生告别会，在李香山活着的时候，秦奋给他举办了一场人生告别会。中规中矩的生活总是缺乏趣味，逆向的思维模式不仅在情理之中，人们还会被这样的新奇创意所征服。

逆向思维作为一种思维方法是有其客观依据的。辩证唯物法的对立统一规律揭示了任何事物或过程都包含着相互对立的因素，都是相反的对立面的统一体。由于事物内部相互对立因素的存在，事物的发展就存在两种相反的可能性，不同的人就可能以相反的因素为依据沿着相反的方向进行思考，产生相互对立的看法。

（2）逆向思维的分类。逆向思维可分为四类，即结构逆向、功能逆向、状态逆向、原理逆向。

①结构逆向就是从已有事物的结构形式出发所进行的逆向思维，通过结构位置的颠倒、置换等技巧，使该事物产生新的性能。

例如，在第四届中国青少年发明创造比赛中获一等奖的“双尖绣花针”，发明者是武汉市义烈巷小学的学生王帆，他把针孔的位置设计到中间，两端加工成针尖，从而使绣花的速度提高近一倍。这是一个结构逆向思维的典型实例。

②功能逆向是指从原有事物功能的角度进行逆向思维，以寻求解决问题的措施，获得新的创造发明的思维方法。

例如，我国生产抽油烟机的厂家都在如何能“不粘油”上下功夫，但绝对不粘油是做不到的，用户每隔半年左右还得清洗一次抽油烟机。有一位发明家却从反方向去考虑问题，他发明了一种专门能吸附油污的纸，贴在抽油烟机的内壁上，油污就被纸吸收，用户只需要定期更换吸油纸，就能保证抽油烟机干净如初。

③状态逆向是指人们根据事物的某一状态的反向来认识事物，从中找出解决问题的办法或方案的思维方法。

例如，过去木匠用手工刨来加工木料，都是木料不动而工具动，而实际上是人在动，因此人的体力消耗大，还没有工作效率。为了改变这种状况，人们将工作状态反过来，让工具不动而木料动，并据此设计发明了电刨（图 2-7），从而大大提高了工作效率和工艺水平，降低了劳动强度。

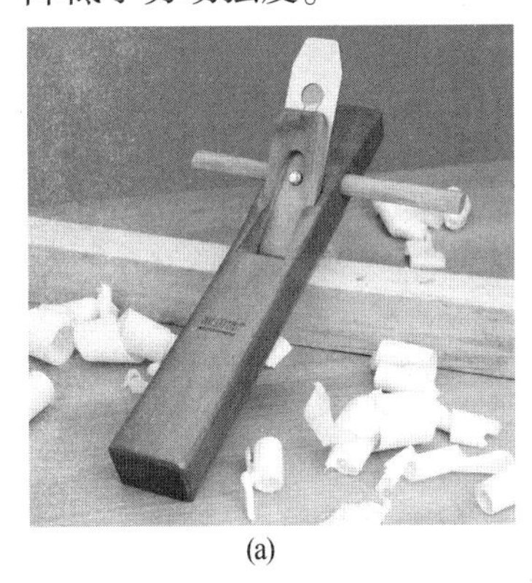
(a)

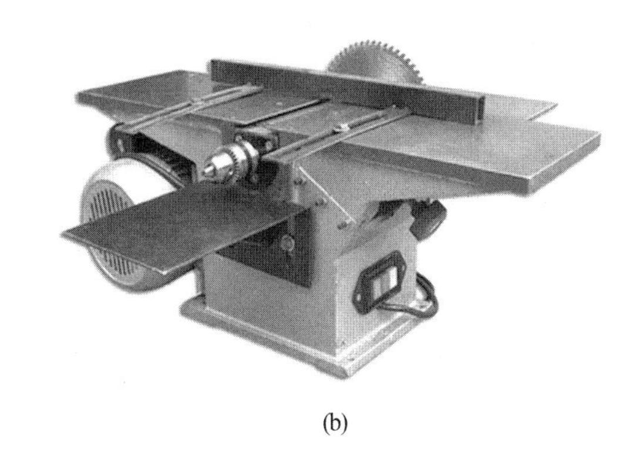
(b)

图 2-7 手工刨与电刨

（a）手工刨；（b）电刨

④原理逆向是指从相反的方面或者途径对原理及其应用进行思考的思维方法。

3. 发散思维与收敛思维的区别和联系

作为两种思维方式，发散思维与收敛思维是有显著区别的。从思维方向上来讲，二者恰好相反，发散思维的方向是由中心向四面八方扩散，收敛思维的方向是由四面八方向中心集中；从作用上讲，发散思维更有利于人们思维的广阔性、开放性，使人的思维极限尽量放宽，更利于在空间上的拓展和时间上的延伸，而收敛思维则有利于从各路思维中选取精华，有利于使问题的解决取得突破性进展。从一个相对完整的思维过程来说，发散思维与收敛思维相辅相成，缺一不可。研究证明，大多数创造性发现需要集中和发散两种思维，即一个问题的解决，往往是这个人的思维沿着一些不同的通路发散；另一方面，又必须应用一个人的知识和逻辑规律，运用收敛思维，综合发散结果，敏锐地抓住其中的最佳线索，使发散结果去假存真，去粗取精，升华发展，最后找出问题的创新答案。在创造性解决问题的过程中，可以通过发散思维推测出许多假设和新的构想；也可通过收敛思维，从中找出一个最正确的答案。如图 2-8 所示，在发散思维之后，尚需进行收敛思维，也就是把众多的信息条理化地引入逻辑序列中，以便最终得出一个合乎逻辑规范的结论来。事实证明，任何创造成果都是发散思维与收敛思维的对立和统一，往往是发散，集中，再发散，再集中，直至完成的过程。

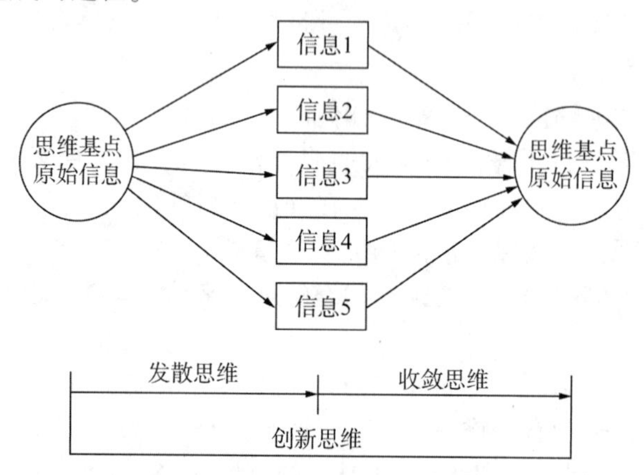

图 2-8　发散思维与收敛思维的区别和联系

（三）横向思维与纵向思维

1. 横向思维

（1）横向思维的含义。所谓横向思维，是指突破问题的结构范围，从其他领域的事物、事实中得到启示而产生新设想的思维方式。由于改变了解决问题的一般思路，试图从别的方面、方向入手，其思维广度大大增加，横向思维常常在创造活动中起到巨大的作用。

横向思维是对问题本身提出问题、重构问题，它倾向于探求观察事物的所有方法，而不是接受最有希望的方法。这对打破既有的思维模式是十分有用的。

横向思维在解决问题时，需要绕个弯，甚至是逆向而行，但是最终却能有效地解决棘手的难题。

（2）促进横向思维的方法。促进横向思维的方法有五种。第一是对问题本身产生多种选择方案（类似于发散思维）；第二是打破思维定式，提出富有挑战性的假设；第三是对头脑中冒出的新主意不要急着做是非判断；第四是反向思考，用与已建立的模式完全相反的方式思考，以产生新的思想；第五是对他人的建议持开放态度，让一个人头脑中的主意刺激另一个人的头脑，形成交叉刺激。

例如，战国时代齐将田忌与齐王赛马，孙膑出主意："今以君之下驷与彼上驷，取君上驷与彼中驷，取君中驷与彼下驷。"终使田忌三局两胜，得金五千，这就是运用横向思维产生妙想的实例。

（3）横向思维的方式有横向移入、横向移出、横向转换三种。

①横向移入是指跳出本专业、本行业的范围，摆脱习惯性思维，侧视其他方向，将注意力引向更广阔的领域；或者将其他领域已成熟的、较好的技术方法、原理等直接移植过来加以利用；或者从其他领域的事物特征、属性、机理中得到启发，产生对原有问题的创新设想。

生物体在自然界中经过亿万年的进化，具有了优异的力学性能，典型的例子，如鲍鱼壳。它的珍珠层是由二维碳酸钙纳米片层与生物高分子以层状的“砖-泥”结构组装而成的。其中，碳酸钙纳米片层的体积分数高达 95%，而其断裂韧性是碳酸钙片层的 3 000 倍。这种有机-无机层状交替策略，克服了纳米材料在组装过程中的团聚问题，规整取向了二维碳酸钙纳米片层；同时丰富的各种界面作用存在于片层之间，有效地将应力传递到纳米片层，提高了鲍鱼壳的力学性能。北京航空航天大学程群峰课题组受鲍鱼壳层状结构组装的启发，提出了仿生构筑石墨烯纳米复合材料的策略，在一定程度上解决了石墨烯纳米复合材料在组装过程的科学问题。

②与横向移入相反，横向移出是指将现有的设想、已取得的发明、已有的感兴趣的技术和本厂产品，从现有的使用领域、使用对象中摆脱出来，将其外推到其他领域或对象上。这也是一种跳出本领域，克服思维定式的思考方式。

③横向转换是不直接解决问题，而是将其转换成其他问题。

2. 纵向思维

（1）纵向思维的含义。所谓纵向思维，是指在一种结构范围内，按照有顺序的、可预测的、程式化的方向进行思考的思维形式，这是一种符合事物发展方向和人类认识习惯的思维方式，遵循由低到高、由浅到深、由始到终等线索，因而清晰明了，合乎逻辑。我们平常的生活、学习中大都采用这种思维方式。纵向思维是从对象的不同层面切入，具有纵向跳跃性、突破性、递进性、渐变的连续过程等特点。

具有这种思维特点的人，对事物的见解往往入木三分，一针见血，对事物动态把握能力较强，具有预见性。

（2）纵向思维的特点有由轴线贯穿始终，清晰的等级、层次、阶段性，良好的稳定性，明确的目标性和方向性，强烈的风格化五种。

①由轴线贯穿始终。当人们对事物进行纵向思维时，会抓住事物的不同发展阶段所具有的特征进行考量、比照、分析。事物体现出发生、发展等连续的动态演变特性，而所有片段都由其本质轴线贯穿始终，如人类历史由人类的不同发展阶段串联而成。这里时间轴是最常见的一种方式，特别是在各种各样的专项研究中，轴的概念类型就丰富多了。如在物理研究中，水在不同温度中表现的物理特性，则是由温度轴来贯穿的。

②清晰的等级、层次、阶段性。纵向思维考察事物的背景由参数量变到质变的特征，能够准确地把握临界值，清晰界定事物的各个发展阶段。

③良好的稳定性。运用纵向思维，人们会在设定条件下进行沉浸式思考，而且思路清晰、连续、单纯，不易受干扰。

④明确的目标性和方向性。纵向思维有着明确的目标，执行时就如同导弹根据设定的参数锁定目标一样，直到运行条件溢出才会终止。

⑤强烈的风格化。纵向思维具有极高的严密性和独立性，个性突出，难以被复制而广

泛流传。在人的性情方面显得泾渭分明，甚至格格不入，很多专家都是这种性格。

（3）纵向思维的表现形式。纵向思维有多种不同的表现形式，其中一种为连环法。具体应用这种方法时要遵循以下四个步骤。

①确定最后要达到的理想成果是什么，即按照理想，希望得到什么样的东西。

②确定妨碍成果实现的障碍是什么。

③找出障碍的因素，即产生障碍的直接原因是什么。

④找出消除障碍的条件，即在哪种条件下障碍不再存在。

这是一种较为严密的方法，用这种方法进行思考，虽说比较费时，但不至于思考不周，发生遗漏。这种思考方法把问题一步步地推演下去，像链条一样，最终找到解决问题的办法，它对于那些不喜欢直观，而喜欢按逻辑思考问题的人，是一种非常适用的方法。

（4）横向思维与纵向思维的区别。纵向思维是分析性的，横向思维是启发性的；纵向思维按部就班，横向思维可以跳跃；做纵向思维时，每一步必须准确无误，否则无法得出正确结论，而横向思维旨在寻找创造性的新想法，不必要求思维过程的每一步都正确无误；在纵向思维中，使用否定来堵死某些途径，而横向思维中没有否定。如果把纵向思维比喻成在深挖一个洞，横向思维则是尝试在别处挖洞。把一个洞挖得再深，也不可能得到两个洞，因此，纵向思维是把一个洞挖得更深的工具，而横向思维则是在别的地方另外挖一个洞的工具。

案　例

挖井

我们来看以下两幅图（图 2-9 和图 2-10）。它是 1983 年的高考作文试题，叫作“挖井”。

图 2-9 很容易看懂，我们做事情的时候，不能像图中的挖井人一样，东挖挖、西挖挖，三心二意，浅尝辄止，最后还埋怨地下没有水。实际上只要再多努力往下挖一点，就可以找到水源了。所以说，干什么事情都要专心致志、坚持到底，只有这样才能取得成功。这个寓意当然很好，不过现实情况和漫画中的情况有所差别。大家比较一下，图 2-9 和图 2-10 有什么区别？哪个更符合现实？

图 2-9　挖井（一）

图 2-10　挖井（二）

（案例来源：https：//net. blogchina. com/blog/article/2447480）

在现实生活中，要想成功必须坚持不懈，但坚持不懈不一定能取得成功，关键是坚持的方向对不对。鲁迅先生说过："世界上本没有路，走的人多了，也就有了路。"道理很深刻，但是不能胡乱套用，比如说："地下面本来没有水，深了，也就有了水。"这就错了，地下如果本来没有水，挖得再深，也挖不来。真正要把水挖出来，实际上需要两个步骤：第一是横向挖，第二是纵向挖。纵向挖大家都明白，就是往深了挖。但在费力深挖之前，先要估计一下有没有水，值不值得费那么大的劲去挖，这就需要横向挖。所谓横向挖，就是在地面上多换几个点试着挖一下，如果越挖泥土越潮湿，有水可能性就越大，就值得深挖；如果越挖越干，有水的可能性就越小，或者发现石头太多，根本挖不动，就应该换个地方试一试。

我们在学习和解题的时候，也跟挖井一样，需要横向的思维和纵向的思维。一道题目拿到手以后，除非你是天才或者以前做过这道题，否则不可能一下子就想出答案。正常的思考过程应该是，根据条件和问题，想一想从哪些方面着手可能做出来，每个方面都试一试，如果此路不通，那就再换一条，这是横向挖。不断地尝试，发现有一条路可以走通，于是深入思考，精确计算，最后找出答案，这是纵向挖。但实际情况是，我们现在往往只重视纵向的思维，而忽视了横向的思维。比如老师讲题："这道题的思路是这样的，从这个点出发，这样推理，就把答案算出来了。"至于这个点是怎么找到的，推理过程为什么这样而不是那样，则很少去讲。这就好比我们去向挖井高手请教怎么挖出水来，他把我们带到某个地方，说："看我的。"说完只见铁锹乱舞、尘土飞扬，一会儿就挖出一个深坑，里面咕噜咕噜地往外冒水。然后对我们说："明白了吧？就是这样挖的。"大家一看，哇！原来挖井这么简单。于是自己也拿着铁锹找个地方猛挖一通，也挖出一个一模一样的深坑出来，只是里边不冒水。大家挖得腰酸胳膊疼，却看不见一丁点儿水，想想自己的动作跟挖井高手没什么两样啊？于是得出一个结论：人家就是比我聪明。解题的过程，并不等于思考的过程，就好像挖坑的过程，并不等于挖井的过程一样。这是我们很多人存在的认识误区。你向别人请教问题，他不仅给了你答案，还讲了一遍解题过程，这就好像他不仅让你看到水，还让你看到他在挖坑。但是，这并不是解题的核心，真正的核心他没有讲出来：为什么要在这里往下挖？所以，只有把横向思维和纵向思维结合起来，全面思考，逐级排除，找准方向，一针见血，才能使我们普通人成为解题能手。

（四）求同思维与求异思维

1. 求同思维

求同思维是指在创造活动中，把两个或两个以上的事物，根据实际的需要联系在一起进行"求同"思考，寻求它们的结合点，然后从这些结合点中产生新创意的思维活动。求同思维是从已知的事实或者已知的命题出发，通过沿着单一方向一步步推导，来获得满意的答案。以获得客观事物共同本质和规律的基本方法是归纳法，把归纳出的共同本质和规律进行推广的方法是演绎法。在这些过程中，肯定性的推断是正面求同，否定性的推断是反面求同。

求同思维是沿着单一的思维方向，追求秩序和思维缜密性，能够以严谨的逻辑性环环相扣，以实事求是的态度，从客观实际出发，来揭示事物内部存在的规律和联系，并且要通过大量的实验或实践来对结论进行验证和检验。

运用求同思维可以按照以下步骤进行。

第一步，在各种不同的场合中找出两个或者两个以上的事物。

第二步，寻找这些事物存在的共同特征或联系。

第三步，根据实际需要，从某个“结合点”出发，将这些事物进行“求同”，产生新的创意。

求同思维进行的是异中求同，只要能在事物间找出它们的结合点，基本就能产生意想不到的结果。组合后的事物所产生的功能和效益，并不等于原先几种事物的简单相加，而是整个事物出现了新的性质和功能。

汉字激光照排系统

1975 年，王选与在北大数学系任教的妻子陈堃銶议论国家重点科技项目“汉字信息处理技术工程”时，其中的“汉字精密照排”子项目引起王选敏锐的科研判断。他认为，若能实现“汉字精密照排”，将可能引起汉字印刷术的一场“革命”。但若要颠覆千百年来的传统铅排印刷，要蹚过的水有多深难以预料。当初，我国已有 5 家科研团队从事汉字照排系统的研究，在汉字信息存储方面采取的都是模拟存储方式，选择的输出方案则是国际流行的二代机或三代机。王选经过仔细调查研究，作出了异于常人的方向判断和跨越式大胆技术决策：模拟存储没有前途，应采用数字存储方式将汉字信息存储在计算机内；跨过当时流行的二代机和三代机，直接研制世界上尚无成品的第四代激光照排系统。

然而，与西方文字相比，汉字不但字数繁多，并且字体五花八门、形状各异，还有几十种大小不同的字号。如果全部用数字点阵方式存储进计算机，信息量将高达几百亿甚至上千亿字节。当时我国产的 DJS130 计算机的存储量不到 7 兆，要存入数千兆的海量汉字信息，简直是无法想象的事。王选拿出字典，琢磨着每个汉字的笔画，他很快发现了规律：汉字虽然繁多，但每个汉字都可以细分成横、竖、折等规则笔画，以及撇、捺、点、勾等不规则笔画。他将数学和汉字这两种代表不同意义的学科与符号结合起来，研究出一个个神奇的发明：采用“轮廓加参数”的数学方法分别描述不同类型的汉字笔画，使汉字的存储量被总体压缩至原先的 1/500 ~ 1/1 000，解决了计算机存储汉字的技术难题；接着，又设计出加速字形复原的超大规模专用芯片，使被压缩的汉字字形信息以 710 字/秒的速度高速复原，这种强大的汉字字形变化功能居世界首位。王选用数学方法和软、硬件方法双管齐下，实现了汉字信息处理核心技术的突破。1979 年 7 月 27 日，王选和同事们经过无数次试验，终于在北京大学未名湖畔输出了我国第一张汉字激光照排报纸样张《汉字信息处理》，1980 年又排印出第一本样书《伍豪之剑》。1981 年，汉字激光照排系统原理性样机通过了部级鉴定。

（案例来源：https：//baike. baidu. com/item/% E6% B1% 89% E5% AD% 97% E6% BF% 80% E5% 85% 89% E7% 85% A7% E6% 8E% 92% E7% B3% BB% E7% BB% 9F/6706106？fr=aladdin）

2. 求异思维

求异思维是指对某一现象或问题，进行多起点、多方向、多角度、多原则、多层次、多结果的分析和思考，捕捉事物内部的矛盾，揭示表象下的事物本质，从而选择富有创造性的观点、看法或思想的一种思维方法。

在遇到重大难题时，采用求异思维，常常能突破思维定式，打破传统规则，寻找到与原来不同的方法和途径。求异思维在经济、军事、创造发明、生产生活等领域广泛应用。求异思维的客观依据是任何事物都有的特殊本质和规律，即特殊矛盾表现出的差异性。要进行求异思维，必须积极思考和调动长期积累的社会感受，给人们带来新颖的、独创的、具有社会价值的思维成果。

在求异思维中，常用到寻找新视角、要素变换、问题转换等具体方法。

（1）新视角求异法是指对一个事物或问题，要力争从众多的新角度去观察和思考，以求获得更多的对事物的新认识，萌生和提出更多解决问题的新方法。

（2）要素变换求异法是指从解决某一问题的需要出发，思考如何通过采取措施改变事物所包含的要素，从而使事物随之发生符合人的需要的某种变化。

（3）问题转换求异法是指在思考过程中，把不可能办到的转换为可以办到的，或者把复杂困难的转换为简单容易的，或者把生疏的转换为熟悉的，从而找到解决问题的恰当可行或效率更高、效果更好的办法。

三、逻辑思维与形象思维

（一）逻辑思维

1. 逻辑思维的含义

逻辑思维又称为抽象思维，也称为垂直思维，是人脑的一种理性活动，是人们把感性认识阶段获得的对于事物认识的信息材料抽象成概念，运用概念进行判断，并按一定逻辑关系进行推理，从而产生新的认识。它是对丰富多彩的感性事物去粗取精、去伪存真、由此及彼、由表及里加工制作以反映现实的过程。逻辑思维具有规范、严密、确定和可重复的特点。

2. 逻辑思维的作用

（1）有助于我们正确认识客观事物。人们对客观世界的认识，第一步是接触外面的世界，产生感觉、直觉和印象；第二是综合感觉的材料加以整理和改造，逐渐把握事物的本质、规律，产生认识过程的飞跃，进而构成判断和推理。在现实生活中，我们常常看到有的人知识、理论一大堆，谈论起来引经据典、头头是道，可一旦面对实际问题，却束手束脚，不知如何是好。这是因为他们虽然掌握了知识，却不善于通过思维运用知识。还有的人，他们思维活跃、思路敏捷，能够把有限的知识举一反三，灵活地应用到实践中，因此逻辑思维让我们对客观事物的认识更加明确、更加正确。

（2）可以使我们通过揭露逻辑错误来发现和纠正谬误。人类的生命过程就是生活过程，就是不断经历和实践的过程。任何科学实验、事物的研究探索、生活工作的每一步都可能与理想有偏差，或许还会出现错误。有些人在经历这些不尽如人意的事情时，满是悔恨与感叹；努力了，却没有得到应有的回报；拼搏了，却没有得到应有的成功。他们抱怨自己的出身背景不好，抱怨自己拥有的资源不丰富，等等。然而，他们错了，他们可能最缺少的是逻辑思维能力。

（3）能帮助我们更好地去学习知识。我们一再强调逻辑思维的意义、作用及重要性，并非贬低知识的价值，我们知道，逻辑思维也是围绕知识而存在的，没有了知识积累，逻辑思维的应用就会出现障碍。因此，学习知识和启迪逻辑思维是提升自身智慧不可偏废的两个方面。逻辑思维能够帮助我们更好地学习知识、运用知识。没有知识的支撑，智慧就成了无源之水；没有了逻辑思维的驾驭，知识就像一潭死水，波澜不惊，智慧也就无从谈起了。

（4）有助于推动我们成功。在伴随人们行动的过程中，正确的逻辑思维方法、良好的思路是化解疑难问题、开拓成功的重要动力源。一个成功的人，首先是一个积极的思考者，经常积极地、想方设法地运用逻辑思维方法去应对各种挑战。这种人也比较能体会到成功的喜悦。

3. 逻辑思维的方法

逻辑思维是人对事物的思考、辨别、判断的过程，它不同于以表象为凭借的形象思维，逻辑思维已经摆脱了对感性材料的依赖，其方法主要体现在以下几个方面。

（1）分析与综合。分析是在思维中把对象分解为各个部分或因素，分别加以考察的逻辑方法，是认识事物整体的必要阶段；综合是在思维中把对象的各个部分或因素结合成为一个统一体加以考察，以掌握事物的本质和规律的逻辑方法。

分析与综合是互相渗透和转化的，在分析基础上综合，在综合指导下分析，分析与综合循环往复，从而推动认识的深化和发展。

例如，在光的研究中，人们分析了光的直线传播、反射、折射，认为光是由微粒组成；人们又分析研究光的干涉、衍射现象和其他一些微粒说不能解释的现象，认为光是一种波动。当人们测出了各种光的波长，提出了光的电磁理论，似乎光就是一种波，一种电磁波。但是，光电效应的发现又是波动说无法解释的，又提出了光子说。当人们把这些方面综合起来以后，一个新的认识产生了：光具有波粒二象性。

（2）分类与比较。根据事物的共同性与差异性就可以把事物分类，具有相同属性的事物归入一类，具有不同属性的事物归入另一类。“比较”就是比较两个或两类事物的共同点和差异点。这样就能更好地认识事物的本质。分类是比较的后继过程，其中最重要的是分类标准的选择，若选择得好还可引出重要规律的发现。

强力万能胶

香港有一家经营黏合剂的商店，在推出一种新型的强力万能胶时，市面上已有了各种类型的万能胶。老板决定从广告宣传入手，经过研究发现，大部分万能胶广告很雷同。

于是，他想出一个与众不同、别出心裁的广告，把一枚价值千元的金币用这种胶粘在店门口的墙上，并贴出告示，号称只要有人能用手把这枚金币抠下来，就将这枚金币送给他。果然，这个广告引来许多人的尝试和围观，起到了轰动效应。尽管没有一个人能用手抠下那枚金币，但进店买强力万能胶的人却日益增多。

我们可以在不同中求相同或相似之处，如人类发明飞机时参考了鸟的飞行原理，发明潜水艇时参考了鱼的游弋原理。

（案例来源：https：//baike. baidu. com/item/%E6%80%9D%E7%BB%B4%E6%96%B9%E6%B3%95/11062533？fr=aladdin）

（3）归纳与演绎。归纳是从多个个别的事物中获得普遍的规则。例如，黑马、白马，可以归纳为马。演绎与归纳相反，演绎是从普遍性规则推导出个别性规则。例如，马可以演绎为黑马、白马等。

（4）抽象与概括。抽象就是运用思维的力量，从对象中抽取它本质的属性，抛开其他非本质的东西，以反映事物的本质和规律。概括是在思维中从单独对象的属性推广到这一类事物的全体的思维方法，概括是科学发现的重要方法，因为概括是由较小范围的认识上升到较大范围的认识，是由某一领域的认识推广到另一领域的认识。例如，人们对各种钟、表的抽象就是将“能计时”这个本质属性抽取出来，而舍弃大小、形状等非本质的属性。我们把“由三条线段组成的封闭图形”称为三角形，意思是无论一个图形的大小、形状和位置如何，只要它具有“由三条线段组成”和“封闭图形”这两个特征就是三角形。

4. 逻辑思维与创造性思维的关系

（1）逻辑思维与创造性思维是辩证统一、运动发展的关系。创造性思维渗透在人的各种思维活动中，它是逻辑思维和非逻辑思维的综合应用。从微观机制看，创造性思维是人的主观意识和潜意识的协同作用。以意识活动为基础的思维活动对应的是逻辑思维，会受到已有的知识、经验、认识规范、逻辑规则、创造性及心理定式等因素的约束，具有极大的自由创造性和不确定性。

（2）创造性思维为逻辑思维提供基础和前提。创新、创造是人类更好地改造世界的武器和法宝，创造性思维是人们进行创造的核心。人的行为受时间、空间、环境等因素的制约，人的思维尽管也受到社会发展的影响，却能够撇开时空的限制，实现跳跃式联想，从远古、过去跳跃到现在、未来，从当下的此地联想到遥远的彼地，可以无限扩充和发展，这种思维扩散也需要遵循一定的规律，才能使创造性思维获得成功。这个原则与规律的寻找过程，必定会与知识进行链接，也就等于为逻辑思维提供了基础。

（3）逻辑思维是创造性思维的归宿和工具。逻辑思维是纵观历史的思维活动，是在对已有的科学方法进行分析、总结、提炼等基础上形成并固定下来的。人类已有的思维活动是伴随着人类产生的，即使最初是极为简单、零散的思维碎片，也是人类在社会实践活动中一步步积累而成的。创造性思维也是人类尚未完全认识的思维形式之一，随着科学的发展，其部分形式和模式也必然会被人们发现。被人们发现、认识并沉淀下来的创造性思维，就成为具有固定模式的逻辑思维。

（二）形象思维

1. 形象思维的含义

形象思维是在对形象信息传递的客观形象体系进行感受、储存的基础上，结合主观的认识和情感进行识别（包括审美判断和科学判断等），并用一定的形式、手段和工具（包括文学语言、绘画线条色彩、音响节奏旋律及操作工具等）创造和描述形象（包括艺术形象和科学形象）的一种基本的思维形式。它是一种只用直观形象的表象解决问题的思维方法。

例如，一个人计划外出时，要考虑环境、气候、交通工具等情况，分析比较走什么路线最佳，带什么衣物合适，这种利用表象进行的思维就是形象思维。在文学作品中典型形象的创造、画家绘画、建筑师设计规划建筑蓝图等也是形象思维的结果。在学习中，不管哪一学科，不管是多么抽象的内容，如果得不到形象的支持，没有形象思维的参与，都很难顺利进行，所以我们学习各门课程时，既要运用抽象思维法，也要运用形象思维法。

形象思维是反映和认识世界的重要思维形式，是培养人、教育人的有力工具，在科学研究中，科学家除了使用抽象思维以外，也经常使用形象思维。在企业经营中，高度发达的形象思维，是确保企业家在激烈而又复杂的市场竞争中取得胜利的不可缺少的重要条件。

形象思维与逻辑思维（抽象思维）是两种基本的思维形态，过去人们曾把它们分别划归为不同的类别，认为科学家用概念来思考，而艺术家则用形象来思考，这是一种误解。其实，形象思维并不仅仅属于艺术家，它也是科学家进行科学发现和创造的一种重要的思维形式。

例如，物理学中所有的形象模型，如电场线、磁感线、原子结构的枣糕模型等，都是物理学家抽象思维和形象思维结合的产物。这些理想化模型并不是对具体的事例运用抽象化的方法，舍弃现象，抽取本质，而是运用形象思维的方法，将表现一般本质的现象加以保留，并使之得到集中和强化。

随着思维的成熟和后天的教育，人们的思维方式逐渐由形象思维向抽象思维过渡，并最终由抽象思维取代形象思维的主要地位。例如，面对五颜六色的苹果、草莓、桃子、菠萝——我们将这些统称为水果，甚至称为植物的果实；面对千姿百态的天鹅、海鸥、老鹰、大雁——我们将这些统称为飞禽，甚至称为鸟纲。这些都是抽象思维的结果。

但这并不意味着形象思维就一定是低层次的思维方式，因为当大脑在抽象思维的进化道路上走到极致的时候，形象思维又会以一种新的姿态焕发新生，并引导思维向更高层次发展，它不仅适用于不同的领域，而且适用于任何层次，尤其是在一些极度抽象的尖端科研领域，形象思维更是不可取代的。创造是形象思维与逻辑思维互补的结果。

2. *形象思维的基本特点*

形象思维具有形象性、非逻辑性、粗略性和想象性四个特点。

（1）形象性。形象性是形象思维最基本的特点。形象思维所反映的对象是事物的形象，思维形式是意象、直感、想象等形象性的观念，其表达的工具和手段是能为感官所感知的图形、图像、图式和形象性的符号。形象思维的形象性使它具有生动性、直观性和整体性的优点。

（2）非逻辑性。形象思维不像抽象（逻辑）思维那样，对信息的加工一步一步、首尾相接、线性地进行，而是可以调用许多形象性材料，一下子合在一起形成新的形象，或由一个形象跳跃到另一个形象。它对信息的加工过程不是系列加工，而是平行加工，是平面性的或立体性的，它可以使思维主体迅速从整体上把握问题。形象思维是或然性或似真性的思维，思维的结果有待于逻辑的证明或实践的检验。

（3）粗略性。形象思维对问题的反映是粗线条的反映，对问题的把握是大体上的，对问题的分析是定性的或半定量的。所以，形象思维通常被用于问题的定性分析，抽象思维可以给出精确的数量关系。在实际的思维活动中，往往需要将抽象思维与形象思维巧妙结合，协同使用。

（4）想象性。想象是思维主体运用已有的形象形成新形象的过程，形象思维并不满足于对已有形象的再现，它更致力于追求对已有形象的加工，而获得新形象产品的输出。所以想象性使形象思维具有创造性的优点。这说明了一个事实，即富有创造力的人通常都具有极强的想象力。

3. 形象思维的分类

形象思维可分为想象思维、联想思维、直觉思维、灵感思维四种。

（1）想象思维。以下将详细介绍想象思维的含义、特点、作用及分类。

①想象思维的含义。想象是形象思维的高级形式，是在头脑中对已有表象进行加工、改造、重新组合形成新形象的心理过程。想象与形象思维的过程是一致的，具有形象性、新颖性、创造性和高度概括性等特点。

想象不是凭空产生的，它是在社会实践活动中产生和发展的，以实践经验和知识为基础。想象的内容和水平受社会历史条件和生活条件的制约和影响。例如“齐天大圣”有七十二般变化，但每一种变化都没有超越当时的科学发展和时代水平。

②想象思维的特点：形象性、概括性、超越性。

a. 形象性。想象思维是借助形象或图像展开的，不是数字、概念或符号。所以我们可以根据他人的描述，在头脑中塑造出各种各样的形象。例如，我们可以在读小说时想象出人物和场景的具体形象。

b. 概括性。想象思维是对外部世界的整体把握，概括性很强。想象力比知识更重要，因为知识是有限的，而想象力概括这世界上的一切，推动它进步，是知识进化的源泉。

c. 超越性。想象中的形象源于现实但又不同于现实，它是对现实形象的超越，正是借助这种对现实形象的超越，我们才产生了无数的发明创造。

③想象思维的作用。

a. 想象在创新思维中的主干作用。创新思维要产生具有新颖性的结果，但这一结果并不是凭空产生的，要在已有的记忆表象的基础上加工、改组或改造。创新活动中经常出现的灵感或顿悟，也离不开想象思维。

b. 想象思维在人精神文化生活中的灵魂作用。人的精神文化生活丰富多彩，主要靠的是想象思维。作家、艺术家创作出优美的、动人心魄的作品，需要发挥想象力，读者、观众欣赏作品，也需要借助想象力。

如欣赏艺术家的作品，要能解读作品的内涵，领略作品的美，就必须借助想象力来完成。想象力越丰富，感受到的美感就越多，对作者的认同感就越强，就越能与作者产生共鸣。例如，李清照的词：“梧桐更兼细雨，到黄昏，点点滴滴，这次第，怎一个愁字了得”能令人感受到其中透出的丝丝凄凉。

c. 想象思维在发明创造中的主导作用。在无数发明创造中，我们都可以看到想象思维的主导作用。发明一件新的产品，一般都要在头脑中想象出新的功能或外形，而这些新的功能或外形都是人的头脑调动已有的记忆表象，加以扩展或改造而来的。

那么，如何发挥自己的想象力呢？一名学者曾经说过这样的话：眺望风景，仰望天空，观察云彩，常常坐着或躺着，什么事也不做。只有静下来思考，让想象力毫无拘束地奔驰，才会有创作的冲动；否则，任何工作都会失去目标，变得烦琐、空洞。若每天不给自己一点为梦想而努力的动力，那颗引领人们工作和生活的明星就会暗淡下来。

鲁班发明伞

鲁班生活的年代，没有伞，人们出门很不方便。夏天，太阳炙晒；雨天，人们的衣服常被淋得湿透。为了方便路人遮阳和躲雨，鲁班和其他工匠在路边建了许多亭子。人们十分感激鲁班，可鲁班很不满意，他想："如果能将亭子做得很小，让大家能随时带在身上就好了！可怎样才能把亭子做得轻巧呢？"为此，他寝食难安。一天，鲁班看到一个孩子正把荷叶顶在脑袋上遮阳，马上想到了一个好办法。他赶紧跑回家，找了一根竹子，劈成许多细条，照着荷叶叶脉的样子，扎了一个架子；又找了一块羊皮，把它剪得圆圆的，蒙在架子上。"完成啦！"他兴奋地喊。鲁班的妻子见了，说："要是雨停后能把它收拢起来，大家使用起来就更方便了。""对！"鲁班听了很高兴，就跟妻子一起动手把这东西改造成可以活动的，用它时撑开，不用时就收拢。这就是人们如今用的伞。此后，鲁班还陆续发明了起土用的农具铲，加工粮食用的砻、石磨、碾子等，这些用于加工粮食的工具，在当时是非常先进的。

（案例来源：邢卓. 科学家的故事［M］. 北京：天地出版社，2017）

④想象思维的分类：无意想象、有意想象。

a. 无意想象。无意想象也称消极想象，是一种无目的、无计划的不受主观意志支配的想象。这种想象不受思维框架的束缚，可以让思维的翅膀任意飞翔，是一种非常自由、活跃的思维状态，如做梦、走神等。无意想象虽然是无法控制的，但是有时候也会产生积极的结果，使日思夜想、未能解决的问题突然在梦中得到解决。袁隆平表示，他曾经两次做过同一个梦，梦见杂交水稻的茎秆像高粱一样高，穗子像扫帚一样大，稻谷像葡萄一样结成一串串，他和他的助手们一起在稻田里散步，在水稻下乘凉，成了一个在禾下乘凉的幸福农民。正因为袁老坚持自己的梦想，几十年如一日地奋战在杂交水稻的研制之路上，所以他的美梦最终成真了！

b. 有意想象。有意想象是事先有预定的目的，受主体意识支配的想象。它是人们根据一定的目的，为塑造某种事物形象而进行的想象活动，这种想象活动具有一定的预见性、方向性。

有意想象又可分为再造性想象、创造性想象和憧憬性想象。

（a）再造性想象。再造性想象的形象是曾经存在过的，或者现在还存在的，但是想象者在实践中没有遇到过它们，而是根据别人的语言、文字、图样的描述，在头脑中形成相应的新形象的过程。例如，听广播时头脑中就会构想出节目中描绘的各种景象，听别人描述某处风景时，我们的头脑中也会相应地进行想象，甚至有画出来的想法。

（b）创造性想象。创造性想象是指完全不依据现成的描述和引导而独立地创造出新形象的思维过程，作家在头脑中构建新的典型人物形象就属于创造性想象。这些形象不是仅仅根据别人的描述，而是想象者根据生活提供的素材，在头脑中通过创造性的综合，构成前所未有的新形象，例如，鲁迅笔下的阿 Q、祥林嫂和狂人等都是这样的艺术形象。再如，建筑装潢设计师设计音乐厅或客厅，服装设计师设计服装，也都需要运用创造性想象。

（c）憧憬性想象。憧憬性想象是一种对美好的未来，对希望的事物，对某种成功的向往。憧憬性想象也就是我们平时所说的幻想。积极的、符合现实生活规律的幻想，反映了人们美好的理想境界，往往是正确思想行为的先行。

（2）联想思维。以下将详细介绍联想思维的含义、特点、作用及分类。

①联想思维的含义。联想思维就是根据当前感知的事物、概念或现象，想到与之相关的事物、概念或现象的思维活动。具体地说，联想就是根据输入的信息，在大脑的记忆库中搜寻与之相关的新信息的过程。搜寻的结果主要是再现，但形成新信息已是创造。例如，从红铅笔到蓝铅笔，从写到画，从画圆到印圆点，从圆柱到筷子。联想可以很快地从记忆里搜索出需要的信息，构成一个链条，通过对事物的接近、对比、同化等条件，把许多事物联系起来思考，开阔了思路，加深了对事物之间联系的认识，并由此形成创造构想和方案。在创新过程中，运用概念的语义、属性的衍生、意义的相似性来激发创造性思维，是唤醒沉睡在头脑深处记忆的最简便和最适宜的钥匙。

②联想思维的特点：连续性、形象性、概括性。

a. 连续性。联想思维的主要特征是由此及彼，连绵不断地进行，可以是直接地，也可以是迂回曲折地，形成闪电般的联想链，而链的首尾两端往往是风马牛不相及的。

b. 形象性。由于联想思维是形象思维的具体化，其基本的思维操作单元是表象，是一幅幅画面。所以，联想思维和想象思维一样显得十分生动，具有鲜明的形象。

c. 概括性。联想思维可以很快把联想到的思维结果呈现在联想者的眼前，而不顾及其细节如何，是一种整体把握的思维操作活动，因此可以说有很强的概括性。

③联想思维的作用。

a. 在两个以上的思维对象之间建立联系。通过联想，可以在较短时间内在问题对象和某些思维对象间建立起联系来，这种联系就会帮助人们找到解决问题的答案。

b. 为其他思维方法提供一定的基础。联想思维一般不能直接产生有创新价值的新的形象，但是它往往能为产生新形象的想象思维提供一定的基础。

c. 活化创新思维的活动空间。联想就像风一样，扰动了人脑的活动空间。由于联想思维有由此及彼、触类旁通的特性，常常把思维引向深处或更加广阔的天地，导致想象思维的形成，甚至灵感、直觉、顿悟的产生。

d. 有利于信息的储存和检索。思维操作系统的重要功能之一，就是把知识信息按一定的规则存储在信息存储系统，并在需要的时候再把其中有用的信息检索出来。联想思维就是思维操作系统的一种重要操作方式。

④联想思维的分类：相关联想、相似联想、类比联想、因果联想。

a. 相关联想。相关联想是由给定事物联想到经常与之同时出现或在某个方面有内在联系的事物的思维活动。

任何两个概念（语词）都可以经过四五个阶段建立起相关联想的联系。例如，木材和球是两个离得很远的概念。但是，只要经过四步中间联想（每个联想都是很自然的）就可以从木材联想到球，其环节是：木材—树林—田野—足球场—球。再如，天空和茶：天空—土地—水—喝—茶。

多做这样的练习，就可以提高相关联想能力。

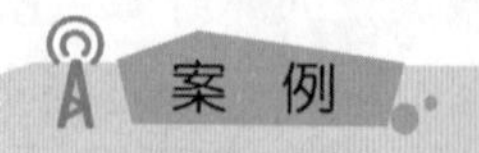

泡沫金属的发明

众所周知，人是有记忆力的，以此延伸到关于金属记忆力的思考。经科学家的研究发现，有一类合金具有很好的“记忆力”，而且其“记性”好得十分惊人，即使是改变500万次，仍可在一定条件下百分之百地恢复原状。我们的拖鞋是泡沫塑料做成的，人们又从中联想到有没有泡沫金属呢？科学家的回答是肯定的，并已经发明了性能优异的泡沫金属。我们每一个人都知道，人体出汗时，会释放出一部分的热量。科学家受此生理现象的启发，研制出了会“出汗”的耐高温的泡沫金属，即挑选钨为泡沫金属的骨架，而在钨骨架的孔洞中注满了较易熔化的铜或银。科学家用这种泡沫金属制成火箭喷嘴。因为随着温度的不断升高，升到一定的程度后，小孔内的铜或银就会逐渐熔化成液体，并迅速沸腾蒸发。在这一“出汗”的过程中就会带走大量的热量，从而降低喷嘴的温度，以保证火箭的正常运行。这种泡沫金属还有一项特性就是轻。以泡沫铝为例，铝的密度是每立方厘米2.7克，而泡沫金属的密度仅为每立方厘米0.2~0.6克，能像木头那样漂浮在水面上。如果用泡沫铝制成空间站的航天器，其总质量可大大减轻，是理想的未来航天材料。

人的记忆力—记忆金属—泡沫金属—“出汗”金属—火箭喷嘴，经过这一系列的联想，实现了发明创造。

（案例来源：http：//www.360doc.com/content/12/0121/07/607082_128444454.shtml）

b. 相似联想。相似联想是从给定事物想到与之相似的事物（形状、功能、性质等方面）的思维活动。

例如，从油炸元宵可以联想到与之形状相似的乒乓球，从飞鸟可以联想到与之功能相似的飞机，从香味可以联想到与之气味属性相似的花香。

相似联想能促使人们产生创造性的设想和成果。

c. 类比联想。类比联想是指对一件事物的认识引起对和该事物在形态或性质上相似的另一事物的联想。这种联想是借助于对某一事物的认识，通过比较它与另一类事物的某些相似达到对另一事物的推测理解。

d. 因果联想。因果联想是指由事物的某种原因而联想到它的结果，或指由一个事物的因果关系联想到另一事物的因果关系的联想。

人们由冰想到冷，由风想到凉，由火想到热，由科技进步想到经济发展，运用的就是因果联想。

（3）直觉思维。以下将详细介绍直觉思维的含义、特征、作用及局限性。

①直觉思维的含义。直觉思维是未经逐步分析，不受某种固定的逻辑规则约束而直接领悟事物本质的一种思维形式。它是一种无意识的、非逻辑的思维活动，是根据对事物的生动直觉印象，直接把握事物的本质和规律，是一种高度省略和减缩了的思维。

对直觉的理解有广义和狭义之分。广义上的直觉是指包括直接的认知、情感和意志活动在内的一种心理现象，也就是说，它不仅是一个认知过程、认知方式，还是一种情感和意志的活动。而狭义上的直觉是指人类的一种基本的思维方式，当把直觉作为一种认知过程和思维方式时，便称为直觉思维。狭义上的直觉或直觉思维，就是人脑对于突然出现在眼前的新事物、新现象、新问题及其关系的一种迅速识别、敏锐而深入的洞察、直接的本质理解和综合的整体判断。简言之，直觉就是直接的觉察。

直觉是人们在生活中经常应用的一种思维方式，作为一种心理现象，不仅贯穿日常生活，也贯穿科学研究。

中国科学院院士张光斗教授对于直觉思维有这样的评价和经历："在我的科学创造历程中有借助直觉的，即研究一个问题，事先想了一套意见或设想，到处理该问题时，忽然凭直觉想到一个新意见，解决了关键性问题。例如，在长江葛洲坝工程中已开工的设计是保留葛洲坝这个江中岛，于是大家都按照这一前提来解决各种复杂技术问题，我去了也是按照这个思想来考虑如何解决这些复杂技术问题。后来，在现场凭直觉提出挖掉葛洲坝这个江中岛。经过研究，证明这个想法是正确的，许多复杂技术问题就较容易解决了，当然，还要做许多实验和研究工作。现在的葛洲坝工程是照此设想设计修建的。"

②直觉思维的特征：直接性、突发性、非逻辑性、理智性。

a. 直接性。直觉思维是不用逻辑推理，也无须分析综合，而是靠直接的领悟，就能对遇到的事物和接触的问题直接做出反应，并能在刹那间直抵事物的本质或得出结论，或提出解决问题的方法。这是直觉思维最根本的特征。学者周义澄说过："直觉就是直接的觉察。"

b. 突发性。直觉思维常常使人一遇到问题，很快就能萌发出答案，或想出对策。其过程非常短暂、速度非常快，通常是在一念之间完成的。例如，稍懂一点围棋的人都会知道，在快棋赛或正规棋赛进入读秒阶段中，容不得棋手苦思细想，需要在短短的数秒中看透令人眼花缭乱的黑白世界，迅速地找到最佳的落子点。像棋手这样按"棋感"行棋就体现了直觉思维的突发性。

c. 非逻辑性。直觉思维往往是从对问题思考的起点一下就奔到解决问题的终点，似乎完全没有中间过程，跳跃式地便将思维完成了。它不是按照通常的逻辑规则按部就班地进行，既不是演绎式的推理，也不是归纳式的概括，主要依靠想象、猜测和洞察力等非逻辑因素，直接把握事物的本质或规律。它不受形式逻辑规则的约束，常常打破既有的逻辑规则，提出一些反逻辑的创造性思想。

d. 理智性。在日常生活中，人们会经常遇到一些资深的医生，在第一眼看到某位重病患者时，他们会立即感觉到此人的病因、病源所在，而进行下一步全面检查时就会自觉地围绕这些感觉展开。医生们的"感觉"，即直觉，是同他们丰富的经验、高深的医学理论和娴熟的技术分不开的。因此，直觉思维体现出来的不是草率、浮躁和鲁莽行为，而是一种理智性思维的过程。

③直觉思维的作用：选择功能，预见与预测功能，突破性作用。

a. 选择功能。自然界和社会生活中值得去探讨的问题很多，我们不可能研究所有的问题。究竟应该去研究什么问题，单单运用逻辑思维是无法决定的，还必须借助直觉。同样，每一个问题的解决，往往有许多种可能性，我们不可能尝试每种方法，只可能选择其中的一种或几种。而在选择的过程中，我们只能凭借以往积累的经验，在各种方法难分优劣的情况下做出最佳选择。

b. 预见与预测功能。科技工作者运用直觉可以对科技创造进行预见与预测。运用直觉不仅可以对某一种科技创造领域的发展方向进行预测，而且可以对某一具体研究课题进行预测。直觉的预见、预测的正确程度与直觉水平高低有密切关系。直觉高度灵敏的科学家具有远大而敏锐的眼光，能正确地预测科学发展的趋势，有着独到的见解和计谋。

c. 直觉的突破性作用。直觉就是在面临一个课题，或者面对一种奇特现象时，先对其结果做出大致的估量与猜测，不是先动手进行实验设计或计算论证。也就是说，直觉是一种模糊估量法。这种模糊估量，在创建新的理论时显得特别重要。因为新的科学理论总是为了解决原有理论不能解决的问题而提出来的，其出现总是在被证实之前，此时就需要用到直觉思维。

例如，杨纪珂教授结合自己依靠直觉获得新的发现和发明的实例指出，在科学活动上升到艺术的领域时，直觉就会对科学技术的发现和创造起非常重要的作用。借助于直觉，他发现蝴蝶的翅鳞由于结构上的均匀条纹而产生分光现象。另外，他还发明了用蜂窝结构以厚纸和板元制成省料、质轻而强度高的复合板。

④直觉思维的局限性。直觉容易局限在狭窄的观察范围里，有时甚至经验丰富的研究者，像心理学家、医生和生物学家也常常根据范围有限的、数量不足的观察事实，凭直觉错误地提出假说或引出结论。

直觉有时会使人把两个风马牛不相及的事件纳入虚假的联系之中。因此，直觉得出的发现或者猜测，应由实践来检验它的正确性，这是科学创造的一个极其重要的阶段。

（4）灵感思维。以下将详细介绍灵感思维的含义及特征。

①灵感思维的含义。灵感思维也称顿悟，是人们借助直觉启示所猝然迸发的一种领悟或理解的思维形式。

在生活中，我们常常有这样的体会，当对一个问题的思考进入死胡同时，绞尽脑汁仍一无所获，在沮丧之余，不得不放弃思考。忽一日，或在吃饭，或在散步，或在交谈，或在干别的什么事时，头脑中忽地划过一道闪电，眼前豁然一亮，一个念头在毫无思想准备的情况下突然降临，闭塞许久的思路顿时贯通，缠绕多日而未能解决的问题便迎刃而解了，这种突然降临的良策就是灵感。

②灵感思维的特征：突发性、瞬时性、跳跃性。

a. 突发性。逻辑思维是按一定规律有意识地寻出，想象思维是主动自觉地进行搜索，而灵感思维却往往是在出其不意的刹那间突然出现。

b. 瞬时性。灵感的出现常常是蜻蜓点水式的一点，又像闪电似的一闪，稍纵即逝。

我国宋代文学家苏轼的“作诗火急追亡逋，清景一失后难摹”便是对灵感瞬时性特征的生动写照。

基于灵感的瞬时性特征，在灵感出现时，我们需要马上抓住它，尽量不要与它失之交臂。

c. 跳跃性。跳跃性是一种思维形式和过程的突变，表现为逻辑的跳跃。灵感的出现所得的一些绝妙的想法和新奇的方案不是一种连续的、自然的进程，而是一种质的飞跃的过程。

d. 偶然性。灵感在什么时间可以出现，在什么地点可以出现，或在哪种条件下可以出现，都是难以预测且带有很大偶然性的，往往给人留下“有心栽花花不开，无心插柳柳成荫”的感叹。

从动漫中获得的设计灵感

2022 年 1 月 5 日，全球第二大充电电池生产商，最具价值中国品牌 100 强上榜车企比亚迪主办的比亚迪汽车设计大赛落下帷幕，沈阳理工大学艺术设计学院赵宇同学提交的作品《DRAGON RACER》（图 2-11）成功入围决赛，并从来自全球的 200 余件参赛作品中脱颖而出，摘得一等奖。

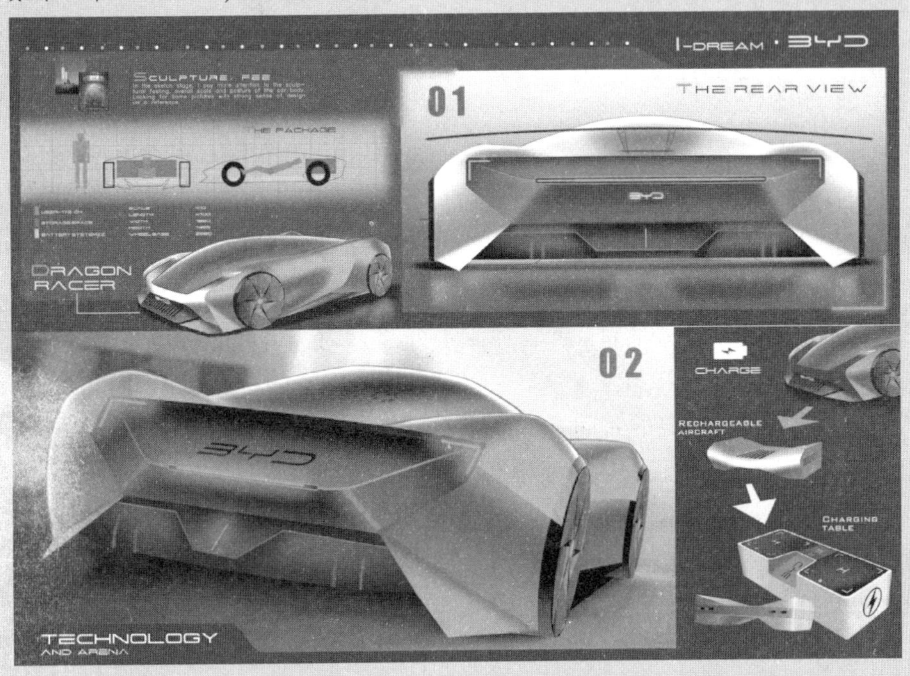

图 2-11　DRAGON RACER

本次大赛由比亚迪汽车集团主办，自 2021 年 9 月 9 日启动以来，历时 3 个月，参赛选手来自包括清华大学、英国皇家艺术学院在内的全球多所知名高校。大赛分为初赛和决赛两个阶段。初赛由比亚迪官方组织，共有 200 余件作品参赛，入围决赛后由比亚迪汽车集团设计总监参与指导。决赛采用线上方式进行，共有 13 名选手进入决赛。比赛设一等奖 1 名、二等奖 2 名、三等奖 3 名，并设最佳人气奖、最佳创意奖、最佳体验奖、最佳色彩奖各 1 名。赵宇同学作品的灵感来自其小时候看到的《驭龙少年》，主角与自己的龙一起长大，设计师认为比亚迪的“龙颜”设计语言和这幅漫画讲述的故事很相似，用户在拥有了自己的比亚迪汽车后，将与它一起面对生活。作品的设计主题是将驭龙与比亚迪的设计语言“龙颜”结合，设想 2050 年时的比亚迪“龙颜”造型。作品的设计说明是一款 2050 年生产的电动跑车，设计师采用了中置引擎的布局，符合龙的姿态与比例，而在解决能源问题时，设计了一款用前脸的无人飞行器来完成充能。用户下车以后，无人飞行器会自动飞到充能台充能，一个充能台可以让两台无人飞行器同时充能，在紧急情况下还可使用备用能源。

（案例来源：https：//www. sylu. edu. cn/info/1003/16154. htm）

第三节　创造性思维训练

本节主要引导学生参与开放创造性思维的开发与实践。开放是创造性思维的重要原则，所以创新思维训练的形式是不受时间和空间的限制的。学生可以根据自己的兴趣和爱好不断探索和寻找创造性思路。

一、思维的流畅性

(1) 计算流畅：在规定时间 (3 分钟或 4 分钟) 内，尽可能多地列出得数等于某个指定数值 (如 9、14、23) 的完整算式。　　(　个)

(2) 词汇流畅：在规定时间 (3 分钟或 4 分钟) 内，尽可能多地写出包含某个特定结构 (如“木”“口”“金”) 的汉字。　　(　个)

(3) 词汇流畅：在规定时间 (3 分钟或 4 分钟) 内，尽可能多地写出包含某个字母 (如“e”“n”“o”) 的英文单词。　　(　个)

(4) 概念流畅：在规定的时间 (3 分钟或 4 分钟) 内，尽可能多地列举某一类事物 (如“水果”“鸟类”“交通工具”“运动器材”) 的名称。　　(　个)

(5) 表达流畅：在规定的时间 (4 分钟或 5 分钟) 内，根据下列指定的字组尽可能多地造句，所造句子必须依次包括该组所有的字，而且语法正确，能使人理解其意义。

①西_咸　　(　个)

②海_热_冬　　(　个)

③春_飞_雨_山　　(　个)

④水_水_水_水　　(　个)

(6) 图形流畅：在规定的时间 (5 分钟或 6 分钟) 内，尽可能多地画出包含特定结构 (如圆形“○”、三角形“△”、T 形“T”) 的事物并注明其名称。　　(　个)

二、思维的灵活性

(1) 一词多解：对下列词组各做出尽可能多的解释，并分别造句 (每题 2 ~ 3 分钟)。

①人行

②一班

③包袱

④差两分

(2) 同音多义：根据下列各组汉语拼音，尽可能多地用汉字写出同音 (四声可变化) 而不同意义的词组 (每题 3 ~ 4 分钟)。

① hua yuan

② da shu

③ yi yi

④ shi shi

(3) 殊途同归：用下列各组数字通过四则运算分别求出指定得数24，每个数字只能使用一次（每题不超过0.5分钟）。

①3　3　3　3

②4　4　4　4

③5　5　5　5

④6　6　6　6

⑤9　9　7　3

⑥3　9　9　9

⑦2　5　2　10

⑧4　10　4　10

⑨2　8　7　5

⑩3　5　7　3

⑪2　2　7　6

⑫2　2　8　9

⑬6　6　10　6

⑭9　9　10　6

(4) 图形组合：根据指定的基础图形（如一个三角形“△”和两条直线“｜”，也可把圆形“○”、正方形“口”等定为基础图形）尽可能多地组合成各种事物，并写出其名称（4～5分钟）。

三、思维的敏感性

(1) 排除异类：从下列各组词汇中排除一个与其他词汇不同类者（2～3分钟）。

①甘薯　马铃薯　李荠　姜　芋头　（　　）

②鲸　蝙蝠　海豹　海马　海豚　（　　）

③天王星　火星　木星　土星　金星　（　　）

④排球　棒球　篮球　橄榄球　曲棍球　（　　）

(2) 寻找同类：从下列各组数字或字母中各找出两个类别或性质相同者（2～3分钟）。

①1　2　3　4　5　6　7　（　　）

②4　5　6　7　8　9　1　（　　）

③A　B　C　D　E　F　C　（　　）

④T　U　V　w　x　Y　Z　（　　）

(3) 图形区别：从下列各组图形中找出1～3个与其他图形不同者（2～3分钟）。

① （　个）

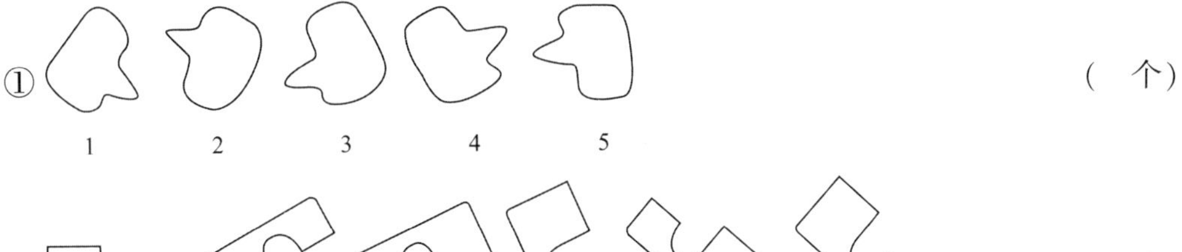

1　2　3　4　5

② （　个）

1　2　3　4　5　6

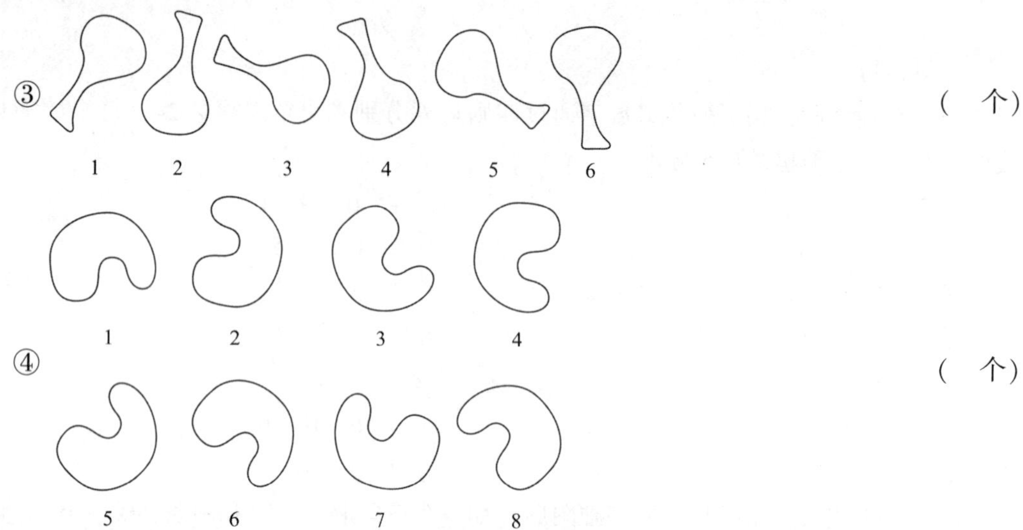

（　个）

（　个）

四、思维的逻辑性

请您回答下列问题：

A. 五头棕色的奶牛及 4 头黑色的奶牛，2 天产奶的总量与 4 头棕色的奶牛及 6 头黑色奶牛 6 天产奶的总量相同。请问：是棕色的奶牛产奶量大，还是黑色的奶牛产奶量大？

B. 阿尔弗雷德与弗雷达尔一起抬砖头。倘若弗雷达尔从自己的砖头中拿出一块给阿尔弗雷德，那么阿尔弗雷德所抬砖头的数量就是弗雷达尔的 2 倍，倘若阿尔弗雷德从自己的砖头中给弗雷达尔一块的话，那么他们所抬的砖头数量相同。请问：阿尔弗雷德与弗雷达尔各自抬了多少块砖头？

C. 3 个孩子一起玩玻璃弹珠，他们一共有 15 颗玻璃弹珠，苏珊娜输掉的弹珠数量是史代凡输掉弹珠数量的 2 倍，而史代凡输掉弹珠的数量是萨莎的四倍。请问：最终还剩下几个玻璃弹珠？

五、思维的变通性

（1）移动圆环。

请在如图 2-12 所示的图形中移动三个圆环的位置，使其变为顶角向下的三角形。

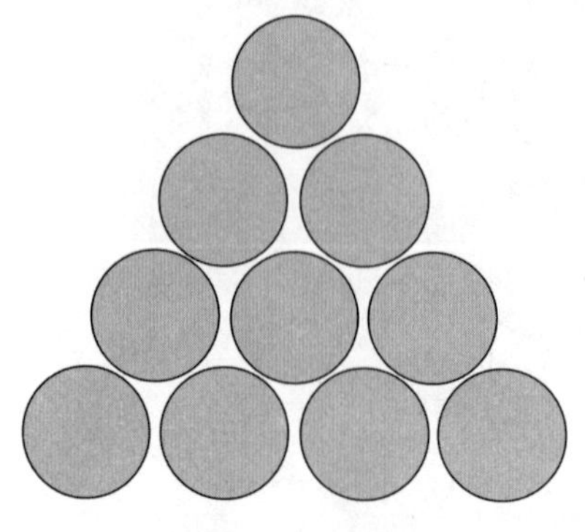

图 2-12　圆环

（2）移火柴

请您在如图 2-13 所示的图形中移动 4 根火柴的位置，使新图形含有 2 个大小不同的正方形与 4 个面积大小相同的三角形。

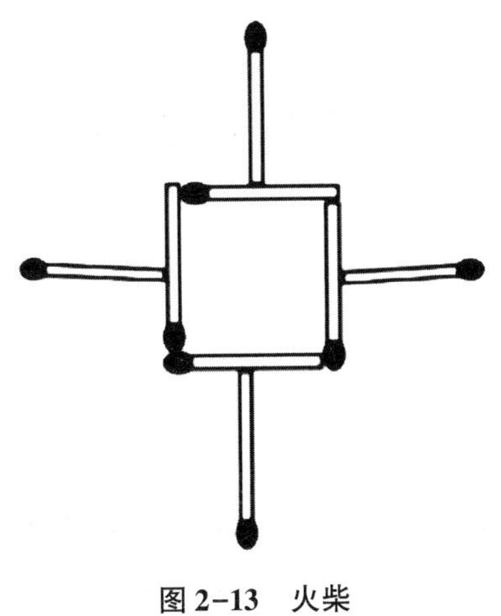

图 2-13 火柴

第三章 创造原理及技法

为什么奥运游泳比赛选手要戴两个泳帽

不少观看奥运会游泳比赛的细心观众都会发现，很多游泳运动员戴着两层泳帽，他们为什么要这么做，难道不会增加重量和阻力吗？其实，运动员戴的两层泳帽各有各的作用。

内层的泳帽是用传统的乳胶材料制成的。橡胶树生产出来的就是天然乳胶，它的特点是柔软、弹性好、舒适。这种泳帽是水滴形状的，后部较长，可以将运动员的头发很好地包在里面。与传统的圆形泳帽相比，这种泳帽的形状更有利于减小阻力。

外层的泳帽是用硅胶制成的。硅胶不像乳胶那么柔软，所以不容易起皱纹，可以进一步减少阻力。另外，外层的泳帽还盖住了泳镜的带子，在减少阻力的同时，还能确保运动员在出发入水时泳镜不会掉下来。

另外，由于泳帽的材质很薄很轻，所以多戴一层并不会给运动员增加太多的负担。

（资料来源：辽宁省普通高等学校创新创业教育指导委员会．创造性思维与创新技法［M］．北京：高等教育出版社，2013）

游泳运动员只是将两个泳帽简单地组合在一起就解决了泳镜容易脱落的问题，还可以减少阻力。由此可见，有时候同一种事物的简单相加就能带来意想不到的效果。

第一节　创造原理和技法概述

一、关于创造技法含义的讨论

很多创造学类书籍中提到，从国外传入我国的一般创造学包含的创造技法多达数百种。究竟什么是创造技法，其含义究竟是什么，至今一般创造学中并没有给出明确的认识，各人的看法也不尽相同。例如，吴明泰在《发明创造学教程》一书中写道：“创造技法是建筑在创造心理和认识规律基础上的一些规则、技巧和做法……因此严格地说，它们并不是一种方法而是技巧。”

朱邦盛在《实用创造学》中阐述道：“创造技法就是用科学的理论和方法，去研究一个个发明的具体过程……简单地说，所谓创造技法就是从创造发明的活动、过程、成果中总结出来的带有普遍规律的方法。”

贾弘在《创造发明技法体系初探》中指出：“创造技法是人们在长期的创造发明中总结出来的，比较成熟的，行之有效的，有一定操作规范的想法和做法。”

2000 年，我国著名创造学者傅世侠、罗玲玲合著的《科学创造方法论》把创造技法表述为，是从创造发明的实践中总结出来的一些规则、技巧和方法。

2003 年，我国著名创造学者甘自恒在其《创造学原理和方法——广义创造学》一书中，通过国内外几十种主要创造技法的分析综合给创造技法概括出了这样的定义：创造技法是运用创造学的基本原理，总结创造主体从事创造活动的实践经验，总结创造者的传记材料和专利文献中的重大发明创造案例，总结理论创新、制度创新、科技创新、技术培训，特别是新产品开发的经验和典型案例，用以拓宽创造性思维空间、启迪创新思路、指导创造过程、提高创造能力、促成创新成果的各种具体方法、技巧的总称。还有许多学者对创造技法的不同理解和认识，这里就不一一列举了。

二、创造原理的提出

什么是创造原理？原理就是最基本、最普遍并能产生其他规律的规律。由此而论，创造原理就是最基本的创造规律，就是能够导出其他次一级或更次一级创造规律或创造方法的创造规律。人们知道，规律是客观存在的，是不以个人意志为转移、也不以个人爱好而存亡的。所以，创造原理也是客观存在的，也是不以个人意志为转移的。与其他规律一样，创造原理也具有可认识性和可利用性，但它却没有可操作性。这就是说，人们在类似的创造过程中可以各自采用不相同或者很不相同的方法，但必须符合和遵循一定的创造原理才可能取得成功。当然，同一个创造发明过程往往不仅符合同一个创造原理，还常常同时符合多种创造原理，于是我们也能从中认识到多种不同的创造原理。例如，一种可插入和拔出的榫头式鞋跟，即当鞋底跟部被磨损后，可将旧的鞋跟拔出再换插上一个新的榫头式鞋跟，这种发明创造既符合组合创造原理，又符合完满创造原理。所以，不同创造原理之间并不存在排他性。

由于一般创造学中的很多创造技法实际上更偏向于创造原理，例如，我国学者归纳的“加一加、减一减、扩一扩、缩一缩、变一变、改一改、联一联、学一学、代一代、搬一搬、反一反和定一定”的“十二个一”创造技法中的加一加，实际上属于组合创造原理；扩一扩、缩一缩、变一变、改一改，属于变性创造原理；代一代、搬一搬，属于移植创造原理；等等。这样，当人们从这些创造技法中获得启迪而产生创造成果时，就容易误认为是技法在起作用，而并不知道实际上是其中的创造原理在起作用。

总之，创造原理的客观性和创造技法的主观性，决定了创造原理比创造技法更处于基本性的和决定性的地位。掌握创造原理更能从理性上开发一个人的创造潜力，更能提高一个人的创造能力。

三、创造技法的性质

创造技法是从创造原理中派生出来的、与实践密切结合的、可操作的具体创造程序或步骤。因此，一个完善的创造技法至少应该具有理论性（即理论根据）、可操作性、排他性和可思维性。

1. 理论性

所谓创造技法的理论性，是指一个技法的产生应该有其一定的理论基础，也就是说，在技法的操作过程中应当能够体现出某些可以上升为理论的隐性过程，至少也应当体现出其中的创造原理及从原理演进到技法的过程；否则，所谓的创造技法就很可能只是一种创造的做法，而不具有在更高层次上的推广意义。

2. 可操作性

创造技法的可操作性，其性质是十分明显的，如果一种创造技法没有可操作性、连一般“方法”的要求都达不到，就更不能称其为技法了。

3. 排他性

所谓创造技法的排他性，是由技法的可操作性决定的。因为每个人每次只能操作一个创造技法，而不可能同时操作两个或多个创造技法，这就要求创造技法必须具有排他性。如果没有排他性，就会出现“你中有我、我中有你”的情况而导致创造者无法操作实施。

4. 可思维性

虽然行为创造学认为创造技法和创造性思维的方法是两个完全不同范畴的概念，绝不能相互混淆，但它们之间亦有着一定程度的关联。创造技法的可思维性是指创造技法在实施过程中应当能够较明显地对创造者进行创造性思维的引发和启迪，即创造者能够通过方法、步骤的操作而有效地引发自己的创造性思维。不能引发创造性思维的创造技法也不能说是一种好的创造技法。

最后应该说明的一点是，人们衡量一个创造技法能否成立的最终标准只有一个，即一般人如果按照创造技法的程序操作，在大多数情况下能否取得新颖的创造结果（创造技法的结果叫“方案”，它与创造性思维的结果——“设想”在含义上并不相同）。如果不能取得新颖的创造结果，那么这样的技法就不宜叫作创造技法，至少不能称为完善的创造技法。对这种不完善的创造技法应该加以进一步研究，以提高其技法本身的水平，为有效推广创造技法打下坚实的理论基础。

总之，创造原理和创造技法之间既有联系又有区别，其主要的区别有两个方面。一方面，创造原理是创造规律，规律是客观存在的，是不以人的主观意愿而转移的；而创造技法是一种方法、程序，它是人主观制定的产物。不同的人为达到同一个创造目标可以采用各自制定的不同方法，但无论什么方法都必须符合一定的客观规律才能成功。另一方面，从创造技法的可操作性得知，一个人在进行一次创造活动时，不可能同时采用两种或两种以上的创造技法，因此，创造技法之间必须具有排他性；而创造原理是创造规律，一个人的一次创造活动可以在符合一个规律的同时也符合另外的规律，所以创造原理之间没有排他性。

如果用上述标准衡量当前一般创造学中的数百种创造技法，人们就不难发现，其中绝大多数的创造技法均有待进一步研究、完善和深化。这是对创造学研究者的挑战，或许也是创造学研究者在今后比较长的一段时期内的一个重要研究方向。

第二节　创造原理及原则

目前，虽然创造技法多达数百种，但其来源，即创造原理并不太多，一般认为，创造的基本原理应当主要包括以下八种——聚合创造原理、还原创造原理、逆反创造原理、变性创造原理、移植创造原理、迂回创造原理、完满创造原理和群体创造原理。

一、聚合创造原理

根据聚合的因子和聚合方式的不同，聚合创造原理可以再区分为组合创造原理、综合创造原理和融合创造原理三种。

（一）组合创造原理

组合，即简单地叠加。组合现象是普遍存在的。在自然界中，原子组合成分子，分子组合成细胞，细胞组合成组织、器官、系统和整个人体，个体组合成家庭，家庭组合成社会，等等。组合的结果是复杂的，组合的可能性是无穷的。组合可以形成新思想、新方法、新点子或新产品。组合可以使组合之物扩大原有的功能或产生新的功能，所以组合即是创造。我们常见的多用柜、两用笔、组合文具盒等，都是组合创造原理的具体体现。组合也能形成重大的发明创造。例如，发射人造卫星的多级火箭，其原理也可被视为几枚火箭的同类组合，若没有这种同类组合，人造卫星是不可能发射成功的。此外，在科学上具有重大意义的显微镜、望远镜的发明，实质上也是透镜的一种同类组合。古代战场上使用的强攻击性武器——弩床，就是把几张弓同时固定在同一个木架上组成的，在其都撑住弩弦时具有极强的攻击能力。此外，中国古代造船中的一大发明是把船的最下层用木板分隔成十多个密封空间，这种结构叫作水密舱。该发明可使船在底部局部碰坏时也不至于发生沉船，现代造船仍在使用这一技术。这种最简单也是最聪明的同类组合发明，在中世纪传入阿拉伯地区和地中海沿岸时曾引起当地造船界人士的极大兴趣。其实，我们所写的文章、诗词、小说等，亦可视为文字的同类组合。另外，所有的曲调也都是几个音符的同类组合，只是其组合的方式、结构不同而已。科学家早已发现，世界上所有构成生命的蛋白质都是由 20 种氨基酸通过不同排列组合而成的，由此产生了千变万化的蛋白质结构。

根据参与组合的组合因子的性质和主次，以及组合的方式，组合大体可分为以下四类。

1. 同类组合

同类组合，又叫同类自组，是指由两个或两个以上相同或相近事物的简单叠合。在同类组合中，参与组合的对象与组合后相比，其基本性能和基本结构一般没有变化。因此，同类组合是在保持事物原有功能或原有意义的前提下，通过数量的增加以弥补功能上的不足或求取新的功能。比如双头起钉器，又叫子母起钉器，有两个相同的起钉头，使用时，可先用下端的起钉头将钉子拔出一段高度，然后再用上面的起钉头继续拔钉。又如，现在使用的电源双头插座、三头插座就是早年人们把单插座组合而成的。再如，能在刀片上划出若干刻痕的美工刀（即前面一段刀口用钝时，可沿刻痕折断而启用下面一段锋利如新的刀口），即相当于多把刀的组合。这些短短的刻痕却撬动了全球大市场，其创造的效益无法估量。同类组合往往具有组合的对称性或一致性趋向，如双体船、双人情侣伞、双人自行车、驾驶室可原地旋转180°的可双向行驶的汽车等。图3-1是多彩圆珠笔，它是由多个不同颜色的笔芯组成。市面上常见的有四色、六色甚至十色多彩圆珠笔，想使用哪个颜色按一下就可以使用，解决了同时携带多管笔的麻烦。同类组合创造原理虽然极为简单，但也能产生影响深远的发明创造。

图3-1　多彩圆珠笔

2. 异类组合

异类组合是指来自不同领域的两种或两种以上不同类事物所进行的叠合，如机床就是异类组合的创造产物。最近市场上出现的同时具备鼠标和电话机两种功能的“鼠标电话”、带有音乐播放器的太阳镜等都是异类组合创造的例子。在异类组合中，被组合的因子来自不同的方面，各因子彼此间一般没有明显的主次之分，参与组合的因子可以从意义、原则、构造、成分、功能等任何一方面或多方面进行互相渗透，从而使组合后的整体发生变化。异类组合实际上是一种异类求同，在创造中具有非常重要的意义。比如，汽车就是由发动机、离合器和传动机构、车胎等组合创造而成的一种交通工具。再如，包身和包带共同组成了手提包，包身主要起承装作用，包带主要起提拉作用，二者结合在一起共同完成了包的运载功能，从功能角度而言，二者的组合可谓完美，但同时也缺乏新意。这时，可以通过结构上的巧妙组合来实现创新，可将包身和包带分别作为完整构图中的一部分，二者结合形成了一个颇有创意的整体（图3-2）。

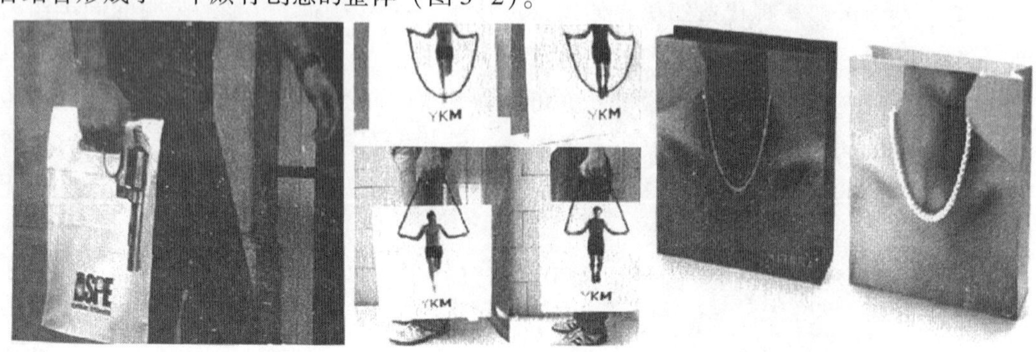

图3-2　创意手袋

3. 主体附加组合

主体附加组合是一类特殊的异类组合，是指在原有的事物中补充新的内容或在原有的物质产品上增添新的功能附件。比如，早期的自行车没有车铃，后来加上了车铃；现在的自行车上还可附加里程表、前车篮、后视镜、折叠式货架等附件。在主体附加创造中，主体事物的性能基本上保持不变，附加物只是对主体起补充、完善或充分利用主体功能的作用。如市场上常见的印有导游图的纸折扇很畅销，折扇上的导游图就是一种附加物。可自动抽吸牙膏的牙刷也令人耳目一新。汽车作为主体，正是由于不断添加了雨刷器、转向灯、后视镜、打火机、温度表、遮光板、收音机、电话，以及空调器等一系列附加物之后，才被创造得越来越完善、越来越现代化了。

利用主体附加创造原理进行创造，其内容是丰富多彩的，因为不但一个主体可以附加多种事物，一个附加物也可附加在多种主体之上。例如，响铃就可以附加在钟表、大门、车辆、寺塔、电话机等多种物体之上。有些产品就是依靠主体附加法更新换代，实现技术上的突破，比如说，手机最初只具有语音通话功能，后来逐渐附加了短信、摄像、录音、收音机、音乐播放、上网等功能。运用主体附加法，不仅能搞出“小发明”，也可以获得技术上较复杂的“大发明”，许多重要的合金材料，就是在“添加实验”中显露峥嵘的。比如，中国古人在《考工记》里总结出的“六齐”规律：“金有六齐，六分其金而锡居一，谓之钟鼎之齐；五分其金而锡居一，谓之斧斤之齐；四分其金而锡居一，谓之戈戟之齐；三分其金而锡居一，谓之大刃之齐；五分其金而锡居二，谓之削杀矢之齐；金锡半，谓之鉴燧之齐。”这个规律中所提及的不同用途的各种合金，就是通过在铜中加入不同比例的锡而组成的。

主体附加法是一种简单易行但是却颇有成效的创新方法。许多物体往往只需稍稍增加一个配件就会产生意想不到的效果，或是解决了一个很棘手的问题。设计师仅在二氧化碳灭火器上增加了一个氧气罩，就解决了人们在浓烟滚滚的火灾现场容易窒息的问题，增加了灭火的安全性（图 3-3）。

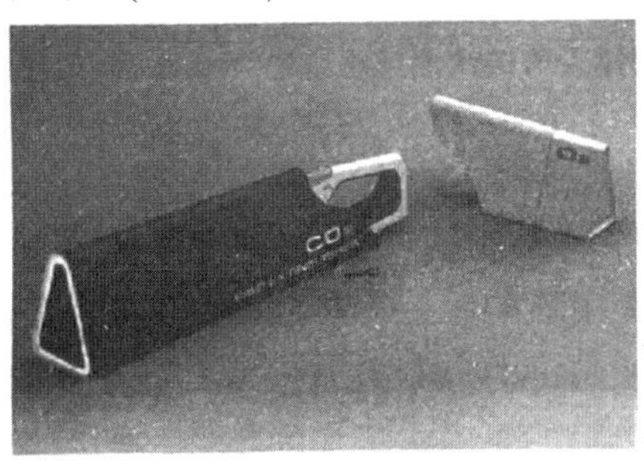
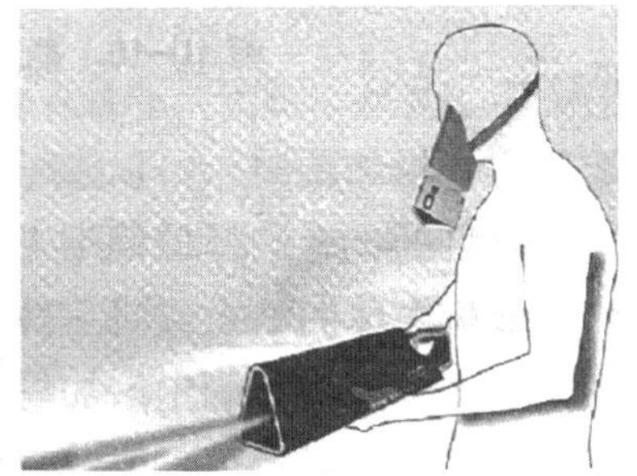

图 3-3　二氧化碳灭火器

（1）主体附加法通常有两种形式。

①不改变主体的任何结构，只是在主体上连接某种附加要素。在盛薯片的碗上加载一个调料盒，或是在蜡烛下面放置一盒火柴，又或是在锅具边缘加装一个倒油口（图 3-4）。

图 3-4　不改变主体结构的应用

②要对主体的内部结构做适当的改变，以使主体与附加物能协调运作，实现整体功能。如为了减少照相机的体积，有人将闪光灯移至照相机体内。这种组合不是将闪光灯与照相机主体简单地连在一起，而是将两种功能赋予一种新的结构形式——内藏闪光灯的照相机。烤面包机是一种很常见的厨房电器，但是能够预知天气的面包机就不多见了，在烤面包机内部增加一个接收信息的装置，通过 WiFi 与网络连接，就能获取当天的天气情况，实现了信息传递和烤制功能的完美结合（图 3-5）。

图 3-5　能预知天气的面包机

（2）在运用主体附加法时，可以参考以下程序。

①有目的、有选择地确定主体。

②分析主体的缺点或对主体提出新的需求。

③根据实际需要确定附加物及组合的方案。

主体附加法有时候也可以反过来运用，先确定附加的物件，然后寻找主体将其附加上去。例如，给一家制糖公司提出在方糖包装盒上戳针孔建议的工人获得了 100 万美元的嘉奖；盛行一时的“香扣子”出口贸易，就是因为有人发现，在妇女的衣扣上开个小洞注入香水，可使其不易散失，衣服便可一直香味扑鼻；飞机制造公司也尝试着在飞机的机翼上钻无数微孔，结果发现，微孔可吸附周围的空气，消除紊流，从而大大减小空气的阻力。他们据此做出样机后，发明了可节油 40% 的飞机。这些成果都是将“小孔”这个附加物附加在不同主体上产生的效果。在进行无目的创造时，我们也可以尝试将一些简单的附加物附加到不同的主体上，看看是否会产生神奇的效果。

主体附加既能产生有用的辅助功能，也可能带来无用的多余功能。例如，在洗衣机上附加定时功能是有必要的，而在洗衣机上附加一个洗脸盆，对于绝大多数家庭来说则是多余的。因此，采用主体附加进行创造时，不能盲目附加，否则只会画蛇添足，产生不必要的负累。

4. 重组组合

重组组合是指在同一个事物的不同层次上分解原来的事物或组合，然后用新的方式重新将它们组合起来。例如石墨中的碳原子重新组合后成为金刚石，就是自然界的一种创造（现在实验室中也可完成这一创造）。重组组合通过改变事物内部各组成部分之间的相互位置来改变其相互关系，从而优化事物的性能，它是在同一事物上施行的，一般并不增加新的因子。例如，战国时代田忌赛马的故事即可生动说明重组组合的创造思想。齐威王与大将田忌经常赛马，比赛时二人各自出上等、中等、下等马分别对阵。齐王的马每个等级都比田忌强，所以田忌屡屡败阵。后来军事家孙膑给田忌出了个主意，让他以自己的下等马对齐王的上等马，再以自己的上等马对齐王的中等马、以自己的中等马对齐王的下等马。结果，田忌以一负二胜的成绩战胜了齐威王。

在管理中，对人员进行重组组合也是创造新价值的一项举措。例如，一些企业在进行改革创新时对"物"进行资产重组的做法也可达到创造和创新的目的。运用重组组合创造原理，可以采用多种不同的方法（技法），如通过国有资产的联合、兼并、租赁、收购、改制、拍卖、破产等措施，企业创新者可根据具体情况选用或制订出最好的方法。

当然，如果根据参与组合的组合因子的成分和内容的不同，有人又把组合进一步划分为元件组合、材料组合、现象组合、原理组合等，在此就不一一列举了。

图 3-6 所示为几种小的组合发明设计。

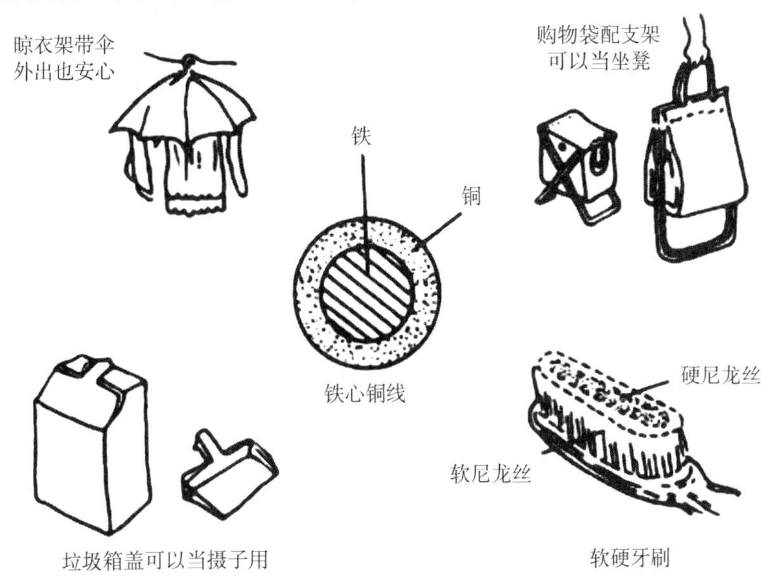

图 3-6　几种小的组合发明设计

（二）综合创造原理

综合与组合关系极为密切但并不完全相同。综合不是将研究对象进行简单叠加，而是首先将欲综合的各个事物进行若干分解，然后根据需要将分解出来的有关部分（因子）进行组合，从而使得综合之物更具有创造性。中西医结合，并不是指把中医和西医简单地叠加在一起，而是经过仔细研究后分别取中、西医中的合理和适用部分（因子）加以组合。近年来，一种名为"九州战棋"的新型棋类游戏获得了国家专利。其棋盘划分为东西南北等 9 个区域；棋子分为总部、卫队、飞机等 8 类，分别代表中国象棋中的将、士、象等。其实，这种新型棋是在综合了军棋的图形、围棋的布局和象棋的走法后发明出来的。可见，综合是一种在科学分析基础上择优进行的组合，因此，综合是一种特殊的组合。综合已有的不同学科原理可以创造出新的原理，如综合万有引力理论和狭义相对论，从而形成广义相对论；综合已有的事实材料可以发现新规律，如元素周期律的发现；综合已有的科学方法可以创造出新方法，如由几何数学和代数学方法综合产生的解析几何新方法；综合不同的学科也能创造出新学科，如环境心理学、化学物理学、地质创造学等；综合不同产品的优点亦能创造出新产品。我国哈电集团近年来综合日本三菱公司的超临界燃煤锅炉技术、东芝公司的单筒式除氧器技术和法国阿尔斯通公司的湿法脱硫技术，进而研制成“60万千瓦空冷汽轮机”等20多项新产品。显然，综合可以使人的认识实现从个别到一般的转化，可以使人超越原有的认识水平，站得更高、看得更远、体会得更深刻，从而获得更具有普遍意义的新成果。

（三）融合创造原理

融合创造原理类似于组合创造原理，即把欲组合的对象进行叠加而使其产生新颖性，其不同之处是在进行组合创造时一般被组合的因子在相关层次上存在较明显分界，而融合创造指的是被组合的因子之间已经互相渗透融合而形成“你中有我、我中有你”的、难以或者根本不可能用界限再区分的状态。例如，各类合金钢就是铁与其他相关元素的融合，融合体的新颖性属性正是通过组成因子相互间的渗透融合才形成的。再如，现在各类交叉学科的诞生就与人们有意无意地融合多门学科密切相关。最近出现的数字农业，就是在信息技术、生物工程技术、自动监控、农艺和农机技术等一系列高新技术上融合发展起来的现代农业。有了数字农业，农民就可以做到不再“靠天吃饭”。

如果再进行划分，融合创造原理还可以划分为组合融合创造原理和综合融合创造原理。图3-7为聚合创造原理的划分关系。

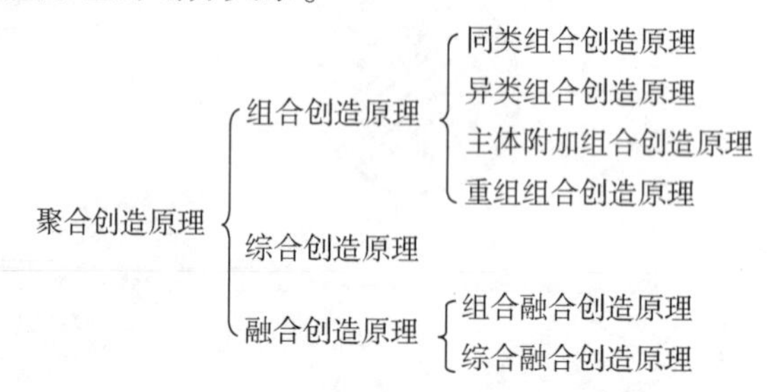

图3-7　聚合创造原理的划分关系

应当指出，在运用聚合创造原理采取各个方面聚合因子的特点时要尽量做到功能互补或功能放大，从而最大限度地满足人们的需要并产生实用性。聚合创造原理总是根据人们的某种需要而被采用的，无法满足人们需要和不能对社会产生某种促进和发展的聚合创造，不应当被创造者列为目标。

二、还原创造原理

研究表明，任何创造都必定有其创造的起点和原点。所谓创造的原点，是指某一创造发明的根本出发点，它往往体现该创造发明的本质所在；而创造的起点则是指创造发明活动的直接出发点，它一般只反映该创造发明的一些现象所在。因此，就某一个层次或水平而言，其创造的原点只能有一个，是唯一的，而创造的起点则可以有很多个（图3-8）。

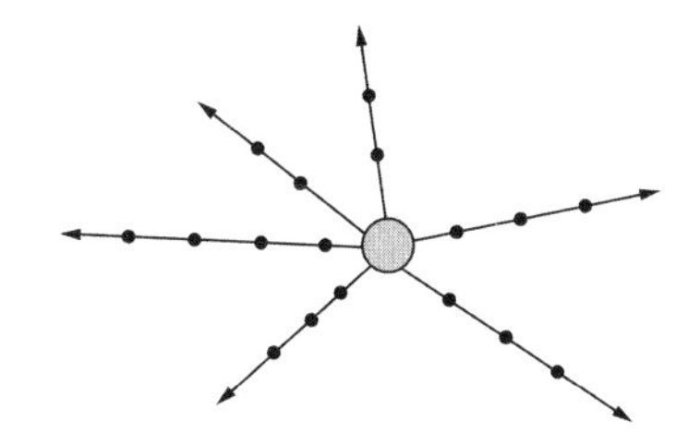

○—创造的原点；●—创造的起点；↗—创造的方向。

图 3-8 同一层次上创造的原点和起点

创造的原点可作为创造的起点进行创造，但创造的起点却不能作为创造的原点使用。从一个事物的任一创造起点按人们的创造方向进行反向追溯到其创造原点，就能以原点为中心进行各个方向上的思维发散并寻找其他的创造方向，用新的思想、新的技术在新找的思维方向上重新进行创造——这种先还原到原点、再从原点出发解决创造的问题，或者说是回到根本上去抓住问题的实质，往往能取得较大的成功、产生突出的成果，即还原创造原理。

锚，在古代又叫碇，用绳索缚着石块制成，其功能主要是利用石块的重量固定船只。由于石块的重量有限，在遇到大风浪或水流太急时常常达不到预期的效果。于是人们在"用重物固定船只"这一创造方向上思索，有人在石块上绑上木爪，即木爪石碇，将其插入泥沙中可加大其固定力。后来，人们又使用坚硬的木料制成了木锚，即木碇，最后才改制成铁锚。千百年来，关于锚的发明创造成果有许许多多，但都是沿着"依靠重物的重量和拉力固定船只"的创造方向（图 3-9 中所示的 F 方向）上进行的，从 F 方向上各个创造起点出发创造出的锚，其结构大同小异，创造性并非很强。显然，人们如果再沿着 F 方向探索发展下去，很难再制造出适应现代巨型远洋船舶使用的锚。

根据还原创造原理，人们从锚的创造起点 D 开始，沿着 F 的反方向追溯，很快便追溯到原点上并发现锚的创造原点实质上是"能够将船舶固定在水面上的一切物质、方法和现象"，从而理顺了人们的思路：古人依靠重物固定船只仅仅是从创造原点出发的一个方向而已（即图 3-9 中的 F 方向）。如果从"能够将船舶固定在水面上的一切物质、方法和现象"（即原点）出发，经过思维的发散，就不难从另外的创造方向上设想出与原先仅靠重量而发明的各种锚的形态结构完全不同的，诸如火箭锚、螺旋锚、吸附锚及冷冻锚等完全新颖的装置。比如，冷冻锚就是一块约 2 平方米的带冷却装置的钢板，放入水下通电 1 分钟便可将其冻结在海底上，其联结力可达 2×10^5 牛顿，10 分钟后可达 1×10^6 牛顿，起锚时只要供电放热解冻即可。

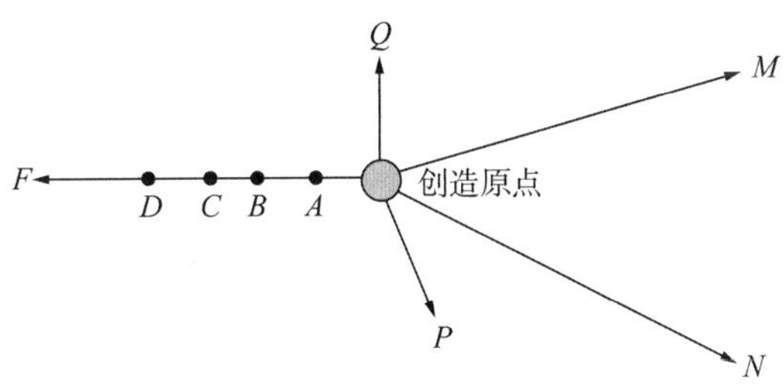

A—F 方向上的创造起点之一（石碇）；B—F 方向上的创造起点之二（木爪石碇）；
C—F 方向上的创造起点之三（木碇）；D—F 方向上的创造起点之四（铁锚）。

图 3-9 锚的创造的原点和起点

按照还原创造原理，创造者需要首先从中抽象出问题的关键所在（即追溯到创造的原点上，或者叫作回到根本上去抓实质），所以有人也将其称为“抽象原理”。以火柴为例，火柴盒有大有小，也可有各种不同的形状，火柴棒可长可短，但无论火柴盒和火柴棒如何变化，火柴的主要功能都是通过摩擦而生火，这就是火柴的本质所在。于是，把“生火”抽象出来作为原点，就可从摩擦生火进一步引申（发散）为各种可燃性气体生火、电火花打火，以及不同的液体燃烧起火等。这样做就容易突破原有关于火柴知识的桎梏，开拓发明者的思路，促使他们发明出各种类型的打火机。

运用还原创造原理的关键，是善于还原（追溯）到事物的本质（即原点）上，从哲学观点上讲就是要先抓住决定事物本质的主要矛盾，然后进行多个方向上的发散性思考。

三、逆反创造原理

与一般的做法和想法完全相反的做法和想法，常常能够导致新颖性的结果而引发创造。任何事物都会具有其对立方面的某些属性。人们往往只习惯于识别事物的一方面属性而不会想或不愿想其相反一面的属性，即大多数人习惯于从一个固定的角度或方向思考和处理问题。然而，如果有人有意识地从相反方面思考和处理问题，那么就常常会获得意想不到的结果、产生许多未曾见过的新事物，这即是逆反创造原理。一般创造学关于“十二个一”创造技法中的“反一反”就是这个意思。

逆反创造原理与创造性思维中思维的逆向性密切相关。在实际创造中，逆反创造原理又可进一步区分为原理逆反、属性逆反、方向逆反和大小逆反等多种内容的逆反。

（一）原理逆反

将事物的基本原理，如机械的工作原理、自然现象规律、事物发展变化的顺序等有意识地颠倒过来，往往会产生新的原理、新的方法、新的认识和新的成果。比如电影，其原理一直都是观众不动而电影的画面在银幕上移动，从而形成了影片的连续动作。若把这一原理反过来，就变成了电影画面不动而观众迅速移动。有人曾经研究了电影的原理逆反并计划在地铁中实行，在与车窗等高处的地铁墙壁上挂出一幅幅连续变化的图画灯箱，当车辆运行时，图画正好以每秒24幅的速度映入乘客眼帘，于是乘客就会看见墙壁上的“活电影”了。过去，人们认为人在楼梯上走是天经地义、不可违背的情理，如果谁提出“人不动、楼梯动”的想法，肯定会被视为天方夜谭，然而，现在自动扶手电梯早就进入了人们的生活。

图3-10所示为一般工厂中使用的桥式起重机（即行车）。其原理是在“工”字梁两端安装轮子，使其在固定的轨道上行驶。图3-11所示则是专家发明的无轨起重机，其原理是把轮子安装在支柱的柄部，轮子转动时就可使光秃秃的起重机在众多轮子上运行。据说这种新型的逆反型起重机与传统的桥式起重机相比，可降低成本20%。

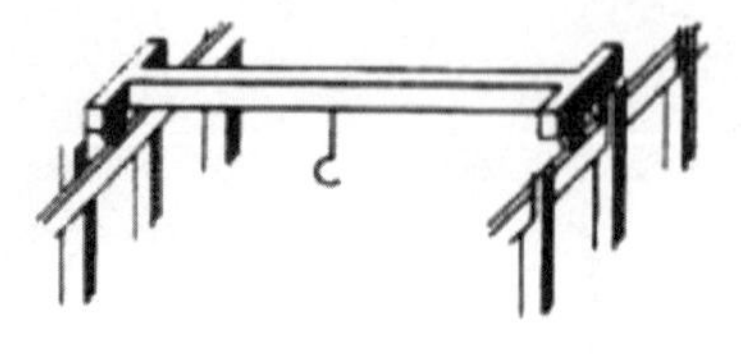

图3-10　桥式起重机

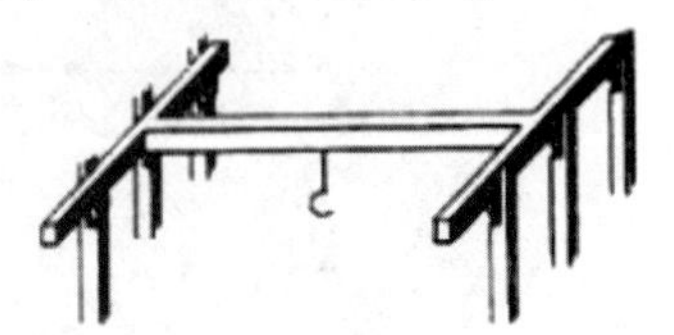

图3-11　无轨起重机

当然，原理逆向之后也不一定都能获得成功。比如，将水泵的叶轮固定而使壳体旋转，就抽水这一功能来说，至少目前看来是难以实现的。其实，真理都是有一定的适用范围，原理逆反也必然有其一定的适用场合。

（二）属性逆反

一个事物的属性是丰富多彩的，有许多属性是彼此对立的或者是成对的，比如软与硬、干与湿、直与曲、柔与刚、空心与实心等。逆反创造原理的属性逆反，就是有意地用与某一属性相反的属性去尝试取代已有的属性，即逆化已有的属性，从而进行创造活动。1995 年福州市一中学生将普通的实心积木全改为空心，并在其中装进适量砂子使其重心便于移动。这种空心积木便可以拼搭出普通积木所不能组成的异型图案，尤其适合各种动物形态的拼搭，表现出很强的创造性。1998 年，我国有一项名为“便携式多功能哑铃”的专利，其中部也是空心的，使用者可以通过一个小口向哑铃内部注水或装砂子以调节其重量。一件事情可以从不同的角度去理解，即使同一件事情从不同的角度观察，其性质也可以是多方面的，并且是相互转化的。就像钱钟书说的“以酒解酒、以毒攻毒、豆燃豆萁、鹰羽射鹰”，包含着极大的矛盾性。

火口脱险

有一次，某草原失火了，烈火借着风势，无情地吞噬着一切。那天刚巧有一群游客在草原上玩，一见烈火扑来，个个惊慌失措。幸好有一位老猎人与他们同行，他一见情势危急，便喊道：“为了我们大家都有救，现在听我的！”老猎人要大家拔掉面前这片干草，清理出一块空地来。

这时大火逼近，情况十分危险，但老猎人胸有成竹。他让大家站到空地的一边，自己则站在靠近大火的另一边。他见烈火像游龙一样越来越近，便果断地在自己脚下放起火来。眨眼间在老猎人身边升起了一道火墙，这道火墙同时向三个方向蔓延开去。奇迹发生了，老猎人点燃的这道火墙并没有顺着风势烧过来，而是迎着那边的火烧过去。当两堆火终于碰到一起时，火势骤然减弱，然后渐渐熄灭。

游客们脱离险境后纷纷向他请教以火灭火的道理，老猎人笑笑说：“今天草原失火，风虽然向着这边刮来，但近火的地方气流还是会向火焰那边吹过去的。我放这把火就是抓准时机借这股气流向那边扑去。火把附近的草木烧光了，那边的火就再也烧不过来，我们便得救了。”

（资料来源：百度文库．逆向思维的例子．https：//wenku. baidu. com/view/8ad32c636aec0975f46527d3240c844768eaa0d9. html）

（三）方向逆反

由完全颠倒已有事物的构成顺序、排列位置或安装方向、操纵方向、旋转方向，以及完全颠倒处理问题的方法等而产生新颖结果的创造，都属于逆反创造原理之方向逆反的范围。曾经有一个建筑公司发明了与传统盖楼房完全不同的自上而下的盖楼方法：先将顶层楼在地面建好，然后用起重设备托起，留出下面的空间再建一层楼；建好后再托起……直至整幢大楼落成。这种施工方法可使所有的工序均在地面完成，避开了高空作业，不仅可保证生产安全，而且还提高了工作效率。由于方向逆反的结果一般可从事物的外部表现出来，其直观性强，因此方向逆反是发明和革新的重要原理。例如，逆反电风扇的叶片安装方向可使电风扇变为排气扇；在烟盒中上下反装带过滤嘴的香烟，使过滤嘴向下，不但取烟方便而且很卫生；将传统上冷下热式电冰箱逆向创新为上热下冷，即上为冷藏室、下为冷冻室，不但使用方便而且又可节能省电。2005 年，昆明一家科技开发公司研发的“带洗面喷头的节水龙头”有上、下两个出水孔。洗脸时水不是向下流，而是设计成向上喷出。这一反向设计不仅使人感到舒适，而且可节约洗脸用水 80%。

（四）大小逆反

对现有的事物或产品，即使是单纯地进行尺寸上的扩大或缩小，其结果亦常常会导致其性能、用途等发生变化或转移，从而实现某种意义上的创造。比如，四川有名的乐山大佛，其名气就出在其尺寸的“大”上。近年来出现的像乒乓球大小的葡萄，其创造性也就在其“大”上。

在 2000 年中国食品精品博览会上展出的一只质量为 1 250 g 的“桃王”，也因其大而引人注目，很快就被阿拉伯一商人用 10 000 元买走。2005 年，国内最大的挂历在武汉展出，该挂历共 14 个单张，每张面积 24 m^2，引起了很大的轰动。

除了“大”以外，“小”也是发明创造的一种趋向。我国的传统工艺“微雕”和微型书法作品，几乎件件都是在“小”的方向上的创作精品。深圳最先推出的锦绣中华缩微景观，其创意即在于整体尺寸的缩小。电子计算机从问世以来，其外形尺寸若不是经过了逐步缩小的创新，要想很快得到发展恐怕也是不可能的。现在，所谓“袖珍汽车”“袖珍飞机”已频频在社会上亮相。1999 年在“中华人民共和国建国 50 周年成就展”的上海馆里展出一架微型直升机，机长 18 mm、高 5 mm、质量 100 mg，可在 2 粒花生米大小的机场上垂直起降。此外，在军事武器研制中，小型化、袖珍化也是一个极有前景的发展方向。

在创造中实施大小逆反时，可对一事物整体按同一比例扩大或缩小，这样创造出来的新事物与原物是相似的；也可以对不同的部分按不同的比例扩大或缩小，这样创造出来的新事物则是非相似形体。无论相似形体、非相似形体还是局部扩大或缩小的形体，在某些情况下都可能会产生创造性。

总之，事物的发展总是对立统一的，相反也可以相成，这就是逆反创造原理的哲学根据。由此，人们若用逆反创造原理重新认识垃圾这种废物，就会发现有些垃圾其实是一些放错了地方的宝贝。同样，所谓的庸才，如果在合适的地方就可能成为人才。所以，人们可以利用逆反创造原理来创造许多新颖性创造成果。

四、变性创造原理

变性创造原理，即因“改变属性”而产生创造结果的规律。其实质是通过改变事物已有的属性而导致新颖性的创造。人们知道，一个事物的属性是多种多样的，逆反原理强调的是一事物所具有的成对相反属性的互变，如大与小、上与下、软与硬等。其实，对于事物其他一些非相反属性做若干改变，也会使其出现新颖性，从而引发创造发明。

比如，在图 3-12 中，*A* 为一般使用的药水瓶，其缺点是要每次倒出“一格”容积的服用药水实在难以准确掌握，往往不是倒多了就是倒少了。然而，图 3-12 中的 *B* 药水瓶则是把药水瓶刻度的属性做了约 45°倾斜的变化，倒药水时刻度大体呈水平并与液面平行，较容易实现一次性倒药成功。再如，可以弯曲充电的电池；可折叠的小型自行车；我国山东省寿光市培育出的番茄“树”。这些例子都是运用了变性创造原理。

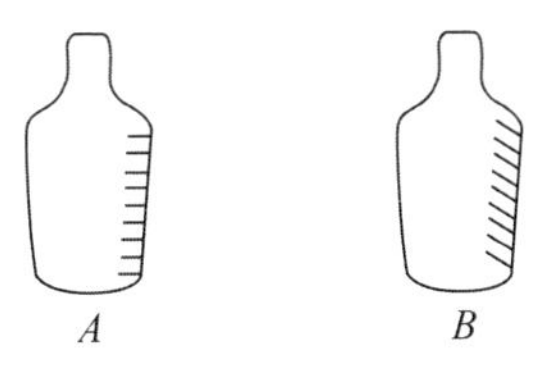

图 3-12　两种药水瓶

在变性创造原理中，如果所变的属性正好相反，实际上它就相当于逆反创造原理了。

可见，逆反创造原理是一种特殊变性创造原理，由于逆反创造原理具有特别重要的意义，所以本书仍将其作为独立的创造原理单独列出。又如，有人把压力锅的底面由平面改变成凸形，就可以改变烧炖食物的味道，并由此而获得了专利（图 3-13）。改变事物的属性，主要包括改变事物的颜色、气味、光泽、结构、材料、形状等。目前问世的彩色大米、彩色小麦、彩色花生、彩色棉花、彩色钢材、香味陶瓷等都是运用变性原理进行创造的产物。例如，一位设计师把一般使用的底面呈船形的电熨斗改为正三角形，就完成了一项创造，这种电熨斗不仅造型奇特，而且更加实用，它可熨遍服装的各个角落。此外，一项防止火车车轮与铁轨接头处产生撞击声的专利，其实也只是略微改变了接轨处的形状而已（图 3-14）。

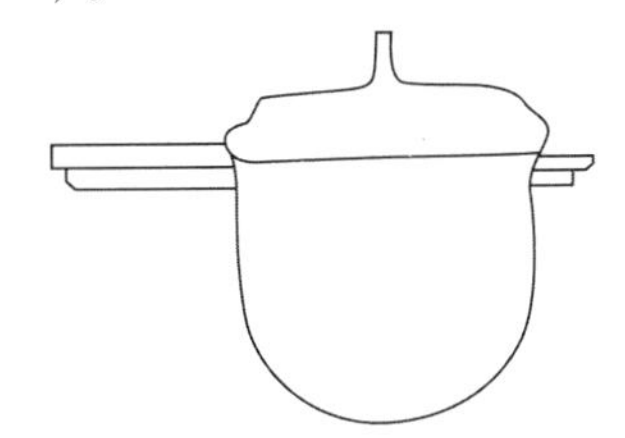

图 3-13　凸底形压力锅

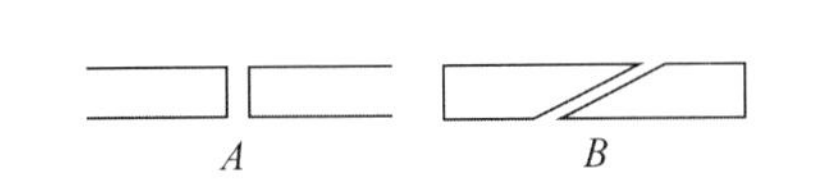

图 3-14　铁轨接头处示意

在图 3-14 中，*A* 为现在的接轨形式，车轮经过时必然要发出撞击声；*B* 为专利接轨形式，试验表明车轮经过时十分平稳，不会发出撞击声。

任何一件事物或产品总具有许许多多属性，只要按一定的程序、按人们的需要改变某些属性，那就不难产生发明创造。根据变性创造原理可以导出许多具体的创造技法，奥斯本的“检核表法”和我国学者总结出的“十二个一”创造技法，很多就源于变性创造原理。

“十二个一”创造技法，即：

（1）加一加：加高、加厚、加多、组合等。

（2）减一减：减轻、减少、省略等。

（3）扩一扩：放大、扩大、提高功效等。

（4）变一变：变形状、颜色、气味、音响、次序等。

（5）改一改：改缺点、改不便、不足之处。

（6）缩一缩：压缩、缩小、微型化。

（7）联一联：原因和结果有何联系，把某些东西联系起来。

（8）学一学：模仿形状、结构、方法，学习先进。

(9) 代一代：用别的材料代替，用别的方法代替。

(10) 搬一搬：移作他用。

(11) 反一反：能否颠倒一下。

(12) 定一定：定个界限、标准，能提高工作效率。

五、移植创造原理

创造学中所指的移植，就是把一个已知对象中的概念、原理、方法、内容或部件等，运用或迁移到另一个待研究的对象中，从而使研究对象产生新的突破来推动创造的产生。

大庆油田的发现

著名地质学家李四光对我国的地质结构进行了长期深入的调查研究。他发现，东北松辽平原及华北平原的地质结构与中亚细亚极为相似，都属于沉降带地质结构。既然中亚细亚蕴藏着大量石油，因而他推断，松辽平原及华北平原很可能也蕴藏着大量石油。后来，大庆油田、胜利油田、大港油田、华北油田等大油田的相继发现，均证实了李四光的推断完全正确。

（资料来源：辽宁省普通高等学校创新创业教育指导委员会. 创造性思维与创新技法 [M]. 北京：高等教育出版社，2013）

移植大多是以类比为前提的。而类比则主要是对于事物属性的类比，所类比的属性越接近研究事物的本质，移植成功的可能性就越大。在这个案例中，李四光通过对松辽平原、华北平原和中亚细亚的比较，发现三者的地质结构极为相似，而后者蕴藏大量石油，因此推理出前两者也应该蕴藏有石油。这是一个典型的类比思维过程，是在松辽平原、华北平原和中亚细亚之间进行的类比。因而，在使用移植创造原理时应当做到：①仔细观察和分析已知事物的属性；②找出关键性的属性；③研究怎样将关键属性应用于欲研究的对象之中。

移植思维过程即由“*A* 对象具有 *a*、*b*、*c* 属性，同时具有 *d* 属性，*B* 对象具有 *a*、*b*、*c* 属性”，推理出“*B* 对象也具有 *d* 属性”。事实上，我们在运用移植法进行发明创造时，更多的是将“*A* 事物”的“*a*、*b*、*c*、*d* 属性”运用于我们想要创造出的“*B* 事物”，即通过找到具有相同或相似属性的其他已有事物，将决定该属性的形状、结构、原理运用于我们需要的、正在创造的事物上。比如“尿道结石取出器”的发明过程。由于取出结石应有抓住、固紧、拉出等主要环节，发明者联想到类比物——雨伞和气球，收拢的雨伞细而长，将取出器做成伞状物可便于插入尿道，打开伞状物即可抓住结石；用吹气球的方法即可打开伞状物。为避免拉出结石时损伤尿道壁或直接接触“气球”，发明者又进一步在前面加设第二个气球作为开路物，两气球间充注凝胶，使结石包裹在凝胶中被拉出，尿道结石取出器是由弹性材料制成的细长回转体，体内有两个细管，可分别通入凝胶及气体。当取出器插入尿道后，首先通入气体，在薄壁处形成两个包围结石的“气球”，随后通入的凝胶由上端两个小孔进入尿道腔，包围结石。最终拉出取出器便可取出结石。

移植创造思维过程为我们展示了进行发明创造的机制，这是进行发明创造的基础。需要注意的是，我们在选择移植对象的时候，一般来说应尽量选择熟悉的、直观的事物，因为这类事物比较容易进行类比。比如，要设计汽艇的控制系统，可与汽车的控制系统进行类比，汽车能前进、后退，有不同的挡位，有车头灯、方向灯、喇叭等，在设计汽艇的控制系统时，也应具有这些设备。但我们更鼓励选择明显不同类的两种事物，选择表面上毫不相关的两种事物，选择跨度和距离很大的两种事物。这样产生的创造发明设想，更具新颖性和突破性。

比如，飞机发动机的燃烧器由于气流无法控制，常出现气体湍流紊乱现象，这成为世界上困扰喷气发动机燃烧技术 40 多年的关键问题。北京航空航天大学的高歌教授曾经在西北地区的戈壁滩上工作，观察过在大风中有自行维持稳定形状的新月形沙丘并得到了启示，发明了“沙丘驻涡火焰稳定器”，解决了这一世界难题，在航空喷气发动机部件技术方面取得了重大突破。在这个案例中，“沙丘驻涡火焰稳定器”和新月形沙丘，在表面上是毫无相关的两种事物，也是跨度和距离很大的两种事物，但正是这种巨大的差别，成就了这项发明的新颖性和突破性。

现在，有人把达尔文进化论中的许多相关概念和进化规律比较完整地移植到了人类创造发明中，提出了较为系统的发明创造进化规律，如发明创造进化的新陈代谢规律、进化速度的不均衡规律、不可逆规律、环境选择规律等，从而为创造学的发展作出了贡献。

在运用移植创造原理实施创造中，联想思维的作用是很大的。比如，以纸代木、以塑料代钢材等的发明创造，实际上是一种“材料移植”。从当前科学发展趋势来看，运用材料移植原理实现的发明创造数量很大，被认为是今后发明创造的一个主要方向。

模拟实验的创造性研究则是又一种移植创造。据此，研究者常把自然界难以再生的现象或者把要创造的大工程人为地模拟缩小而移植到实验室内进行研究，并把在实验室研究的成果再移植到待研究的事物环境中去。比如，有关生命起源的模拟实验就是将史前生命产生的长期过程人为地移植到实验室中而进行研究的。2005 年，经国家科技部鉴定验收的清华大学发明的一种凝石技术，就是模拟岩石的长期地质形成过程、利用各种矿渣等废料造出的人造石，用以代替水泥。可以说，从很小的发明到重大的创造，移植原理的运用无所不在。所谓“联想发明法”“类比发明法”等创造技法，以及 20 世纪 60 年代诞生的“仿生学”等许多科学技术，其本质都是源于移植创造原理的。

案例

蚂蚁在出去寻找食物的时候会时不时地返回蚁巢重新调整导航系统以防迷路。它们不但通过路标来确定方向，还拥有一种名为“路径整合器”的备份系统。该系统会对蚂蚁走过的距离进行测量并通过体内的罗盘不时重新测算蚂蚁所处的位置。因此，蚂蚁即便离开巢穴时走过的路跟迷宫一样，也能找到返回巢穴的直线路径。现在，科学家正在利用这一理念制造更智能的机器人。如果人们从蚂蚁那里学到路径整合及识别路标的知识，就能将其应用到智能机器人身上，这能使机器人在辨别方向上的性能更加可靠（图 3-15）。

图 3-15　蚂蚁寻巢与智能机器人

（资料来源：辽宁省普通高等学校创新创业教育指导委员会. 创造性思维与创新技法［M］. 北京：高等教育出版社，2013）

六、迂回创造原理

创造发明活动并不都是一帆风顺的，在很多情况下人们常常会遇到棘手的难题。这时，创造学一方面鼓励人们开动脑筋、苦苦探索；另一方面又主张灵活运用迂回方法而取得成功。在创造活动中受阻，必要时不妨暂且停止在该问题上的僵持，或转入下一步行动或从事其他活动，带着未知问题继续前进，或者试着改变一下观点、不在该问题上钻牛角尖，而注意下一个或另一个与该问题有关的另一个侧面，待其他问题解决以后，该难题或许就迎刃而解了。这就是创造中的迂回创造原理。比如，为了开发利用核聚变的能源，需要使氢原子与氢原子剧烈撞击，而要产生这种撞击，一般认为需要靠惊人的压力将氢原子封闭在一个小室之中，这是一种非常困难的技术，各国专家为此奋战了近 20 年，均因费时、费钱而未获成功。出乎意料的是，一家小企业依靠迂回创造原理，放弃了对“利用高压封闭小室”的正面进攻，转向迂回到激光技术上，反而获得了成功，这是因为激光可以比较容易地使氢原子发生撞击。

迂回创造有时要处理好“舍”与“取”之间的关系。为了能取得，往往要先舍弃。例如，有一销售员到一小镇推销鱼缸，感兴趣的人寥寥无几。于是，该销售员到花鸟鱼虫市场以低价批发了 500 条小金鱼并全部投放到穿镇而过的水渠中。半天后，一条消息传遍小镇：渠中出现了漂亮的小金鱼。于是，人们争先恐后地来到渠边，许多人跳入渠中寻找、捕捉小金鱼。捕到小金鱼的人随即便兴高采烈地去买鱼缸，那些还没有捕到小金鱼的人也去抢购鱼缸，因为他们认为，既然渠里有小金鱼，即便今天未捕到，但总有一天会捕到小金鱼的，买个鱼缸早晚总有用处。就这样，虽然销售员一次次地抬高鱼缸价格，但他带来的千余个鱼缸还是被人们抢购一空。

人们常说“欲速则不达”，其中就包含着迂回创造原理的成分。由于创造活动均具有新颖性特点，因而创造活动经常不被人理解而难以得到支持，使创造活动处于困境。这时，创造者应当善于在困难中迂回，在不能直接达到目的条件下可适当进行“战略转移”，甚至“战略撤退”，即为了最终能朝既定目标前进，必要时可沿着相反方向走一段路，以便在迂回中发现并发挥自己的优势，创造有利条件继续前进，从而逐步接近目标，获得创造的成功。

七、完满创造原理

完满创造原理是“完满充分利用创造原理”的简称。在我国企业界广泛开展的“合理化建议”运动中，有不少发明和革新成果与完满创造原理有关。

人们总是希望能在时间和空间上充分而完满地利用某一事物或产品的一切属性。由此而论，凡是在理论上看来未被充分利用的物品或场合，都可以成为人们创造的目标，这是提出完满创造原理的主要依据。创造学中的缺点列举法、缺点逆用法、希望点列举法、奥斯本“检核表法”中的若干内容，以及“利用率分析法”“关键度分析法”等多种创造技法，都可以追溯到完满创造原理。

一般说来，创造发明的最终目标都离不开满足人们的需要或对人类有用处，就是说，人们对于创造发明成果应尽量从中索取最多和最大的用处，即以最少的资源和成本满足人们最大的需求。一般人都承认，对于人们最有用的创造发明才是最好的创造发明，而最好的创造发明则应该是最合理的创造发明，由此而论，最合理的创造发明即应该最大限度地符合完满创造原理。实际上，在现实生活中人们对于大多数创造发明产品的利用率都是非常低的，因此只要对现存事物和产品做充分利用率的分析，一般总能找到未被充分或未被完满利用之处，这些不尽如人意之处就是创造发明的方向，而针对这些不足之处进行设计，就能提高利用率，从而产生创造发明。利用完满创造原理对一个事物或产品进行分析，可以从整体和部分两个层面进行。

（一）整体完满充分利用分析

整体完满充分利用分析，是指对一个事物或产品的整体利用率进行分析，了解该事物或产品是否在时间上和空间上均被充分利用了。从时间上来说，理想的情况是一个事物或产品最好时时都被利用，虽然实际上难以做到，但只要能再多做一点就可能是一种创造。比如床，床的主要功能是供人睡觉，而人不可能 24 小时都睡觉，一般人只有 1/3 的时间是在床上度过（即 8 小时睡眠）的，可见床的时间利用率实际只有 30% 左右。就是说，一般情况下人 70% 的时间是不需要床的，由此人们便发明了一种折叠床，让它在 70% 时间作沙发用或不再使用，既节约了空间又充分利用了床（沙发）。此外，像饭桌、酒柜、写字台等物品的时间利用率也很低。针对这种情况，一位家具设计师花了 8 年时间，从整体充分利用空间考虑，设计了一套装饰全新的住宅，只需轻轻按一下电钮，床便会从天花板上徐徐落下，地板上则会冒出茶几，顷刻间厅堂就变成了卧室；如果再按一下电钮，饭桌即刻变为酒柜、双层床又变成了写字台。该项创造性设计无形中使人们的居室面积扩大了一倍。现在有一些宾馆、饭店，为了提高房屋利用率而把会议厅、餐厅、舞厅等合并为一厅，叫作“多功能厅”，在不同时间分别使用它们，从而提高了利用率。

农贸市场的功能主要是供农产品交换之用，然而有的农贸市场只是上午繁忙，下午和晚上偌大的市场却空空如也、未被利用。进一步分析表明，即使是在上午，该市场也并非所有的空间都被充分利用了。可见，该市场的利用潜力极大。对于物品利用率分析的结果同样表明，人们对许多物品的利用率也不高。例如，冬天穿的衣服夏天不能穿，甚至连春天和秋天也穿不着；夏天用的风扇冬天不能用，即使是在夏天也并非天天使用；等等。这其中都有许多尚待人们去进行创造的问题。

从表面看来，人们一直是在使用整个的产品或事物，其实人们只是在很短的时间内使用该产品或事物的某些属性。由于一个事物或产品的属性是很多的，因此人们在使用它的某种或某几种属性（有时连其中一种属性也未充分利用）时，常常忘了使用其他的属性。完满创造原理可以引导人们对于一个产品或事物的整体属性加以系统分析，从时间和空间角度检查已被使用的属性是否利用充分和还有哪些属性可以再被利用。创造学中常见的“列出某某事物尽可能多的用途”的发散性思维练习，就是基于对事物属性全面利用的一种努力。

推而广之，如果全面分析并仔细列出一个单位或一个地区的各种已被利用的属性（优势）和未被利用的属性（劣势），那么就可以引申出改变该单位或地区的最佳方案（如人们常说的“发挥优势”“挖掘潜力”等）。

（二）部分完满充分利用分析

一个事物或产品的整体充分利用，是以其各个组成部分的被充分利用为前提的。每一个事物或产品都可以按一定的层次分解为若干部分，因此，人们便可以在分解之后对其各个部分进行完满充分利用分析。只有在其各个部分的利用率大致相当的情况下，才能尽量保证整体被充分利用。也就是说，从理想情况看，一个事物或产品整体的各个部分的利用，如消耗、磨损或老化等应该是同步的。比如，鞋子可以分解为鞋底和鞋帮，在使用中鞋底和鞋帮的磨损程度不一样，一般鞋底更容易磨损。为此人们可采取提高鞋底质量或能及时更换鞋底，甚至采用降低鞋帮质量的方式以保证鞋子整体的充分利用。此外，一种关于衣服的实用新型专利已在 2005 年问世，其特点是衣袖、领口可以拆换。这不仅可减少洗衣次数、延长使用寿命，而且可以根据各人审美需求更换不同颜色和款式的领口和衣袖。

由此可见，利用完满创造原理分析现有各类事物的利用情况，可以极大限度提高一个人的创造性。一个单位所谓经营管理的好坏，实际上是指该单位经营者是否最大限度地利用了所有可被利用的财力、物力和人力资源，尤其是被人忽视的废物资源。其实，根据完满创造原理，一般所称的废物其实是未被充分利用的宝贝，垃圾可以用来发电；饭店倾倒的地沟油可以做成生物柴油；德国柏林一家飞船制造厂废弃后，有人想方设法将其改造成一个“热带雨林”景观；等等。据有关资料统计，我国现在每年仅废弃的农作物秸秆、林业弃置物即达 10 亿吨，相当于 1 亿吨燃料汽油。如果就其中任何一项进行开发，其产生的能源价值都相当于再造一个大庆。所以，只有最大程度“变废为宝”“循环经济”才能得到发展，“节约型社会”才会更快地形成。

由于所有的产品、制度、规划等都不可能是完满无缺的，都需要人们不断地改变、完善和充实，这就为人们提供了长久的创造空间，即创造是永无止境的。

八、群体创造原理

人类早期的发明创造大多是依靠个人智慧完成的，直到 19 世纪末人们才开始关注群体创造的威力。从 19 世纪末到 20 世纪初，如汽车、飞机这类交叉学科创造产物的出现，使人们更加体会到群体在创造中的力量。到 20 世纪中期，人类社会又出现了全科学及科学与技术总交叉的产物——人造卫星、宇宙飞船、空间实验室及海底居住实验室等。显然，这类发明创造是任何个人都难以胜任的。现代的各种伟大创造已经离不开群体的力量（尤其是具有不同知识和能力结构人员之间协作的群体力量）。比如，20 世纪 70 年代建立在奥地利的国际应用系统分析研究所中就有来自 28 个国家的研究骨干 153 人。其中，系统分析专家10人，工程技术专家15人，物理学家14人，数学家16人，计算机专家15人，运筹学专家11人，经济学专家31人，社会学专家12人，生态环境专家14人，生物学专家15人。这个群体在探索国际上棘手的环保、人口、能源、生态、城市等问题方面作出了卓越贡献。

随着科学技术的不断进步，个人在发明创造中如果离开了群体，必将会遇到巨大困难，甚至一事无成。由个人完成重大发明的时代已经一去不复返了。这些高水平的创造发明都是由庞大的知识群体完成的。此外，人与人在一起形成研究群体，彼此间往往会相互影响、相互激励、相互促进，经常在一起商讨和研究问题对于创造发明是很有益的。一个人如果与创造性人才经常在一起，那么他自己就会更富有创造性。利用人才“共生效应”来提高自己的创造能力，正是群体创造原理的具体应用。

但是，群体创造原理并不意味着一个研究课题组越大就越好。恰恰相反，研究表明，课题组最好是控制在尽量小的规模上，这样做有利于发挥课题组每个人的才能，人数过多往往会使一些人处于从属和被动地位而降低其创造效率。可见，这里也存在最佳群体数量和结构的问题。

九、创新原则

通过各种创造技法的实施，人们的头脑中最终就会形成一个新颖的构思（即成果），这时就应该有意识地进行酝酿、判断和改进，为通向最终的发明成果做出努力。为此，下面一些原则在创造发明中必须加以考虑。

（一）遵守科学原理原则

创新必须遵循科学技术原理，不得有违科学发展规律。因为任何违背科学技术原理的创新都是不能获得成功的。比如，近百年来许多才思卓越的人耗费心思，力图发明一种既不消耗任何能量、又可源源不断对外做功的“永动机”。但无论他们的构思如何巧妙，结果都逃不出失败的命运。其原因在于他们的创新违背了“能量守恒”的科学原理。为了使创新活动取得成功，在进行创新构思时，必须做到以下几点。

1. 对发明创造设想进行科学原理相容性检查

创新的设想在转化为成果之前，应该先进行科学原理相容性检查。如果关于某一创新问题的初步设想，与人们已经发现并获实践检查证明的科学原理不相容，则不会获得最后的创新成果。因此，与科学原理是否相容，是检查创新设想有无生命力的根本条件。

2. 对发明创新设想进行技术方法可行性检查

任何事物都不能离开现有条件的制约。在设想变为成果时，还必须进行技术方法可行性检查。如果设想所需要的条件超过现有技术方法可行性范围，则在目前该设想还只能是一种空想。

3. 对创新设想进行功能方案合理性检查

任何创新的设想，在功能上都有所创新或有所增强。但一项设想的功能体系是否合理关系到该设想是否具有推广应用的价值。因此，必须对其合理性进行检查。

（二）市场评价原则

为什么有的新产品登上商店柜台却渐渐销声匿迹了呢？创新设想要获得最后的成功，

必须经受市场的严峻考验。能销售出去就证明了它的实用性，而实用性就是成功。创新设想经受市场考验，实现商品化和市场化要按市场评价的原则来分析。其评价通常是从市场寿命观、市场定位观、市场特色观、市场容量观、市场价格观和市场风险观六个方面入手，考察创新对象的商品化和市场化的发展前景，而最基本的要点则是考察该创新的使用价值是否大于它的销售价格，也就是要看它的性能、价格是否优良。但在现实中，要估计一种新产品的生产成本和销售价格不难，而要估计一种新发明的使用价值和潜在意义则很难。这需要在市场评价时把握评价事物使用性能最基本的几个方面，即解决问题的迫切程度；功能结构的优化程度；使用操作的可靠程度；维修保养的方便程度；美化生活的美学程度，然后在此基础上得出最终结论。

（三）相对较优原则

创新不可盲目追求最优、最佳、最美、最先进。创新产物不可能十全十美。在创新过程中，利用创造原理和方法，获得许多创新设想，它们各有千秋，这时就需要人们按相对较优原则，对设想进行判断选择。

1. 从创新技术先进性上进行分析比较

可从创新设想或成果的技术先进性上进行分析比较，尤其是应将创新设想同解决同样问题的已有技术手段进行比较，看谁更领先，更超前。

2. 从创新经济合理性上进行比较选择

经济的合理性也是评价、判断一项创新成果的重要因素，所以要对各种设想的可能经济情况进行比较，看谁更合理、更节省。

3. 从创新整体效果性上进行比较选择

技术和经济应该相互支持、相互促进，它们的协调统一构成事物的整体效果性。任何创新的设想和成果，其使用价值和创新水平主要是通过它的整体效果体现出来的。因此，要对它们的整体效果进行比较，看谁更全面、更优秀。

（四）机理简单原则

创新只要效果好，机理越简单越好。在现有科学水平和技术条件下，如不限制实现创新方式和手段的复杂性，所付出的代价可能远远超出合理程度，使得创新的设想或结果毫无使用价值。在科技竞争日趋激烈的今天，结构复杂、功能冗余、使用烦琐已成为技术不成熟的标志。因此，在创新的过程中，要始终贯彻机理简单原则。为使创新的设想或结果更符合机理简单的原则，可进行如下检查。

（1）新事物所依据的原理是否重叠，是否超出应有范围。任何复杂的事物都能够拆解为最简单最细小的部件，将其拆解之后，要看一下这些小部件所依据的原理是否有重叠之处，若有两个小部件的原理完全一直到，择其一取之即可。

（2）新事物所拥有的结构是否复杂，是否超出应有程度。新事物的结构设计尽可能不那么复杂，以更便于人们使用。一般情况下，新事物的结构越复杂，就越容易被损坏。

（3）新事物所具备的功能是否冗余，是否超出应有数量。一般情况下，新事物所具备的功能越多，用户使用起来越困难。如何将复杂的功能简单化是挖掘该新事物的核心创新思路。

（五）构思独特原则

我国古代军事家孙子在其名著《孙子兵法·势篇》中指出："凡战者，以正合，以奇胜。故善出奇者，无穷如天地，不竭如江河。"所谓"出奇"，就是"思维超常"和"构思独特"。创新贵在独特，创新也需要独特。在创新活动中，关于创新对象的构思是否独特，可以从以下几个方面来考察。

（1）创新构思的新颖性。主要表现在创新活动的结果上，是全新的结果，还是局部的革新，还是对原有产品的重新设计等。

（2）创新构思的开创性。构思的内容所涉及的领域是否是全新的，或构思的方向、切入点是全新的。

（3）创新构思的特色性。创新的对象是否显著区别于其他事物的风格和形式。

（六）不轻易否定，不简单比较原则

不轻易否定，不简单比较原则是指在分析评判各种产品创新方案时应注意避免轻易否定的倾向。在飞机发明之前，科学界曾从理论上进行了否定的论证。过去也曾有权威人士断言，无线电波不可能沿着地球曲面传播，无法成为通信手段。显然，这些结论都是错误的，这些不恰当的否定之所以出现是由于人们运用了错误的理论，而更多的不应该出现的错误否定，是由于人们的主观武断，给某项发明规定了若干用常规思维分析证明无法达到的技术细节的结果。在避免轻易否定倾向的同时，还要注意不要随意在两个事物之间进行简单比较。不同的创新，包括非常相近的创新，原则上不能以简单的方式比较其优势。不同创新不能简单比较的原则，带来了相关技术在市场上的优势互补，形成了共存共荣的局面。创新的广泛性和普遍性都源于创新具有的相容性。如市场上常见的钢笔、铅笔就互不排斥，即使都是铅笔，也有普通木质的铅笔和金属或塑料杆的自动铅笔之分，它们之间也不存在排斥的问题。总之，我们应在尽量避免盲目地、过高地估计自己的设想的同时，也要注意珍惜别人的创意和构想。简单的否定与批评是容易的，难得的却是闪烁着希望的创新构想。

第三节　创造发明技法

人们最终欣赏的总是创造成果。如前所述，创造成果的取得与一个人的创造性密切相关，而主动利用各类创造原理来指导创造技法的实施，则又是创造性表现的重要内容。然而，如果按照行为创造学中关于创造技法的标准，即一个完善的创造技法必须具有理论性、可思维性、可操作性和排他性，那么现有能同时符合这四条标准的技法就很少了。为此，以下将介绍一些尽可能符合上述标准的常见的创造技法，这些创造技法因所包含的创造原理较明显而在实践中容易使用从而有其成功的一面，但也存在若干不够完善之处，因此人们应以创造的态度来对待和学习这些创造技法。

一、智力激励法

智力激励法（Brain Storming）简称 BS 法，即头脑风暴，也译作"头脑风暴法"或

"智暴法"。它是由创造学的奠基人、美国学者奥斯本于1939年创立的。该方法最初只用于广告的创造设计，后来很快又在技术革新、管理程序，以及对社会问题的处理、预测、规划等许多领域得到了广泛应用。智力激励法是一种能够提出许多创造性设想的有效方法。智力激励法的做法大致可分为准备和召开小型会议两步。

（一）准备

智力激励法是以召开小型专题讨论会的方式进行的，因此在会前应先确定好所要攻克的目标，并将其事先通知与会者。如果要解决的问题涉及面太广、包含的因素太多，则宜先行分解，把大问题分解为若干小问题，然后逐个对每一小问题分别采用智力激励法。

目标确立以后，还要物色好会议的主持人。对于主持人，除要求他必须熟悉该技法以外，还要求他能够在具体情境中适当启发和引导与会者，并能与其共同、平等地分析和对待问题。

（二）召开小型会议

小型会议的与会者以5～10人为宜，人多了很难使与会者充分发表意见。如果一定需要更多的人参加，则可分别进行几个会。会议除主持人外，可另设1～2名记录员（现在可使用录音或摄像技术）。选择与会成员时，应适当考虑其专业知识结构，除保证大多数人熟悉该问题或熟悉与该问题有关的问题以外，还可适当吸取相近专业人员乃至外行参加。这样做，既能保证所提设想的深度，又利于突破专业习惯思路的束缚，可得到独创性较高的设想。

会议时间为半小时到一小时。由主持人宣布议题后，即可启发、鼓励大家提出设想。会议进行一般应遵守下列原则：

1. 会议气氛自由奔放——解放思想是会议的精髓

会议提倡随便思考、自由畅谈、任意想象、尽量发挥、互相激励。想法越新奇越好，因为有时看上去很荒唐的设想却可能很有价值。所以，与会者要善于从多种角度甚至反常角度考虑问题，要暂时抛开头脑中已有的各种准则规定、条条框框，甚至还可故意进行一些违背传统逻辑和一般常识的大胆思考。

2. 严禁批判

在会议上对别人提出的任何想法，都不得批评、阻拦。即使自己认为是幼稚的、错误的，甚至荒诞离奇的设想，也不宜予以驳斥，同时也不允许自我批判。要真正做到这一点，就要确实在心理上调动每一个与会者的积极性，就要彻底防止出现一些扼杀语句和自我扼杀语句，诸如："这根本行不通！""你的想法太陈旧了！""道理上也许行，但实际上行吗？""这是不可能的！""这不符合××定律！""我提一个不成熟的看法！""我有一个不一定行得通的想法！"等，都不允许在会议上出现。只有这样做，才能保证与会者在充分放松的心境下、在别人所提设想的激励下，集中全部精力、开动脑筋，充分地拓展思路以形成新颖的设想。还应指出，在智力激励法的会议上，也不宜进行肯定判断，因为恭维的话有时反而会使其他与会者产生一种被冷落感，从而妨碍其创造性的发挥，而且这样做也容易使人产生一种"已找到圆满答案而不值得再深思下去"的感觉。

3. 以谋求设想数量为主

在智力激励法的实施会议上，鼓励和强调与会者提设想，越多越好，会议以谋取设想数量为主要目标。很多事实表明，高质量的设想往往在后期产生，而且在同一期限内一个能比别人多提出两倍设想的人，其中有实用价值的设想最终可能比别人要高 10 倍。可见，只有设想数量多了，其中好的设想才会更多。

4. 善于用别人的想法开拓自己的思路

召开智力激励法小型会议的主旨是创设一种与会者相互激励的情境，与会者在这种氛围中善于向别人学习、接受启迪，正是“激励”之关键所在。每个与会者均以他人的设想激励自己，或补充他人的设想，或将他人的若干设想加以综合后提出自己新的设想等。总之，要充分利用别人的设想诱发自己的创造性思维，使所有的与会者均可相互诱导、相互启发、相互激励，从而促使提出的设想数量在有限的会议时间内尽量增加。

为了保证上述原则的实施，一般还应对智力激励法会议做一些组织上的规定。比如，与会者不论职位高低、不论权威新手、不论资历深浅、不论内行外行等，都应一律平等相待；记录员必须对所有设想都进行记录，不允许有所选择和倾向；一般不允许与会者私下交谈，以免干扰他人的思维活动；等等。

智力激励法会议严禁批判的做法只是暂时的。会议结束后，人们总是要对众多设想进行评议、分类和选择，并从中找出最有可能实施的设想。但是，在会议进行之中则必须严禁批判，只有这样做，才能使人们充分发挥想象力，排除各种因素的干扰，以获得心理安全和心理自由，不必担心会被人讥讽为疯子、狂人而框住自己的思路。例如，有一次用智力激励法讨论如何改进饭碗时，很多人都提出了设想。后来，一位平时不做家务的人在别人激励下终于也提出了一种“最好能生产一种不用清洗的碗以免除家务劳动”的设想。后来经过筛选，发现这种“不用清洗的碗”也是一种社会需要，如在缺水地区、旅游途中、野外勘测等环境中就很有意义。通过他的研究，一种用多层纸压成、每次吃完饭只需撕去一层的“不用洗的碗”便问世了。

智力激励法是一种有助于集思广益的集体思考方法。当一个人独自思考一件事或一个问题时，其思路常被限制在一定范围内而受阻，如果有几个人同时对问题进行思考，各人都以自己的知识经验从各自不同角度认识同一问题，就会有利于互相激励、引出联想，从而产生共振和连锁反应，诱发出更多的设想。该创造技法问世以后，应用比较广泛。一些高校为提高工业设计专业学生的创造能力，曾专门开设了智力激励法课程。一些大企业也纷纷通过举办训练班大力推广和应用该技法。我国一些工厂运用该技法以后，也收到了若干效果。

在智力激励法的基础上，人们又根据具体情况对其形式做了多种多样的发展，其中最常见的是默写式智力激励法。默写式智力激励法，又称“635”法。按照这一方法，每次会议有 6 人参加，每人首先备有一张卡片，会议要求每人于 5 分钟内在各自的卡片上写出自己的 3 个设想（故名“635”法），然后将卡片传给自己的右邻。每人接到左邻的卡片后，在第二个 5 分钟内参考别人所写的设想后再在其下写出 3 个设想，然后再次把自己填写的卡片传给右邻……如此多次传递，共传 6 次，半小时即进行完毕，理论上可产生 108 个设想。

不论是智力激励法还是其衍生出的“635”法，由于在时间安排上做了限制，可使人

在紧张的气氛中处于高度兴奋状态，通过相互激励而扩大、增多创造性设想，因而它是一个重要的也是基本的创造技法。

然而，现在创造学界也有一些人认为智力激励法尚存在不少局限之处。比如，有的学者认为，智力激励法对于一些具体的、窄而专的科技问题基本无效，因为在运用该技法时非专家对于这些领域了解太少，所以无法提出相关设想来，如非电子学专业的专家就不太可能提出有关可控硅快速放大问题的设想。因此，有人认为智力激励法应当主要用于开发新产品、扩大产品用途和改进广告设计等方面。

从行为创造学角度分析，智力激励法由于以产生众多创造性设想为目的，应归入创造性思维方法，而不宜放入创造技法中。创造技法所产生的结果叫作方案，而方案是在设想筛选之后产生的，因此设想并不等于方案。创造性思维的方法与创造技法是属于不同范畴的两个概念。

小鸡过马路的难题

马路对面的草丛里有很多美味的虫子，但现在马路被太阳晒得很烫，还有很多汽车来来往往，可是虫子真好吃……你是一只聪明的小鸡，快说说有什么好办法。

(1) 搭过街天桥。

(2) 挖地下隧道。

(3) 爬到树上，扑腾过去。

(4) 借助树枝，弹射过去。

(5) 请燕子姐姐背过去。

(6) 打的。

(7) 另修一条路，让车子走那边，再来解决路面发烫的问题，比如穿轮滑鞋。

(8) 用栏杆，红绿灯，挡住车，铺上沙，安安全全过马路。

(9) 等到天黑，没车时。

(10) 沿路走到路的尽头，绕过去。

(11) 在马路这边种草，把虫引过来。

(12) 用吸尘器管子伸过去吸。

(13) 像钓鱼一样钓虫子。

(14) 自己养殖虫子。

(15) 把马路像地毯一样卷起来。

(16) 让大水淹没马路，自己坐船。

(17) 在网上订购。

(18) 制造塞车，从车轮底下过去。

(19) 念咒语，让虫子自己飞到嘴里。

(20) 把路买下来，向别的从这里过马路的小鸡收税，每次一条虫子。

(21) 荡秋千，用柳树枝荡过去。

(22) 乘滑翔伞，乘热气球，乘宇宙飞船。

(23) 修建索道，滑过去。

(24) 用马戏团的美人大炮把自己打过去。

(25) 路面封冻，车也不出来了，自己过去。

(26) 像奥特曼一样变大，一步跨过去。

(27) 缠着妈妈买虫子。

(28) 让别的小鸡拿虫子做智力题打赌，从中间抽成。

(29) 让小鸡们把虫子存放在自己这里，想吃的时候可以随时借，下次加倍还。

(30) 号称研发了更美味的虫子，让小鸡们拿手里的虫子交换未来享用的权利。

(31) 号称有比现在的虫子美味100倍的虫子的养殖配方，然后卖给楼上的小鸡。

(32) 把楼上这条信息，卖给吃腻了虫子的小鸡。

(33) 把以上方法编成培训讲义。

(34) 让每个想吃美味虫子的小鸡来接受培训。

(35) 让每个来接受培训的小鸡交一条虫子完成作业。

(36) 想出新办法的免交虫子，老师认可后还奖励一条。

……

(资料来源：辽宁省普通高等学校创新创业教育指导委员会．创造性思维与创新技法 [M]．北京：高等教育出版社，2013)

在这样一个趣味性的例子中，相信你还能提出很多设想，这些设想可能需要凭借自身实力实现，可能需要借用周围的资源协作实现，可能需要突破现有的规则约束实现，也有可能需要改变事情的性质来实现。

小鸡过马路难题解决的过程遵循了头脑风暴法的“延迟判断”“数量、产生、质量”两大基本原则，消除了群体或权威对个人的压力。它对任何一个人提出的任何新观念，先不做批评和挑剔，只能加以鼓励。这样，每个人都能不受拘束地抛出尽可能多的新观念。而且也能多方面地从别人的观念中得到启发。只是到最后才对这些观念进行选择和评论。这种智力激励法能在相同时间内比个人独自思考产生多几倍的新观念。

二、设问法

设问法，就是通过提问的形式去发现事物的症结所在，继而进行发明创造的一类技法。设问法的种类较多，最有代表性的就是奥斯本的“检核表法”。

检核表法，是针对创造的目标（或需要发明的对象）从多方面用一览表形式列出一系列思考问题，然后逐个加以讨论、分析和判断，从而获得解决问题的方案或设想。一般所说的奥斯本的检核表法，多是从以下九个方面的提问进行检核的。

(1) 现有发明成果有无其他更多的用途？或稍加改变后有无别的用途？

奥斯本认为，创造有两种类型：一种是先确定目标，然后对准目标去寻找方法；另一种是首先发现一种事实，然后想象该事实会有什么作用，即从方法着手引向目的。这一条检核内容是符合后一种创造类型的。比如，电熨斗还有什么用途呢？人们可以想象它尽可能多的用途，后来有人发现可以用它烙饼，于是将外形稍加改变就发明了一种新的烙饼器。此外，有人把理发用的电吹风用于烘干被褥，从而发明了一种新型的被褥烘干机。可见，找到一个老事物的新用途，其实价值不亚于发明一个新产品。

总之，这一设问要求人们对现有物品的固定功能进行怀疑或遐想，只要破除“功能固定”论，就有可能产生新的创造。

（2）过去有无类似的东西？有什么东西可供模仿？能否在现有发明中引入其他创造性设想？

这个提问有助于使某一发明向广度和深度发展，以形成系列发明产品。例如，从普通火柴到磁性火柴、保险火柴等，都是引入了其他领域的发明才形成的袖珍取火手段的系列产品。泌尿科医生引入微爆破技术消除肾结石，也是借用了其他领域的发明。山西一位建筑工人借用能够烧穿钢板的电弧机烧穿水泥板，打洞又快又好，后经改进终于发明了水泥电弧切割机。

（3）现有发明能否改变形状、颜色、声音、味道或制造方法？

从这些方面提出问题，往往会产生意想不到的发明创造。例如，将蜡烛的形状变为球形，放在玻璃杯中点火非常好看；将音箱做成十二面体足球形状一问世就深受欢迎；2004年，南京一位农民开发出方形、心形等特殊形状的西瓜，售价提高了2～4倍；一位制镜商将平面镜的形状改变成多种曲面，制成了哈哈镜；最近出现的蓝色茄子、黑色土豆、红色香蕉等蔬菜水果，虽然仅仅是颜色的改变，也都因产生了创造发明效应而受到消费者的青睐。

（4）现有东西能否扩大使用范围、增加功能、延长寿命？能否添加部件、增加长度和提高强度？

在自我发问式的技巧中，研究“再多些”和“再少些”这类有关联的成分，可诱发大量构思和设想。比如，在牙膏中掺入某些药物，可使牙膏增加治疗口腔疾病的功效；上海近来出现的“巨无霸”公交车，其身长18 m，可载客180人；河南有人在碗上增加自动播放器，发明的“叮当唱歌碗”亦深受孩子欢迎。

（5）能否将现有的东西缩小体积、减轻重量？能否省略一些部件？能否进一步细分？

目前，许多产品都出现了由大变小、由重变轻的趋势，其结构也在不减少功能的基础上力求简化，出现了许多小型、微型机器。

例如，袖珍收录机、微型计算机、折叠伞等，都是以缩小体积为目标进行发明的产物；有的造纸厂把大捆的手纸改为小包装，有些药店尝试把药品拆零出售，这些“缩小”也打开了产品销路；用微型吸尘器做成的黑板擦也是一种缩小创造。我国王军制作的二胡，其长度只有4.7 cm，为世界上最小的二胡。随着纳米技术的发展，超小型产品亦成为创造的重要方向，我国有关人员研制出的纳米电缆，其直径只有头发丝的4%。

（6）能否用其他产品、材料或生产工艺、加工方法替代原有的产品或发明？

世界上某些资源相当紧缺或是其成本昂贵而不易得到，于是人们不得不寻找其他代用品，这也是一种创造发明。例如，人造大理石、人造丝等。此外，还有用汽车中的液压传动代替齿轮、用充氩气办法代替电灯泡中抽真空等。通过取代和替换途径，可为想象提供广阔的探索领域。

（7）能否将现有的发明更换一下型号或更换一下顺序？

重新安排、更换位置通常也会带来许多创造性设想。例如，在飞机诞生初期，螺旋桨均安装在头部，后来有人尝试把它安装到了飞机顶部，遂发明了直升机；原来的汽车喇叭按钮大多装在方向盘的轴心上，每次按喇叭时总要把手向上移动到轴心处，既不方便又容易发生交通事故，后来有人把喇叭按钮改装在方向盘的下半圆上，只要轻按一下该半圆上的任何一处，喇叭就响了；另外，工作时间上的重新调整、城镇建设的合理布局等也都有可能导致更好的创新结果。

(8) 能否将现有的产品、发明或工艺方法颠倒一下？

上下颠倒、内外颠倒、正反颠倒等都可能产生新的效果。例如，大炮一般是向上发射的，反过来发射行不行呢？发明的“大炮打桩机”，就是用 165 mm 口径的大炮向地下发射“炮弹”(即钢桩)，每炮可入地 2.5 m，极大幅度地提高了打桩的工作效率。

(9) 可否将几种发明或产品组合在一起？

组合通常被认为是创造的动力源泉。如将几种部件组合在一起变成组合机床，把几种金属组合在一起变成性能不同的合金，把几种材料组合成复合材料等。

使用奥斯本检核表法解决一个技术问题，通常可从几个提问中同时受到启发，经过综合后往往可形成最佳方案。

一般创造学认为，奥斯本的检核表法几乎适用于所有类型和场合的创造活动，因此享有“创造技法之母”的盛名。正因为它是“母”，奥斯本的检核表法就不宜再称为创造技法而应该上升到创造原理高度，从它所包含的九个方面内容考察，其中大多数均属于创造原理范畴。正因为如此，有人才根据奥斯本检核表创造技法的原理并结合一些具体情况制定了各种各样的“检核表”。

案 例

老式的幻灯机是已经被淘汰的产品，可以通过检核表法使其重获新生。下面以幻灯机的创新这个典型实例来说明奥斯本检核表法的应用（表 3-1）。

表 3-1 幻灯机创新检核表

序号	检核项目	新设想名称	新设想说明
1	有无其他用途	服装裁剪幻灯机	把该幻灯吊在裁剪桌的上方，把各型号服装的最佳排料图拍成幻灯片，装入幻灯机内，遥控选定后投影到布料上，用激光刀裁剪
2	能否借用	吸顶式动景幻灯机	借用吊扇原理，使画面随电机转动而活动，投向地面的彩色图案可动、可静
3	能否改变	带状幻灯机	把幻灯片用塑料薄膜制成电影胶卷那样的带状，以便于遥控操作，增加容量，降低成本
4	能否扩大	巨幅广告幻灯机	用巨幅广告幻灯机取代原有的大楼美化灯，既可以改变色彩和图案，又有广告效应
5	能否缩小	儿童玩具幻灯机	用干电池供电，可在黑暗中向墙上投射出各种彩色图案，用于儿童识字，增加知识
6	能否替代	塑料简易幻灯机	把幻灯机外壳用深色塑料取代原有金属外壳，降低重量和成本，可做成手提式或折叠式
7	能否调整	半透明幕布幻灯机	把幻灯片投在半透明幕布的背面，让观众在幕布的另一侧观看。观众走动不会影响光线的投射，也不会误碰投影机

续表

序号	检核项目	新设想名称	新设想说明
8	能否颠倒	投影光刻机	集成电路制造中使用的光刻机与幻灯机相反，把集成电路的图像曝光在硅片上，图像是缩小而不是放大
9	能否组合	壁挂式多功能幻灯机	既是壁灯，又能向对面墙壁投射彩色风景画或其他图像

（资料来源：辽宁省普通高等学校创新创业教育指导委员会．创造性思维与创新技法［M］．北京：高等教育出版社，2013）

三、联想组合法

联想组合法的思维基础是联想思维，它所依据的原理主要是组合创造原理。联想组合法又可简称为组合法。即使是一个最简单的组合创造，如铅笔和橡皮的组合，最初也是离不开两者之间的（相近）联想的。

联想组合可划分为自由联想组合和强制联想组合两大类。由于发明创造大多是针对某一目标、为解决某一问题而进行的创造活动，因而与此相关的强制联想组合在一般发明创造中显得更为重要。因此，以下仅介绍强制联想组合法。

（一）查阅产品样本法

查阅产品样本法是将两个或两个以上的、通常被认为彼此并无关联的产品（或想法）强行联系组合在一起从而产生新颖性方案的一种方法。

按照查阅产品样本法，人们可以翻阅某厂家的产品目录或其他印刷品，随意地将某些项目、某些产品或某些题目逐一挑选出来，并用同样的方法将另一产品目录或印刷品中的某些项目、产品或题目逐个挑选出来，再依次将二者分别进行一一对应的强行组合，以产生出独创性的结果。这时，由于思维随着两件事物的联系而产生，跳跃比较大，因此容易克服经验的束缚而启发人的灵感。比如，深受用户欢迎的保温杯就是将暖水瓶的保温胆与杯子强制联想组合而设计成功的。

在进行强制联想组合时，思想一定要解放，对于强制组合的新产品要从创造性角度认真加以分析，不能被表面看来“不可能组合在一起”的框框所限制。比如，酒和西瓜看上去并无什么关联，它们的组合初看似乎也是不可能的，但若进行强制组合再仔细思考就可能有所突破，一园艺师从这一联想组合出发，就培养出了味道可口的酒味西瓜。为了通过强制联想组合而寻找新的创造目标，某一发明家曾将印有几百个产品、项目、题目的小塑料条装进一个特制的容器内，按下按钮后，容器中的字条被搅拌起来，而停下时，容器的小窗口上可显示出四五个小条上的字。将这些随机出现在小条上的内容进行强制联想组合，也许就会产生一些新的创造念头了。

（二）二元坐标组合法

二元坐标组合法也是一种强制联想组合发明法。它与查阅产品样本法的不同之处在于应将要组合的对象先列成坐标体系，再进行一一对应的强制组合，因而具有系统性和不遗漏性。使用二元坐标组合法的步骤如下（以对日历的创造为例）。

（1）列出有关创造发明目标的元素，如对“日历”这个对象进行进一步创造发明。

（2）任意列出联想组合的元素，其范围可以尽量宽一些。比如，可列出玻璃、扇、气、梯、滑行、日历、清凉、照明、瓶、手摇、管、车、纸、流动、座、三角、笔筒、杯 18 个组合元素，其中日历是要发明的目标元素，其他都是任意所列元素且词性不加限定。

（3）把上述 18 个元素分为相等的两部分，分别排成纵向和横向，然后用组合线强制沟通所有的元素并编制成组合图形，如图 3-16 所示。

（4）进行联想组合和判断，并将判断的结果按图示标记符号标记在图的组合交点处。在结果判断时，要互换两元素的位置，例如，“车”和“手摇”能组成“手摇车”和“车手摇”，后者是无意义的结果，而前者则是已有的发明。

（5）从图中找出有意义的结果。比如，在本例中有意义的结果是照明日历（带光源的日历或夜光日历）、日历扇、日历管、三角日历等（其中的三角日历近来已被申请了中国专利）。此外，这种方法还能产生大量与目标元素不太相关的其他发明创造的构思，如三角笔筒、玻璃座、纸瓶、照明车等。

（6）对有意义的结果进行可行性分析。

由于不同的人列出的联想组合元素不尽相同，如果把若干人所编的这种图表依次互换、取长补短，就可以利用群体创造原理而发挥集体智慧，这种方法又叫作集体应用二元坐标组合法。

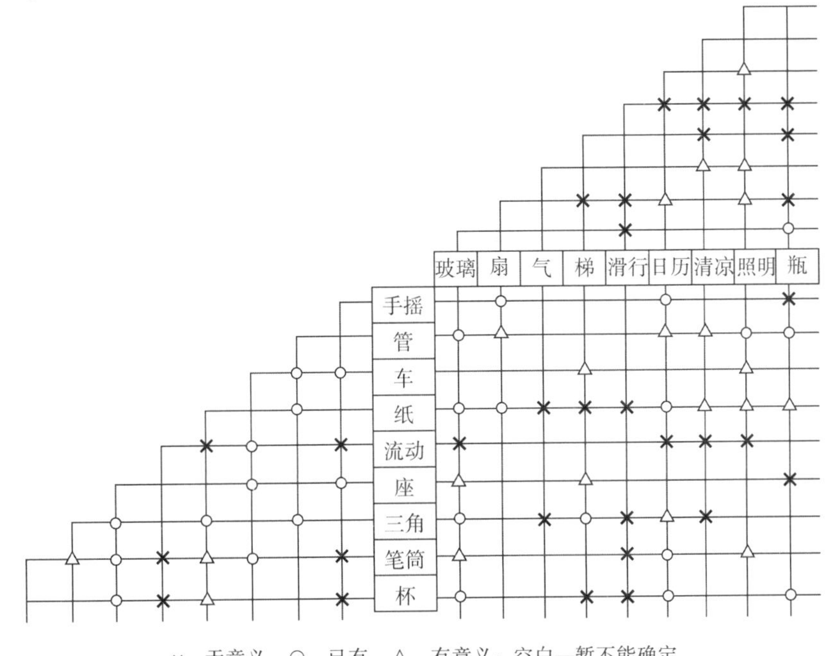

图 3-16　二元坐标组合法图解

（三）焦点组合法

焦点组合法曾叫作焦点联想法，是联想组合法中最突出的一种创造技法。查阅产品样本法所选择出来的创造目标是随意的、无定向的，而人们的发明创造目标大多都是预先确定的，比如，要发明一种新型的打火机，就不能随便地翻阅毫不相关的样品目录。

二元坐标组合法虽然包含创造目标的因素，但产生的结果对于创造目标来说仍不够集中，大量结果虽然可能富有创意，却与已有的目标并不相关。因此，对于创造目标不太明确、不太专一的创造发明而言，前两种方法是很有作用的，而对于已有明确而专一创造目标的发明创造来说，焦点组合法则显得更为优越。

在焦点组合法中，组合的一方是可任意联想的；而另一方则是预先指定的欲创造对象，即所谓的“焦点”。焦点组合法要求创造者紧紧围绕焦点进行强制联想，因此该技法自始至终都紧扣创造的主题。现以生产椅子为例介绍运用焦点组合法的五个步骤。

（1）确定焦点物（即创造发明的具体目标），如要发明新型椅子，则以椅子作为强制联想的焦点。

（2）另外任选一个物品作为参照物进行联想，联想时该参照物可起一个触发物的作用，如可以选取“灯泡”。

（3）用发散性思维分析灯泡并将其结果分别与椅子进行强制联想组合。例如：玻璃灯泡—玻璃做的椅子；球形灯泡—球形椅子；螺口灯泡—螺旋式插入转椅；电灯泡—电动椅；遥控灯—遥控椅；透明的灯泡—透明材料的座椅；发光的灯泡—椅背上带灯可供看书的椅子等。

（4）对于上一步思维发散的结果再次进行联想发散，并将结果再次与椅子进行强制组合。例如，以选取最后一个“发光”设想为例，其联想之一为：发光—亮—白天—云彩，云彩一样色彩美丽的椅子；云彩之形—云形的椅子；云彩会变色—变色的椅子；浮云—坐上后有悬浮感的椅子等。又如，从第二个“球形”进行联想，其联想之二为：球形—圆形—辐射对称—花，像花样的椅子；花的品种有玫瑰花、百合花—与玫瑰花、百合花外观相似的玫瑰椅、百合椅；花有茎和叶—把椅腿设计成类似花的茎部和叶部形状；花有香味—能散发香味的椅子等。

（5）从上述众多方案中选出有商业价值的设想予以试制。焦点组合法的另一种演变形式是成对特性列举法。它与焦点组合法的区别是，在对任选触发物进行发散性思维的分析以后，还要对焦点物进行发散性分解，然后再把每一个发散性的结果依次与触发物的发散性结果按二元坐标法进行强制联想组合，最后选择出目标方案。如图 3-17 所示，是以香蕉为触发物、以钢笔为焦点物（发明物）进行的成对特性列举法图解。

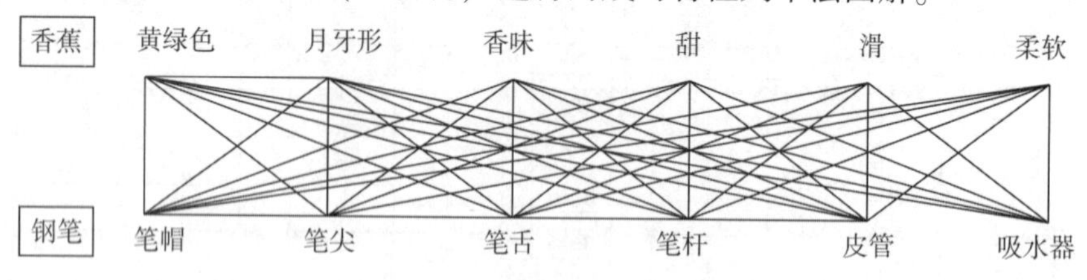

图 3-17　成对特性列举法图解

人们从图 3-17 中可得到诸如月牙形（香蕉形）笔杆、香味笔杆、柔软笔帽、香蕉形笔尖等许多种可能的发明目标。

联想组合创造技法依托于创造性思维的联想思维形式，但它并不停留在思维的结果——设想上，而是进了一步，即对设想做出初步判断，所以它应该是一种创造技法而并不只是简单的一种思维方法。

旅游擦镜布

某眼镜公司的擦镜布滞销，考虑到密如蛛网的地铁交通路线，公司负责人决定将经折叠极易损坏的纸地图加到擦镜布上。这样一来，擦镜布功能倍增，既能擦镜片，又能当交通地图用，又是乘地铁的纪念品。后来，又将各个旅游景点的导游图也印上擦镜布。结果，千姿百态的旅游擦镜布销量特别好且经久不衰。

（资料来源：马学军，徐送宁，关莹，等. 创造学基础［M］. 北京：电子工业出版社，2018）

组合鞋店

鞋帮、鞋底、鞋跟都分着卖，顾客可以随便购买任何一种鞋零件，店员当场按照顾客的意愿制作完成富有个性的鞋。这是上海一位年轻商人为了吸引顾客所开的一家“组合式鞋店”。货架上陈列着16种鞋跟、18种鞋底，鞋面的颜色以黑、白为主，搭配的颜色有80多种，款式有100余种。顾客可以自己挑选最喜欢的各个部分，然后交给鞋店聘用的专业师傅进行组合。前店后坊，只需要等几十分钟，一双称心如意、独一无二的新鞋便可以到手，此举吸引了络绎不绝的顾客前来。

（资料来源：马学军，徐送宁，关莹，等. 创造学基础［M］. 北京：电子工业出版社，2018）

四、类比发明法

类比发明法是指用待发明的创造对象与某一具有共同属性的已知事物进行对照类比，以便从中获得启示而进行创造发明。它所依据的是移植创造原理。比如，为迎接2008年北京奥运会，国家游泳中心选用了“水立方”设计方案，这个看似简单的“方盒子”是由中国传统文化和现代科技共同搭建而成的。在中国文化里，水是一种重要的自然元素，能激发起人们欢乐的情绪。国家游泳中心奥运会后将成为北京最大的水上乐园，所以设计者针对各个年龄层次的人，开发可以提供的各种水上娱乐方式，他们将这种设计理念称作“水立方”。为达到此目的，设计者将水的概念深化，不仅将水作为装饰因素，还利用了其独特的微观结构。基于“泡沫”理论的设计灵感，他们为“方盒子”包裹上了一层建筑外皮，上面布满了酷似水分子结构的几何形状，表面覆盖的ETFE（乙烯-四氟乙烯共聚物）膜又赋予了建筑冰晶状的外貌，使其具有独特的视觉效果，轮廓和外观变得柔和，水的神韵在建筑中得到了完美的体现（图3-18）。

由此可见，类比发明法需要借助于原有的知识，但又不能受原有知识的过分束缚。这一方法要求人们通过创造性联想思维把两个不同的事物联系起来，把陌生的对象与熟悉的对象联系起来，把未知的东西与已知的东西联系起来，异中求同、同中求异，从而设想出新的事物。由于世界上所有事物之间都存在着某种程度上的相似性，因此，类比方法不仅可用于同类事物之间，也可用于不同发展阶段的不同事物之间。所以，世界上一切事物之间都存在应用类比方法的可能性。

图 3-18　水立方

类比发明法的实施步骤大致有以下三个。

（1）选择类比对象。类比对象的选择应以发明创造目标为中心。可以先分析所创造的目标物应该具有什么样的属性特别是关键性属性，再以此为线索去寻找有关的类比对象；亦可先粗略分析已知事物的属性，看其中有哪些属性与所创造的目标物相似，从而择定其为类比的对象。但无论怎样，类比对象都应该是创造者所熟悉的事物。这一步中，联想思维特别是相似联想思维很重要，要善于应用联想把表面上毫不相关的事物联系起来。

（2）将两者进行分析、比较，从中找出关键性共同属性。

（3）在第一、二步基础上进行类比联想、推理、并得出结论。

航天飞机、宇宙飞船、人造卫星等要进入太空持续飞行，就必须摆脱地心引力，这就要求运载它们的火箭必须提供足够大的能量。为了使太空飞行器达到第二宇宙速度，运载火箭就必须提供相当大的推力。因为运载火箭上带有推进剂、发动机等沉重的“包袱”，但如果飞行器自身重量轻，就可大大减少运载火箭身上的重量，也就能使太空飞行器飞得更高、更远。为减轻飞行器的重量，科学家们绞尽脑汁，与太空飞行器“斤斤计较”。可要减轻重量，还要考虑不能减轻其容量与强度。科学家们尝试了许多办法都无济于事，最后，是蜂窝的结构为科学家提供了启示，从而解决了这个难题。经计算得出：消耗最少的材料，制成最大的菱形容器。蜂窝结构特点正是太空飞行器结构所要求的。于是，科学家们在太空飞行器中采用了蜂窝结构，先用金属制成蜂窝外观，然后再用两块金属板把它夹起来，就成了蜂窝结构。这种结构的飞行器容量大，强度高，且大大降低了自重，也不易传导声音和热量。因此，今天的航天飞机、宇宙飞船、人造卫星都采用蜂窝结构，如图 3-19 所示。

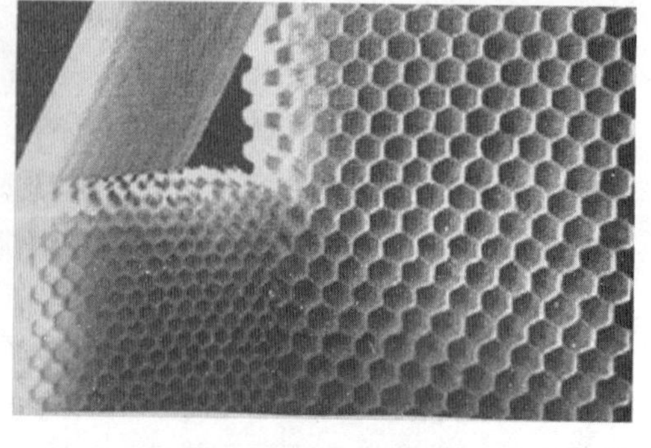

图 3-19　蜂窝结构

类比发明法来自移植创造原理。类比发明法是在两个特定的事物之间进行的，它既不同于从特殊到一般的归纳方法，也不同于从一般到特殊的演绎方法。根据类比的对象和方式，类比法还可以进一步区分为拟人类比、直接类比、反向类比、象征类比、因果类比、对称类比、综合类比等。

图 3-20 中的 B2 轰炸机是综合类比的例子。B2 战略轰炸机，为了降低被监测到的可能性，首先就得考虑它的外形。它的外形似游隼，为了达到隐形的效果，大家对光的反射规律有一定了解，知道改变镜面角度，就可以达成改变光的反射位置的效果，运用曲面镜则是另一种使光偏转的方式。雷达波的反射规律如出一辙。在对 B2 战略轰炸机进行外形设计时，人们就尽可能利用了这一原理，在设计上采用了机翼和机身连成一个整体的设计，垂直尾翼、方向舵等在外形上都被略去，这使 B2 轰炸机外形看起来毫无皱褶，就像一面能使光线反射发生偏转的曲面镜，使雷达信号同样不易按原反射路径发出。

图 3-20　B2 轰炸机

图 3-21 中国家体育场运用的直接类比法，外形似鸟巢。许多看过“鸟巢”设计模型的人这样形容：那是一个用树枝般的钢网把一个可容 10 万人的体育场编织成的一个温馨鸟巢！用来孕育与呵护生命的“巢”，寄托着人类对未来的希望。

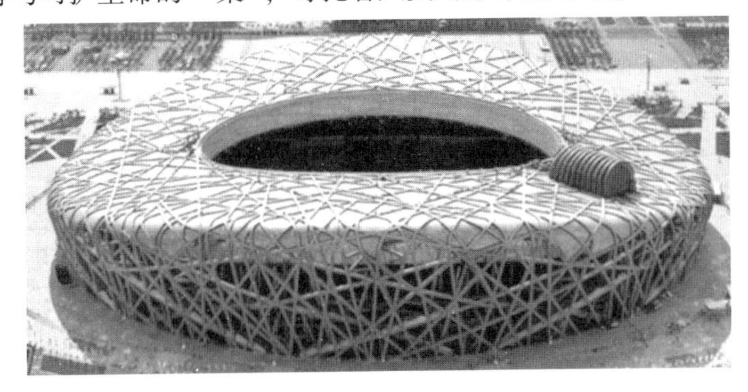

图 3-21　国家体育场

图 3-22 中香港会展中心的设计运用的是直接类比法，独特的飞鸟展翅式形态，给美丽的维多利亚港增添了不少色彩。

图 3-22　香港会展中心

五、列举法

列举法，是以列举的方式把问题展开，用强制性的分析寻找创造发明的目标和途径。列举法的主要作用是帮助人们克服感知不足和因思想被束缚而引起的障碍，迫使人们带着一种新奇感将事物的细节统统列举出来，迫使人们时时处处去想某一熟悉事物的各种缺陷，迫使人们尽量想到所要达到的具体目的和指标。这样做，比较容易捕捉到所需要的目标，从而进行发明创造。

（一）属性列举法

属性列举法一般称为特性列举法，是由美国创造学家克劳福德研究总结出来的一种创造技法。运用该技法时先要对创造发明对象的主要属性进行详细分析（即将属性逐一列出），之后再探讨能否进行改革或创造。一般说来，要着手解决或革新的问题越小，使用这种方法越容易成功。

运用属性列举法的一般步骤如下。

（1）选择一个比较明确的创造发明对象，其对象宜小不宜大，如果较大则应将其分解成若干小一些的对象。对象选定以后，首先要列举出发明或创造对象的属性，一般包括三个方面。名词属性：性质、材料、整体、部分、制造方法等；形容词属性：颜色形状、大小等；动词属性：有关机能和作用的性质，特别是那些使事物具有存在意义的功能。例如，要改革一只烧水用的水壶，人们可按照属性列举法将水壶的属性分别列出。

名词属性：整体，如水壶；部分，如壶嘴壶柄、壶盖壶身、壶底；材料，如铝、铁皮、铜皮、搪瓷等；制造方法，如冲压、焊接。

形容词属性：颜色，如黄色、白色、灰色；体重，如轻、重；形状，如方、圆；等等。

动词属性：装水、烧水、倒水、保温等。

（2）从各个属性出发通过提问诱发出用于革新的新方案。比如，通过名词属性可提出：壶嘴是否太长？壶柄能否改用塑胶？壶盖能否用冲压法以免焊接的麻烦？怎样使焊接处更牢固？除上述材料以外是否还有更廉价的材料？水开后冒出的蒸汽烫手，气孔能否移到别处？有一种鸣笛壶就是通过这一思路改革成功的，这种壶的气孔改设在壶嘴，水烧开后会自动鸣笛，而壶盖上无孔，提壶时不会烫手。当然，如果从形容词属性上下功夫也可能有所创新，如怎样使造型更美观，怎样使壶的体重变轻，在什么情况下、多大型号的壶烧水最合适等。如果在动词属性上多想主意，如怎样倒水更方便，怎样烧水才能节省能源等，同样也可以产生受消费者欢迎的新产品方案。

（二）缺点列举法

缺点列举法是一般创造学中使用最广的创造技法。

人们常常有一种惰性，对于看惯、用惯了的东西往往很难发现其缺点，也很少主动找它的缺点，因此无形中便凑合、将就着维持现状，甚至用“理所当然”“本该如此”等观点对待它，从而使人安于现状、丧失了创造的欲望和机会。

1. 缺点列举法

缺点列举法是指积极地寻找并抓住、有时甚至需要去挖掘（因为有许多缺点是极不明显的），各种事物的不方便、不得劲、不美观、不实用、不省料、不轻巧、不便宜、不安全、不省力等各种缺点、问题或不足之处，从而确定创造发明目标的一种创造技法。

运用缺点列举法没有严格程序，一般可按下列步骤进行。

（1）确定某一改革、革新的对象。

（2）尽量列举这一对象的缺点和不足（可用智力激励法，也可进行广泛的调查研究、对比分析或征求意见）。

（3）将众多的缺点加以归类整理。

（4）针对每一缺点进行分析、改进，或采用缺点逆用法发明出新的产品。

例如，对一双普通的长筒雨靴，可以列出如下一些缺点。

材料方面：鞋面弯折处易开裂，鞋后跟易磨损……

外观方面：颜色单调，样式千篇一律……

功能方面：春寒有雨时穿上冻脚，夏天有雨时穿上闷脚，潮气重容易患脚气，走路不跟脚、袜子容易掉下来……

只要针对上述某一缺点着手进行改进，就可能创造出更好的新产品。比如，有一个叫荒井的人，针对雨靴“夏天穿闷脚、易患脚气”这一缺点在制造方法上加以改进，制成了前后有透气孔的雨靴；还有一个人，针对雨靴“脚后跟容易磨损”这一缺点研究出了一种浇模时在脚后跟部位埋进一种鞋钉的新式雨靴，大大提高了雨靴耐磨损性能。现在市场上的各种颜色的雨靴，就是克服“颜色单调”这一缺点后的创新产品。

缺点列举法简单易行且容易收到效果，很受大中小学生和工厂、企业生产一线工作人员的欢迎。据了解，我国在工厂、企业中普及创造学最容易出成果的创造技法就是缺点列举法。

行为创造学认为，缺点列举法的操作步骤并不很明确，从某种意义上讲人们表面上使用的是缺点列举法，而实际运用的却是完满创造原理。正如下面要介绍的缺点逆用法一样，缺点逆用法实际上只是同时运用了完满创造原理和逆反创造原理而已。

2. 缺点逆用法

所谓缺点逆用法，就是针对对象事物中已经发现的缺点不是采用改掉缺点的做法，而是从反面考虑如何利用这些缺点从而做到“变害为利”。例如，某纤维公司有一次织错了布，布上的绒毛单向倾斜，因而布卖不出去。这时，有人提出：“布的绒毛只向一方倾斜，如果用它来做成刷子不是能刷去衣服上的灰尘吗？”该公司马上派人将其装到刷子上进行试验，效果很好，连衣服纹理深处的灰尘都能刷净。于是，公司将其定名为“礼节刷子”投入市场，很快便成了畅销品，如图3-23（a）所示。后来购买这种“礼节刷子”的人又针对其缺点做了改进，因为只能单方向使用很不方便，如果能使刷子面旋转、改变一下方向就更好了，于是制成了反方向也能用的刷子，它在市场上同样也很畅销，如图3-23（b）所示。之后，又有人再次运用缺点列举法指出，一次一次地旋转太费事，于是把刷子做成了“V”字形，分别在两面装上绒毛方向相反的布，不仅不费事而且可降低成本，这种刷子又是一举成功、颇受顾客的青睐，如图3-23（c）所示。

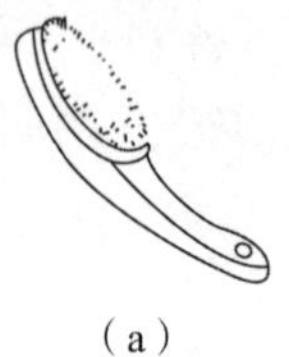

(a)

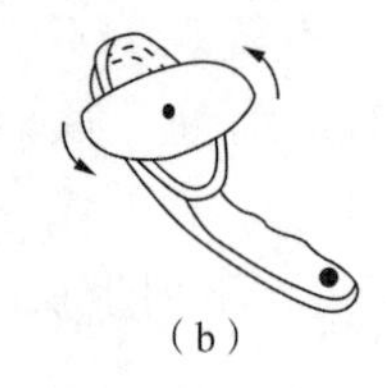

(b)

(c)

图 3-23　各种刷子示意

(a) 礼节刷子；(b) 反方向也能用的刷子；(c) "V" 形刷子

又如，我国某陶瓷厂因配方下料有误而使其生产的一批陶瓷产品表面釉彩裂开，尽管该产品本身质量并不差，但仍难以销售。这时有人献计道，这些开裂的釉彩看上去形若蟹爪、竹叶、波纹或天上的浮云，各有气势、变化万千，能否作为专门的工艺品投放到市场呢？结果，不但产品销售十分兴旺，而且无意中还开发出了名为"裂纹釉"的新产品。

（三）希望点列举法

缺点列举法可以直接从社会需要的功能、审美、经济、实用等角度出发研究对象的缺点，提出切实有效的改进方案，因而简便易行，常会取得很好的效果。然而，缺点列举法大多是围绕原来事物的缺陷加以改进，通常不触动原来事物的本质和总体，因而它属于被动型创造方法，一般只适用于对老产品的改造或用于不成熟的新设想、新发明，从而使其趋于完善。希望点列举法，则是通过列举希望新的事物具有的属性以寻找出新的发明目标的一种创造方法。由于希望点列举法是从人们的意愿出发提出各种希望设想，所以很少或完全不受已有物品的束缚，这便为人们使用该方法提供了广阔的创造思维空间。

希望点列举法的实施步骤是：激发人们的希望（可用智力激励法形成一批希望点）—收集人们的希望—仔细研究人们的希望—创造新产品以满足人们的希望。例如，一家制笔公司用希望点列举法产生了一批改革钢笔的希望点：希望钢笔出水顺利；希望绝对不漏墨水；希望一支笔可写出两种以上颜色的字；希望不污染纸面；希望书写流利；希望笔画可粗可细；希望小型化；希望笔尖不开裂；希望不用吸墨水；希望省去笔套；希望落笔时不损坏笔尖；等等。这家制笔公司后来从"希望省去笔套"的希望点出发，研制出一种像圆珠笔一样可以伸缩的钢笔，省去了笔套，打入了市场。又如，株洲车辆厂某车间学习创造学以后，想利用希望点列举法改造出钢水箱，遂召开了希望点列举会议，对新型的水箱总结出如下希望点：不会因骤冷骤热产生裂纹而漏水；能够经受钢水的冲刷而不损坏；寿命要长；维修方便；制造简单易行。之后，该车间针对这批希望点寻找资料、进行研究，最终采用整体铸造、钢管埋入的方法制成了新型的电炉出钢口水箱，从而达到了希望的目标。

现在市场上许多新产品都是针对人们的希望研制出来的；人们希望把伞放进提包，于是发明了折叠伞；人们希望夜间开门找钥匙方便，于是发明了带电珠的钥匙圈；人们希望洗衣服不需要费力拧干，于是发明了甩干机；人们希望能不费力地将重物搬上楼，于是发明了能爬楼梯的小车；2005 年，市场上开始流行一种擦地拖鞋，即在拖鞋底附加一层既松软防滑又能清洁地板的化纤材料，这是为人们希望能轻松一点擦地而发明的产品。

希望人人皆有，但要提出创造性强且又科学可行的希望却不容易。链式传动自行车诞生于 1884 年，其实早在 1495 年就有科学家希望发明一种靠人力通过链条驱动的自行机械并设计出了有关图纸，然而在当时是无法实现的。这说明，希望总是产生在现实之前的，希望是对现状的不满、冲击和挑战，而满足于现状是难以产生希望的。

案 例

“康师傅”的问世

20世纪90年代初期，我国方便面市场上“康师傅”“统一”和“一品”三大品牌形成三足鼎立之势。相比之下，“康师傅”更是抢滩夺地，咄咄逼人。

据报道，生产康师傅方便面的是坐落在天津经济开发区内的一家台资企业。投资者在台生产经营工业用蓖麻油，并不熟悉食品业，是一批名不见经传的小业主。

开始，这些台商并不清楚应该搞什么行当最能赚钱。经过实地调查后，他们发现“时间就是金钱”的口号遍地作响，人们的生活节奏日趋加快，对方便快速饮食的希望开始产生。于是，一个新创意产生了。经过分析，他们列举了人们传统饮食方式的缺点和对新的饮食方式的希望，最后决定以开发新口味方便面来满足大陆消费者的需要。

开发什么品牌的方便面呢？台商认为给方便面取个有创意的名字，有利于在市场上出人头地。思来想去，他们列举了多个品名，淘汰了不少想法。后来，他们想到了“康师傅”的品牌，因为“师傅”是对专业人员的尊称，使用频率高。此外，“康师傅”中有个“康”字，也容易满足人们对健康、安康的心理希望。后来的事实证明，“康师傅”是个金不换的品牌。

康师傅要真正赢得市场，必须要真正满足人们对吃的需求。为此，台商在调查了人们的饮食习惯和口味要求后，决定在风味上下功夫。他们采用了最笨、最原始的办法——试吃，来研究配料和制作工艺。他们以牛肉面为首打面，先请一批人试吃，不满意就改配料。待这批人接受了某种风味后，再找第二批人品尝，改善配料和工艺后再换人品尝，直到1 000人吃过后，他们才将康师傅的风味确定下来。

当康师傅方便面正式上市营销时，消费者果然异口同声：“味道好极了！”一年后，康师傅在北京、上海、广州等大城市火爆，康师傅的创举真乃小兵立奇功。

（资料来源：辽宁省普通高等学校创新创业教育指导委员会. 创造性思维与创新技法［M］. 北京：高等教育出版社，2013）

六、形态分析法

（一）形态分析法

形态分析法是先把需要解决的问题分解成若干个彼此独立的因素，然后用网络图解的方式进行排列组合，以产生解决问题的系统方案或发明的设想。例如，在设计一种新型包装时，如果只考虑包装材料和形状这两个因素，那么由于每个因素至少具有4个要素（即至少可有4种不同的材料和4种不同形状可供选择），采用图解方式进行排列组合后至少可得出16种组合方案（图3-24）；如果再加上一个色彩因素（暂时也先考虑4种色彩要素），那就可得出64种组合方案（图3-25）。

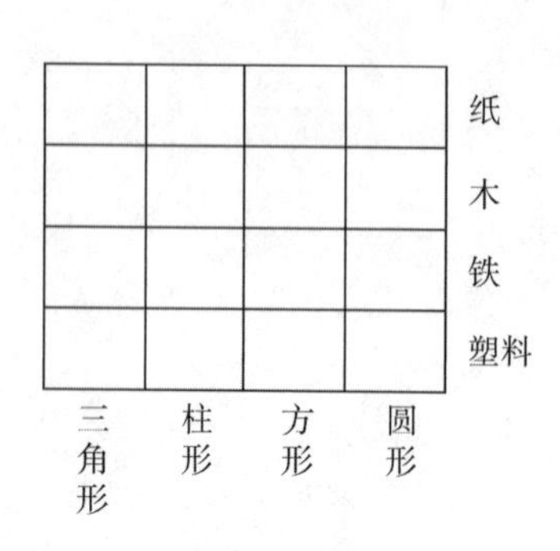

图 3-24　16 种组合方案图解

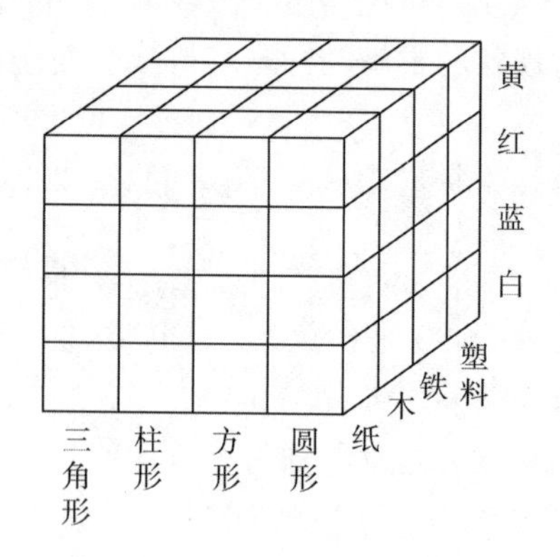

图 3-25　64 种组合方案图解

形态分析法采用图解方式可使其在所设立的各个因素内不遗漏地形成所有结果，因而能产生大量的设想，其中包括各种创造性、实用性很强的设想。要做到这一点，需要先在因素选择上下功夫。一般说来，在分析和选择因素时应考虑如下几点：一是各个因素应彼此独立、互相排斥；二是要与创造发明的目标有直接关联；三是要尽可能周全。形态分析法的实施通常有以下五个步骤，下面以开发一种新的运输系统为例加以说明。

（1）详述需要解决的问题。例如，需要将物品从某一位置搬运到另一位置，采用何种运输工具为好等。

（2）针对需要解决的问题列举出独立因素。在该例中，至少可分析得出三个因素：装载形式、输送方式和动力来源。

（3）运用思维发散性尽可能多地列举出各个独立因素所包含的若干要素和实施途径。例如，装载形式有车辆式、输送带式、容器式、吊包式等；输送方式有水、油、空气、轨道、滚轴、滑面、管道等；动力来源有压缩空气、蒸汽、电动机、电磁力、电瓶、内燃机、原子能等。

（4）将各个要素组合成多种设计结果。仿照图 3-25 所示的方法，对于上述要素可获得 320 个组合结果（图 3-26）。比如，采用容器装载、轨道运输、压缩空气作动力；采用吊包装载、滑面运输、电磁力作动力；采用容器装载、水运方式、内燃机作动力等。

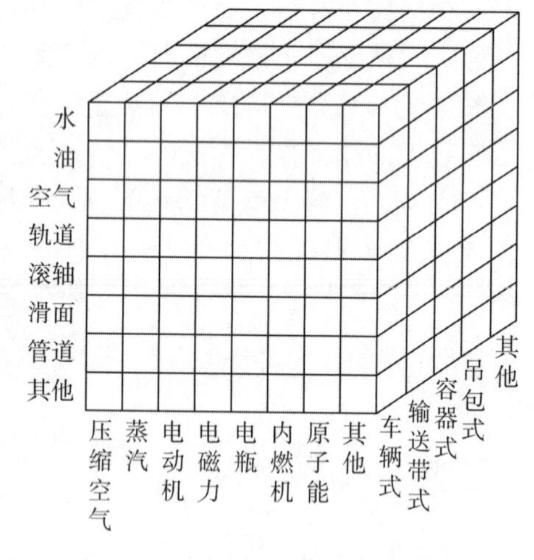

图 3-26　320 种组合方案图解

（5）根据发明目标，从上述众多结果中选择最佳方案。

运用形态分析法，人们可以避免先入为主的影响，也可以避免单凭头脑思索而挂一漏万。

（二）系统构思法

与形态分析法相类似的另一种创造技法是系统构思法。系统构思法是一种立体的、动态的、系统的创造方法，对新产品的开发有重要作用。下面以“瓷杯”革新为例，简要介绍一下该方法的构思过程。

（1）如图3-27所示，把瓷杯分解为功能、材料、形态结构三个因素，并用三维坐标系表示。接下来，对每一因素进行分解，将所得诸要素（即信息因子）标注在相应的坐标轴上。

（2）把各坐标轴上的要素再分解为更小的信息因子，如将 x 轴上的杯盖（x_2）细分，可得到图3-28所示的信息标。在分解过程中应当充分发挥思维发散的作用，要特别重视信息因子的深度和广度。

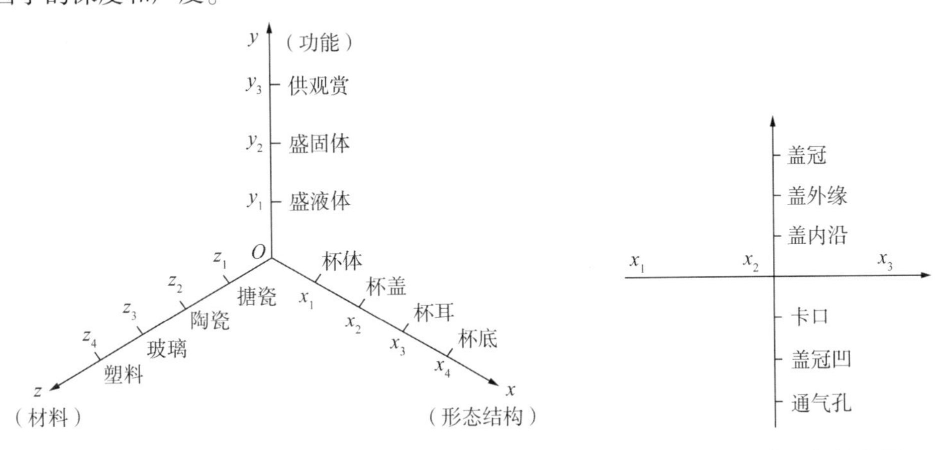

图3-27　瓷杯的分解

图3-28　瓷杯杯盖分解

（3）进行"交合"联想。为了进行系统构思，首先可将上述三维坐标空间作为"母本信息场"，然后引进多种学科或多种材料信息标作为"父本"进行信息动态交合，从而像"魔球"一样展现出无穷无尽的新构想。例如，引入"温度计"进行信息交合，就可设想在杯上加个温度计，使人随时了解杯中液体的温度。然而，温度计放在什么位置合适呢？这时可将温度计与"形态结构"要素进行交合，考虑是放在杯体上还是杯盖上，从而产生多种结构方案。其次，亦可将三维坐标系 x、y、z 轴上的诸要素彼此间分别进行结合，这样也可很快得到多种不同的创造设想。由此可见，系统构思法实际上是一种创造性思维方法而并非严格意义上的创造技法。

七、系统提问法

系统提问法是一种以系统发问为先导的创造技法，共创立始终遵循人们在认识世界中的"从已知到未知""从旧有到新颖""从已知的具体到抽象的一般、再到未知的具体"等一般认识规律。

系统提问法的具体操作步骤如下。

（1）仔细观察待创造的物品（产品），并按主要属性做好记录。比如，对于一个现有的（已知的）公文包可做如下观察：棕色，长方形，长40 cm，由人造革制成，包口上有拉链，包的表面印有熊猫图案等。同时，还要将这些已知的、具体的属性在一张纸的左侧按顺序记录为一竖列（表3-2）。

表 3-2　系统提问技法前四步操作顺序

<table>
<tr><th>具体属性（已知）
（第一步）</th><th>上升的抽象属性
（第二步）</th><th>抽象属性概念的外延列举（未知）
（第三步）</th><th>发问（第四步）</th></tr>
<tr><td>①棕色</td><td>颜色</td><td>红色、蓝色、绿色、黄色、黑色、白色、灰色、橙色</td><td rowspan="6">①对第一列已知具体属性问为什么，如“为什么是棕色?”
②对第三列未知具体属性问为什么不，如“为什么不是黑色?”</td></tr>
<tr><td>②长方形</td><td>形状</td><td>正方图、圆形、半圆形、梯形、三角形、月牙形、扇形、动物形状</td></tr>
<tr><td>③长 40 cm</td><td>长度</td><td>30 cm、25 cm、20 cm、45 cm、50 cm、70 cm、80 cm</td></tr>
<tr><td>④人造革</td><td>材料</td><td>牛皮、猪皮、纸、化纤布、麻布、塑料、玻璃、金属</td></tr>
<tr><td>⑤表面印有熊猫</td><td>表面图案</td><td>动物图案：虎、鸟、鱼
植物图案：花、草、树
人物图案：山水风景</td></tr>
<tr><td>……</td><td>……</td><td>……</td></tr>
</table>

（2）脱离原物，把对原物观察到的已知的、具体的属性分别上升到一般的属性，并在同一张纸稍右处相应地排为一竖列对应书写。比如，棕色可上升为颜色；长方形可上升为形状；长 40 cm 可上升为长度；人造革可上升为材料等。

（3）按照一般属性概念的外延范围列出一系列具体属性（即脱离原来具体事物的未知的具体属性），如“颜色”的外延，可列出红色、蓝色、绿色、黄色、黑色、白色、灰色、橙色等；“形状”的外延，可列出正方形、圆形、半圆形、梯形、三角形、月牙形、扇形、动物形状等；“大小”的外延，可列出 30 cm、25 cm、20 cm、45 cm、50 cm、70 cm、80 cm 等；“材料”的外延，可列出牛皮、猪皮、纸、化纤布、麻布、塑料、玻璃、金属、陶瓷……同时，也要把这些结果写在上面纸的相对应的右侧。

（4）对第一、第三列中所写出的每一个具体的已知和未知属性进行发问。发问的模式分别是“为什么是”和“为什么不”。发问的理论根据如下：“肯定”和“否定”之间是矛盾关系，其外延之和穷尽了任何一个属性概念的外延。如，“棕色”与“非棕色”外延之和即等于所有的颜色。因此，用“为什么是”和“为什么不”发问，从理论上说可保持其事物的完整性。比如，该文件包为什么是棕色？为什么不能不是棕色？即为什么不能是红色？为什么不能是白色？为什么不能是蓝色等。每发问一句，都要尽量找出理由来回答，这样就可由此引发其中的思维活动，找出一系列的肯定的和否定的属性及其理由，从而不难挑选出自认为最理想或最有意义的属性答案作为创造的目标，并在其下方做记号，比如画一道线等。

（5）只是将上一步中有意义的答案挑出，并进行彼此间（排列）组合，从而得出众多的组合方案。比如，上例中就可以有“黄色月牙形 20 cm 长的小型牛皮印花包”“黑色梯形长 45 cm 的塑料包”等方案可作为参考的创造目标。

系统提问创造技法的实施过程，体现了人们由已知到未知、由特殊到一般再到特殊的认识世界的规律，具有明显的理论性、排他性、可思维性和可操作性，实践效果很好。很多大学生都可在极短时间内按系统提问法提出数十甚至上百个方案，由于每个方案都是经过判断的，所以它们完全不同于简单的创造性设想，这样所提出的方案中好的方案当然占的比例很大。由此，该创造技法在高层次人员中很受欢迎。

第四节　创新思维与创新技法的实例分析

发明创新实例一　点线啮合齿轮传动的开发应用[①]

一、齿轮的发展及点线啮合齿轮的产生

齿轮发展大致经历了五个主要阶段，即拔挂齿轮阶段、等齿距齿轮阶段、摆线齿轮阶段、渐开线齿轮和 20 世纪以来各种齿形同时并存的阶段。

进入 20 世纪，继摆线齿轮、渐开线齿轮之后，相继出现了圆弧齿轮、抛物线齿轮等多种齿轮，它们各具特点，相互补充，彼此并存。而按齿轮的接触状态可分为两大类：线啮合齿轮，如渐开线齿轮、摆线齿轮、抛物线齿轮等；点啮合齿轮，如圆弧齿轮。

（一）各种齿轮的特点

1. 摆线齿轮

优点：凹凸齿廓接触，接触应力小，滑动力小，磨损小，无根切现象，最少齿数较少。

缺点：互换性差，中心距发生变化时不能实现定传比传动，传递动力时，法向力 F_n 不断发生变化，轴承上力的大小和方向也在不断变化，影响了传动的平稳性。

2. 渐开线齿轮

优点：制造简单，中心距具有可分性，法向力 F_n 恒定。

缺点：当采用外啮合齿轮传动时，综合曲率半径 ρ_Σ 小，承载能力低，要提高承载能力，需要增大齿轮直径 d 或宽度 B。因此，通常采取如下措施。

（1）采用合金钢，进行渗碳、淬火、磨齿，以提高材料的许用接触应力 σ_{HP}。

（2）采用大变位，提高综合曲率半径 ρ_Σ，以提高承载能力。

①由点线啮合齿轮发明者，武汉理工大学厉海祥教授提供初稿。

3. 圆弧齿轮

优点：凹凸齿廓接触，综合曲率半径ρ_{Σ}大，接触应力小，承载能力高。

缺点：没有端面重合度，依靠轴向重合度才能连续传动，齿宽较大，只能做成斜齿轮，不能做成直齿轮；没有可分性，当中心距变化及有加工误差时，承载能力会下降；加工制造需要专用滚刀，刀具较贵，推广不方便，磨削加工很困难，只能应用在软齿面及中硬齿面的场合。

4. 抛物线齿轮

优点：凹凸齿廓接触的线啮合，承载能力大。

缺点：需要专用的抛物线齿轮滚刀，推广受到一定限制。

（二）新齿形必须具备的条件

从上述可知，要想使新齿形得到普遍推广和应用，必须具备下列条件。

（1）刀具制造简单，或者采用已有的齿轮加工刀具，如采用渐开线齿轮滚刀在滚齿机上加工齿轮。

（2）一对齿轮的齿廓应为凹凸齿廓接触，以减小接触应力，提高承载能力。

（3）制造、测量方便，并且齿轮传动的中心距具有可分性，法向力F_n恒定。

（三）点线啮合齿轮的产生

综合了渐开线齿轮加工方便，具有可分性及圆弧齿轮承载能力高的优点，研制成功了点线啮合齿轮传动（已获国家发明专利）。它是一种具有线啮合性质又有点啮合性质的齿轮传动。其小齿轮为一个渐开线变位短齿齿轮，大齿轮齿廓上部为渐开线凸齿廓，下部为过渡曲线的凹齿廓。大、小齿轮相互啮合时，既有接触线为直线的线啮合，又有凹凸齿廓接触的点啮合，因此称为点线啮合齿轮传动。如图3-29所示，它是一种新型的啮合传动。

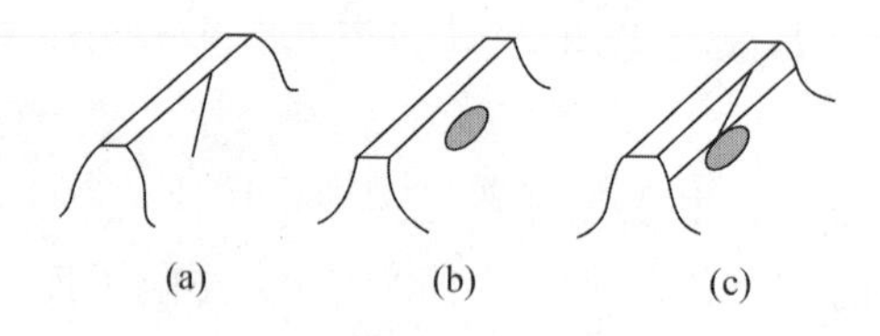

图3-29　啮合状况

（a）渐开线齿轮；（b）圆弧齿轮；（c）点线啮合齿轮

二、点线啮合齿轮的基本原理

点线啮合齿轮的加工，通常是在普通渐开线齿轮滚齿机上，用渐开线滚刀滚切而成。在点线啮合齿轮中，渐开线部分和过渡曲线部分的方程式如下。

渐开线齿廓方程式：

$$x=\left[r-\frac{1}{2}(r_{\varphi}-y_0)\sin 2\alpha_t\right]\cos\varphi+(r_{\varphi}-y_0)\cos^2\alpha_t\sin\varphi$$

$$y=\left[r-\frac{1}{2}(r_{\varphi}-y_0)\sin 2\alpha_t\right]\sin\varphi+(r_{\varphi}-y_0)\cos^2\alpha_t\cos\varphi$$

过渡曲线方程式：

$$x'=(r-x_1)\cos\varphi+x_1\tan\gamma\sin\varphi$$
$$y'=(r-x_1)\sin\varphi-x_1\tan\gamma\cos\varphi$$

式中：

$$x_1=x_c+\cos\beta\sqrt{\left(\frac{\rho_f}{\cos\beta}\right)^2-(y_0-y_1)^2}$$

$$\tan\gamma=\frac{(x_1-x_0)(y_0-y_1)}{\left(\frac{\rho_f}{\cos\beta}\right)^2-(y_0-y_1)^2}$$

当一对点线啮合齿轮啮合时，其啮合过程包括两部分：一部分为两齿轮的渐开线部分相互啮合，形成线接触，端面有重合度；另一部分为小齿轮的渐开线与大齿轮的渐开线和过渡曲线的交点 J 相互接触，形成点啮合。点线啮合齿轮传动符合齿廓啮合基本定律，满足连续传动条件和正确啮合的要求。

点线啮合齿轮传动大部分做成斜齿轮，也可以做成直齿轮。它的变位系数选择不能用渐开线齿轮的封闭图，发明者研制了点线啮合齿轮的封闭图，根据它及设计要求可求出合适的螺旋角 β 和变位系数 x，因而解决了设计计算的难题。

三、点线啮合齿轮传动的特点及应用

（一）点线啮合齿轮的类型

点线啮合齿轮按啮合原理可做成如下三种传动形式。

1. 单点线啮合齿轮传动

如图 3-30 所示，小齿轮为一个变位的渐开线短齿齿轮，大齿轮齿廓上部为渐开线凸齿廓，下部为过渡曲线的凹齿廓，大、小齿轮啮合时组成单点线啮合齿轮传动，可做成直齿或斜齿。

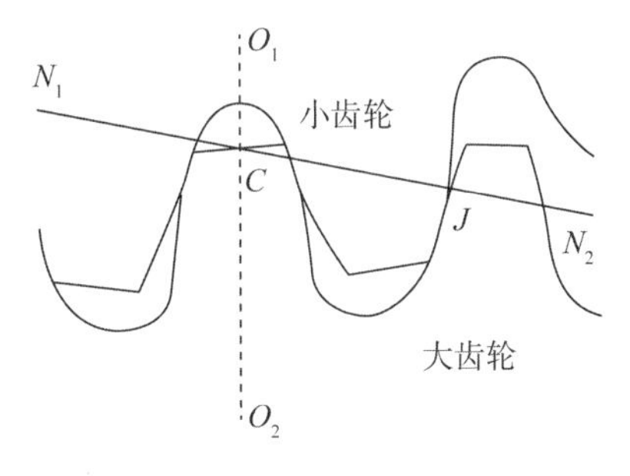

图 3-30　单点线啮合齿轮

2. 双点线啮合齿轮传动

大、小齿轮齿高的一半为渐开线凸齿席，另一半为过渡曲线凹齿廓，大、小齿轮啮合时形成双点啮合和线啮合，因此称为双点线啮合齿轮传动，可做成直齿或斜齿，如图3-31所示。

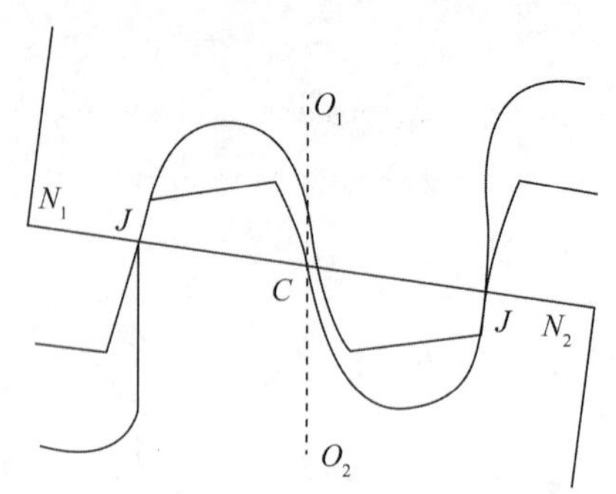

图3-31　双点线啮合齿轮

3. 少齿数点线啮合齿轮传动

这种传动的小齿轮，最少齿数仅为2～3齿，因此传动比可以很大，如图3-32所示。

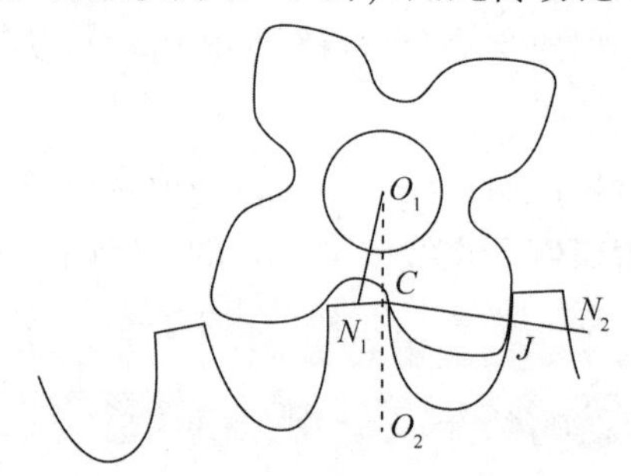

图3-32　少齿数点线啮合齿轮

（二）点线啮合齿轮的特点

1. 制造简单

点线啮合齿轮可用普通渐开线齿轮滚刀在滚齿机上滚切而成，并可在磨齿机上磨齿，因此一般的机械加工厂均能制造。

2. 具有可分性

点线啮合齿轮传动与普通渐开线齿轮传动一样，具有可分性，因此中心距的制造误差不会影响瞬时传动比和接触线的位置。

3. 强度高，寿命长

试验结果表明，软齿面和中硬齿面点线啮合齿轮传动的齿面接触强度比普通渐开线齿轮提高1～2倍，弯曲强度提高15%左右。硬齿面点线啮合齿轮减速箱比渐开线硬齿面减速箱承载功率提高30%～50%，因此在承载能力相同的条件下，前者比后者寿命长得多。

4. 噪声低

试验和实践证明，点线啮合齿轮传动的噪声要比普通渐开线齿轮低得多，并且随着载荷的增大，噪声还会降低。

5. 可制成各种齿面硬度的齿轮

点线啮合齿轮可做成软齿面、中硬齿面和硬齿面齿轮，其精度要求相对比渐开线齿轮低些。

（三）点线啮合齿轮传动的工业应用

点线啮合齿轮传动广泛应用于起重、运输、冶金、矿山、水泥、化工等行业的减速器中，也可应用于汽车、拖拉机、机床等行业。目前已加工的模数 $m_n = 1 \sim 28$ mm（单级），中心距 $a = 48 \sim 1\ 000$ mm（单级），功率 $P = 0.14 \sim 1\ 000$ kN，已经开发了 DNK、DQJ、DZQ 三个中硬齿面系列减速器，其中 DQJ 已被批准为部级标准 JB/T 10468—2004。目前，已有数百台减速器在 100 多个单位使用。如汉阳集装箱码头 40 t 门机行走机构，武汉钢铁集团公司薄板厂辊道输送机构，邢台钢铁厂 DNK1570、DNK1100 中硬齿面减速器等，最长的使用时间已超过 10 年。此外，泰兴减速器厂与泰隆减速器厂已开始批量生产点线啮合齿轮。

四、创新启示

（1）点线啮合齿轮的创新是在分析了各种齿轮的优缺点，特别是在分析了渐开线齿轮与圆弧齿轮的优缺点的基础上，扬长避短而开发的新型啮合齿轮。要充分利用渐开线齿轮加工制造的机床和刀具来加工新型齿轮，这样有利于广泛的推广使用。本实例所运用的是组合创新法中的技术组合法，它利用已有成熟的技术进行重新组合，从而形成新的发明。

（2）本实例以专业知识为基础，经历了理论分析—试验研究—工业应用考核—再理论提高—工业试验和推广应用多次循环反复。由于发明者经过 20 多年锲而不舍的努力，亲自参加实践，在实践中仔细观察研究，对有些理论认为不合适的，敢于突破框框的约束，敢于怀疑和否定，使研究不断向前发展，从而使点线啮合齿轮在理论和实践上日趋成熟。该创新告诉我们，知识是发明的前提（基础）；创新原理和方法给成功指明了方向；锲而不舍、理论联系实践去开拓和实践是创造发明成功的保证。

发明创新实例二　变速传动轴承的开发[①]

一、变速传动轴承的结构和传动原理

变速传动轴承（如图 3-33 所示）主要由异形轴承（包括外圈、中圈、内圈和滚动体）、内齿圈 1、传动圈 2、双偏心套 3、传动杆 4、滚柱 5 和滚动轴承 6 组成。异形轴承的外圈、中圈、内圈可相对转动，内齿圈与异形轴承的外圈铆接，传动圈与异形轴承的中圈铆接，两端包容着滚柱 5 的传动杆 4 置于传动圈的径向导槽内，传动杆 4 与滚柱 5 构成活齿。

---

①由变速传动轴承发明者，湖北省机电研究院朱绍仁高级工程师提供材料。变速传动轴承已获中国、美国、欧洲等专利。美国发明专利号 4736654；欧洲发明专利号 0196650；中国实用新型专利号 85200523 及多次改进专利。

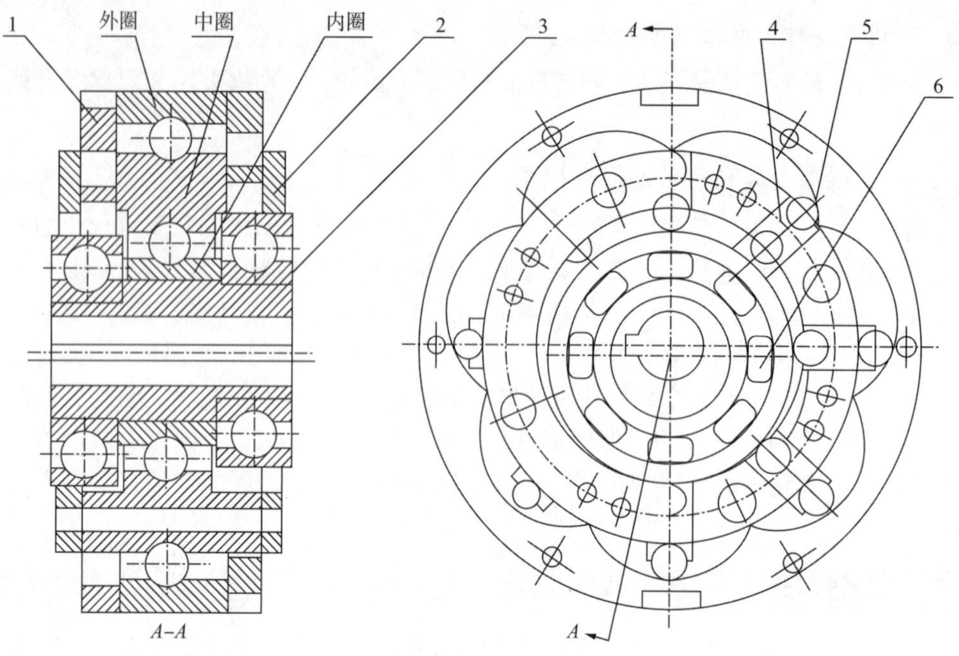

1—内齿圈；2—传动圈；3—双偏心套；4—传动杆；5—滚柱；6—滚动轴承

图 3-33　变速传动轴承

变速传动轴承的双偏心套、传动圈及内齿圈三者任意固定其一，两者之间可作相对减速或增速传动。当内齿圈固定、双偏心套输入、传动圈输出时（图 3-34），驱动双偏心套顺时针方向转动，滚动轴承的外圈与滚柱接触点离偏心套回转中心的几何距离随之变动，驱使活齿沿径向导槽向外移动，由于活齿受内齿圈的约束，传动杆向外移动的同时驱动传动圈顺时针方向慢速转动，偏心套相对活齿转过 360°，传动圈转过内齿圈一个齿间角，实现减速传动比为内齿数加 1；当传动圈固定、双偏心套输入、内齿圈输出时，实现减速传动比等于内齿数；当双偏心套固定、内齿圈输入、传动圈输出时，实现减速传动比为内齿数加 1。输入与输出互换可实现增速传动。

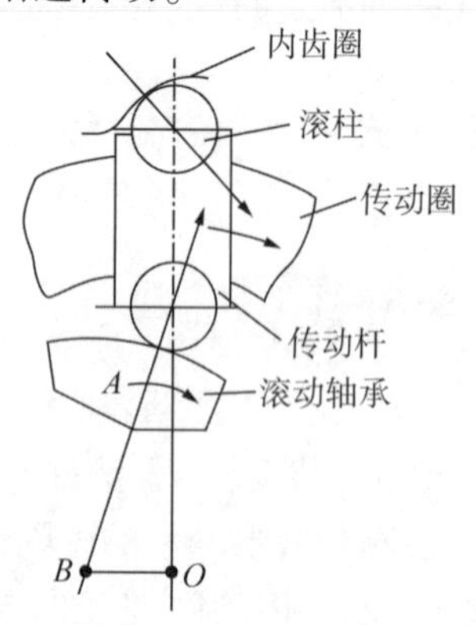

图 3-34　变速轴承传动原理

二、变速传动轴承的特点

（1）变速传动轴承是对谐波齿轮传动的改进。与谐波齿轮传动相比，内齿圈相当于刚轮，双偏心套相当于波发生器，传动圈及其径向导槽内的活齿相当于柔轮，它用刚性零件取代柔轮，克服了柔轮承受交变应力的致命弱点。

（2）首创将减速器集成为外形及安装方式如同普通轴承的整体，可以直接装入机械产品，大大地缩短了传动链，方便制造、维修及输出参数的变更。它使机械设备兼有专用机械及通用机械的优点，因而成为中国获得国外发明专利产品之一。

（3）传动效率高，传动比大，噪声低，一般传动效率大于90%，噪声小于70 dB（A），单级传动比为6～60，多级串联可获得更大传动比。

（4）由于理论上有半数活齿参与承载，并且承受压应力，因此承受重载、抗冲击、过载的能力强。

应用变速传动轴承成功地开发了数十种全新的机械产品，如电动滚筒、建筑卷扬机、平衡吊、工业试压泵、漆包线检查仪、电梯开门机、鱼池增氧机等。另外，应用变速传动轴承生产的推杆减速器，其外形尺寸与摆线针轮减速器一致，部分取代摆线针轮减速器、齿轮减速器、蜗杆蜗轮减速器，广泛应用于轻工、化工、农机、渔机、建筑等40多种不同行业的机械中。

三、创新启示

通过变速传动轴承的发明过程，可获得如下启示。

（1）在一般机械中，滚动轴承都是用作支承件。然而，人们应用创造性思维中的突破性和求异性，提出能否将滚动轴承用作传动件。于是，应用设问探求法和缺点列举法，在滑动螺旋的基础上，发明了滚动螺旋（又称滚珠丝杠），使螺旋副的摩擦性质发生变化，由滑动摩擦副变为滚动摩擦副，从而提高了传动效率和传动精度。

（2）滚动螺旋副中虽然应用了滚动轴承，对比普通丝杠而言仅改变了摩擦性质，于是发明者采用联想对比法和缺点列举法，在深入分析了谐波齿轮传动具有传动比大、结构紧凑、体积小等优点，其最大缺点是柔轮受交变应力的作用会缩短使用寿命。后来，有人提出能否发明一种装置，既可保留谐波齿轮传动的优点，又能改进柔轮的缺点，经过反复联想对比及研究，人们终于发明了变速传动轴承。

发明创新实例三　滑动轴承的变异与创新①

随着生产的发展和科技的进步，滑动轴承由木制演变为金属制品；其摩擦原理也由干摩擦、非液体摩擦发展到液体摩擦润滑；由动压轴承发展到静压轴承等新型轴承。《机械设计》①的第十四章介绍了单油楔径向滑动轴承存在“漂移”的缺点。为了解决“漂移”问题，人们开发出了多油楔轴承，图3-35为整体球形表面多油楔轴承，它具有12个楔形油楔，轴承外表面为球形，如图3-35（b）所示，因此整个轴承可以自位调整，但因各油楔都做在同一轴瓦上，故不能单独调整。这种整体球形多油楔轴承工作可靠，轴心的“漂

①彭文生，李志明，黄华梁．机械设计［M］．北京：高等教育出版社，2002.

移”较普通圆柱形轴承小，但油楔浅，加工精度要求高，不宜用于速度、载荷变化大的场合。

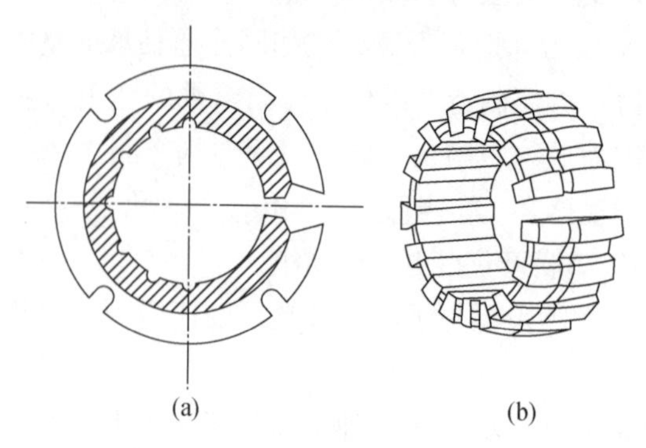

图 3-35 整体球形表面多油楔轴承

为改进整体多油楔轴承的缺点和解决加工成形多油楔难的问题，于是人们进行换向思维，发明了一种薄壁变形轴承，其轴承内孔仍为一般简单的圆柱形，利用薄壁轴瓦容易产生径向弹性变形的特点，在轴瓦内孔圆周上产生多个油楔。这种轴承在外圆磨床上广为应用，其类型也较多，如马更生轴承、大隈轴承、整体五瓦弹性变形轴承、装配四瓦弹性变形轴承等。

一、马更生轴承

图 3-36 为马更生轴承，其中图 3-36（a）表示装配情况，图 3-36（b）为轴瓦结构。这种轴承的轴瓦外圆表面成锥形，仅有三条弧面与轴承座相应的圆锥孔接触。安装时从轴向拉紧轴瓦，使它产生变形，轴瓦内圆与轴颈接触部位向中心凸出，在轴瓦内孔圆周上形成均布的三个油楔。主轴可双向回转，轴心位置较稳定，“漂移”少，工作可靠，但油楔面积小，调整困难，适宜于高速、轻载、高精度的场合，如螺纹磨床、平面磨床的砂轮主轴轴承均采用这种轴承。

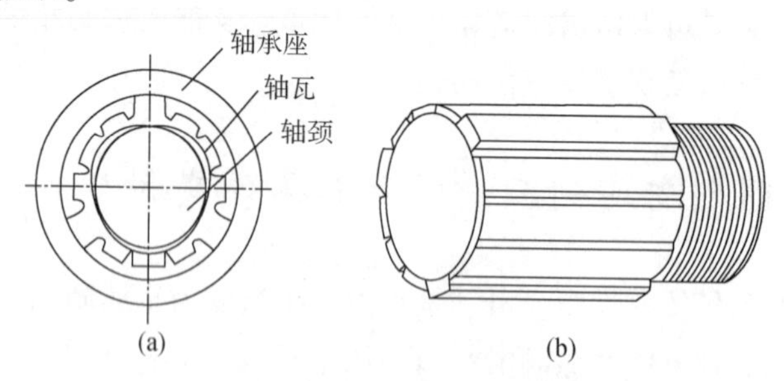

图 3-36 马更生轴承

二、大隈轴承

图 3-37 为大隈轴承，其中图 3-37（a）为装配情况，图 3-37（b）轴瓦结构。与马更生轴承一样，装配时利用轴瓦的弹性变形形成油楔。不同之处是，承载后轴瓦的局部可绕轴瓦背与轴承座的接触处略微偏转，继续产生变形，增大油楔大、小口的间隙差，更有

利于压力油膜的形成。此种轴承一般宽径比 $b/d\approx2$，故承载能力大，但制造工艺较复杂，温度较高，需要进行压力供油润滑。

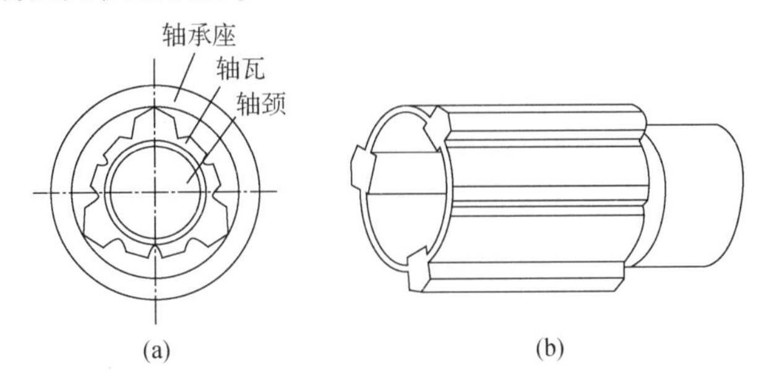

图 3-37 大限轴承

三、整体五瓦弹性变形轴承

图 3-38 所示为整体五瓦弹性变形轴承。各个轴瓦由弹性薄壁连接成一体，每个轴瓦的背部圆弧（圆弧半径小于轴承座半径）均匀分布在锥体上，故与轴承座锥孔配合时，原始情况呈五条线接触。轴瓦安装的松紧不同，轴承的间隙也就不同。当轴瓦安装得较紧时，轴承的间隙就小，反之则大些。各个轴瓦工作时还能微量偏转，起自动调位作用，薄壁的连接可以防止轴瓦倾斜。此种轴承的回转精度高，润滑油流通畅快，冷却效果好，温度低。为了使轴瓦工作时能产生偏转，轴瓦背部圆弧位置与轴瓦不对称，偏于一边，故只宜向一方偏转，只适用于单向回转的场合。该轴承用于高精度半自动外圆磨床砂轮主轴轴承，加工轴的表面粗糙度可达镜面以上。

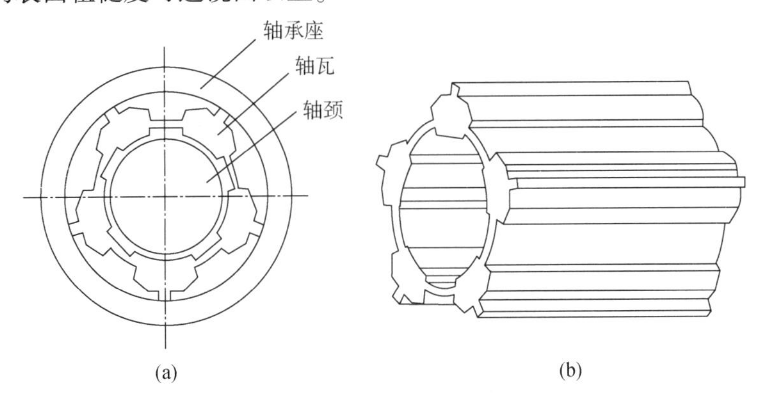

图 3-38 整体五瓦弹性变形轴承

上述薄壁多油楔动压轴承，虽然简化了轴承孔的加工，但整体的结构还是比较复杂的，轴承的加工和调整也比较困难。于是，人们又发明了可倾瓦多油楔径向滑动轴承。根据瓦数不同，又分为长三瓦、短三瓦、长五瓦、短五瓦轴承。这类轴承是多种类型磨床的砂轮主轴上较普遍采用的轴承。

四、双向支承多瓦轴承

图 3-39 所示为双向支承多瓦轴承。其中图 3-39（a）为轴瓦结构，图 3-39（b）为

装配情况。轴瓦数有三块和四块两种，其中一块可用螺钉调节径向间隙。每块轴瓦用两个球面销支承在两个相互垂直的平面上，轴瓦可在径向和轴向两平面内进行自动调整。采用强制压力润滑，当轴承内部润滑油的工作压力达到一定数值后，方能启动。

上述各种滑动轴承的变异和创新，都是以流体动力润滑理论为基础，通过改变轴瓦或轴承的结构而进行的创新。那么能否通过一套外部系统将压力油送入轴承的间隙里，强制形成油膜，靠液体的静压力来平衡外载荷呢？这就是液体静压轴承。

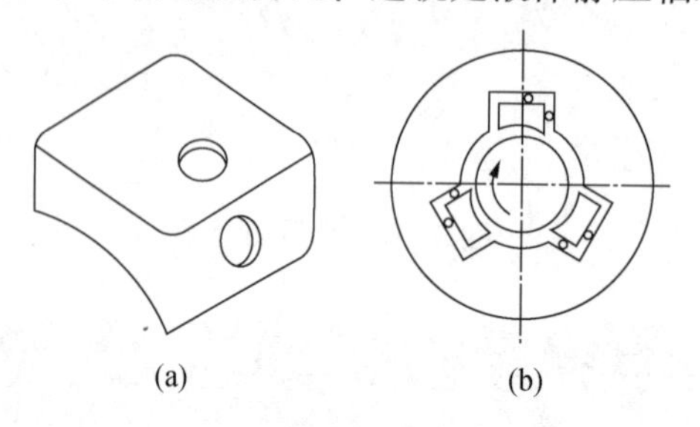

图 3-39　双向支承多瓦轴承

五、动静压结合的滑动轴承

是否可以设想，将动压轴承与静压轴承的优点综合起来，创新设计出动静压结合的滑动轴承呢？图 3-40 所示为动静压结合的滑动轴承。压力油进入静压油腔，通过动压油腔（油的进口间隙大，出口间隙小）才进入回油槽，所以具有动静两种效果，低速时依靠静压效应保持完整的压力油膜，高速时动压效果将显现出来。

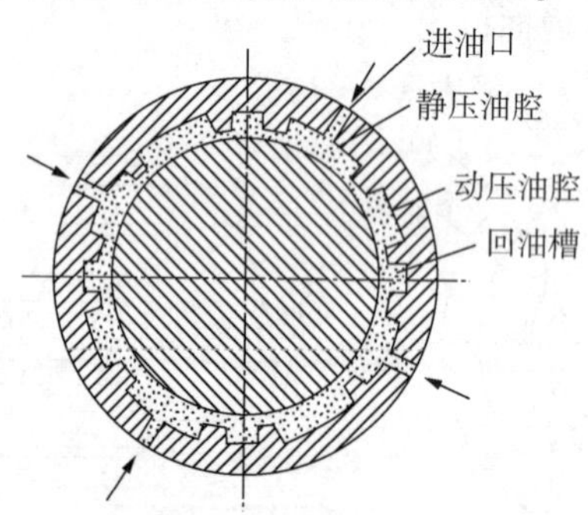

图 3-40　动静压结合的滑动轴承

六、滚滑结合的轴承

是否还可以设想，将滚动轴承与滑动轴承的优点综合起来，创新设计出滚滑结合的轴承呢？图 3-41 所示为滚滑结合的轴承简图，它应用于航空燃气轮机的主轴上。现代飞机速度很高，燃气轮机主轴的转速也很高，原来采用的滚动轴承寿命极低，改用滚滑结合的轴承之后，轴承的相对速度降低，滚动轴承的寿命大为提高。

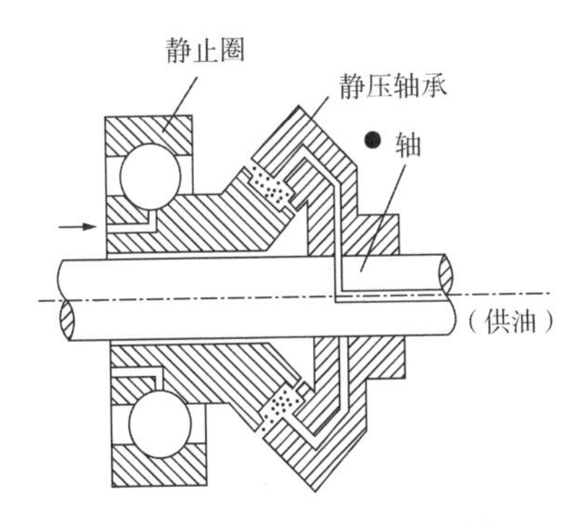

图 3-41　滚滑结合的轴承简图

发明创新实例四　组合吸附式蠕动探测维修机器人①

在舰艇航行、训练或作战布阵时，舰舷两侧受到损伤或有不明附着物，在舰艇高速机动情况下，舰员们不可能直接近距离勘测，从而不能对受损或不明附着物情况做出正确的估测和判断。这样势必影响海军舰艇部队的训练效果和战斗力。针对上述情况，特别是针对隐形舰艇/潜艇上复杂狭小管道设施情况的探测，研究者以高可靠、强稳定及简洁有效的机械结构为原则，在相应理论论证和实验建模基础上设计制作了一种中小型机器人——组合吸附式蠕动探测维修机器人。

一、工作原理

（一）机器人的基本组成

机器人的基本组成如图 3-42 所示，包括机械、电磁吸附、传感与驱动及控制等四个部分。机械结构是“骨架”，是机器人完成各种动作的硬件保证；电磁吸附装置是“手足”，保证机器人牢牢吸附在竖直、倒置等运动平面上，并实现机器人的蠕动爬行；传感与驱动是机器人的“神经与肌肉”，它检测机器人的动作状态并提供运动动力；控制器是机器人的“大脑”，是机器人的指挥中枢。

图 3-42　机器人的基本组成

①本实例为 2010 年全国大学生机械创新设计大赛获奖作品，由江汉红教授提供初稿，设计人员为海军工程大学江汉红、丰利军、部世杰、张勇、孟宇、裴晶晶、王菊花、汪丹丹。

（二）工作原理

机器人本体运动可分解为直行、水平转向、垂直转向三种基本蠕动爬行动作。通过PLC控制器发出直行前进动作指令后，控制信号使固定电磁铁放磁、移动电磁铁充磁并驱动直行电动机转动，与电动机转轴相连接的丝杠也随之转动，并由此带动机器人主体向前运动。机器人主体在双驱模态下向前运动，当检测到接近开关信号时，先检测到信号的电动机继续转动，待另一接近开关也检测到信号后，才发指令使电动机停转，电磁铁充、放磁互换，电动机同时反转，移动电磁铁归位，即完成一次直行蠕动爬行运动。

以上述运动原理为基础，左右转向电动机通过一对蜗轮副及与蜗轮轴固定的拨杆完成在平面内任意角度的水平转向。

完成“眼镜蛇动作”的垂直转向，也是通过一套蜗轮副来实现的。即由大功率直流电动机驱动蜗杆，带动蜗轮旋转，再通过一组铰链四杆机构，以第二节为支点，带动第一节在垂直方向上下转动。

二、设计方案

（一）机械结构部分

机器人主要由蠕动直行、平面转向、垂直转向等三种机构组成。机器人载体尺寸为561 mm×90 mm×50 mm，总质量为7.5 kg，共分两节，第一节长223 mm，第二节长258 mm，两节连接杆长80 mm。

1. 蠕动直行机构

蠕动直行机构（图3-43）由蠕动直行支座、丝杠、内螺纹套筒等组成。为提高机器人的运动速度，这里采用双头丝杠，其螺距$L=4$ mm，螺旋升角$\lambda=15°$，总长为50 cm，外径$D=13$ mm，锯齿型螺纹。由于内螺纹套筒与丝杠为一对传动部件，其压力角a选取标准值20°，有利于提高传动效率。

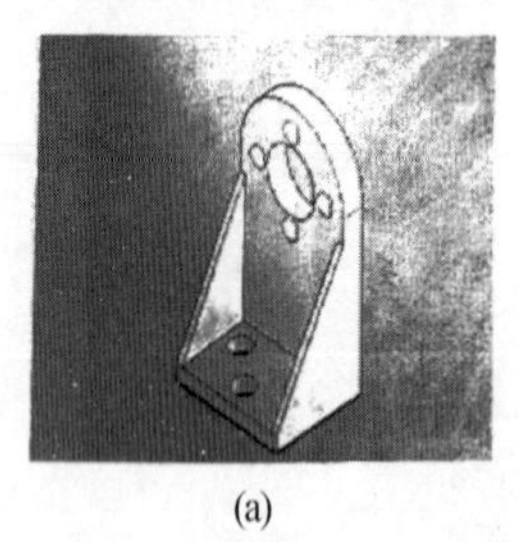
(a)

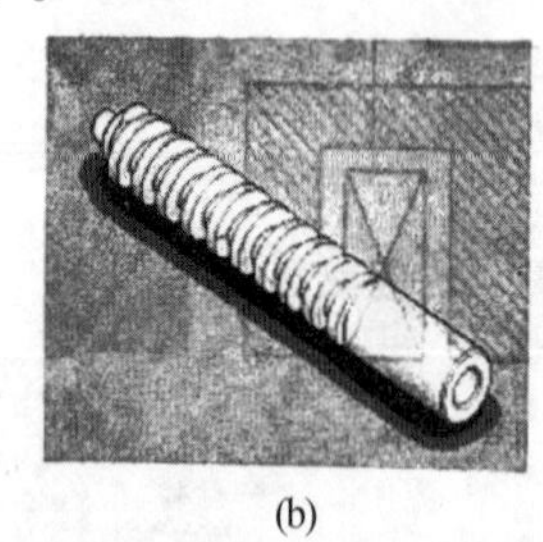
(b)

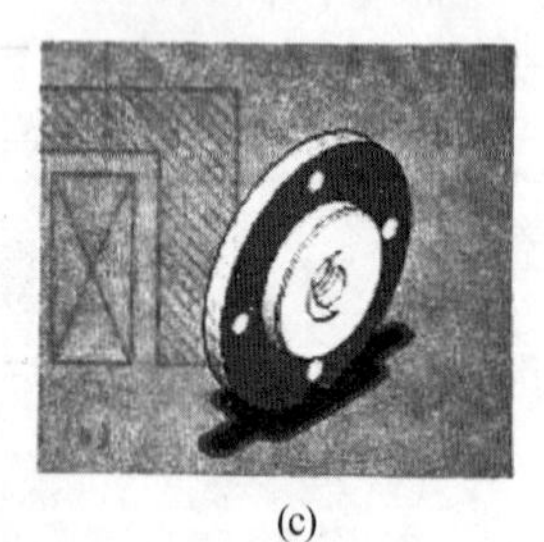
(c)

图3-43 蜗动直行机构的基本组成

（a）蠕动直行丝杠支座；（b）蠕动直行丝杠；（c）蠕动直行丝杠内螺纹套筒

2. 平面水平转向机构

平面水平转向机构（如图3-44所示）由蜗杆、蜗轮等组成，它安装在机器人第二节的前端，由直流低转速大功率电动机驱动。为避免与电动机同轴的蜗杆受到较大的弯曲应力σ，选用M17的蜗杆，根据传动比i=蜗轮齿数/蜗杆头数，若要得到大的传动比，则希望头数为1，但传动效率低，为此采用双头蜗杆。为减少摩擦、防止齿面失效和发热等，此处采用铜蜗轮。

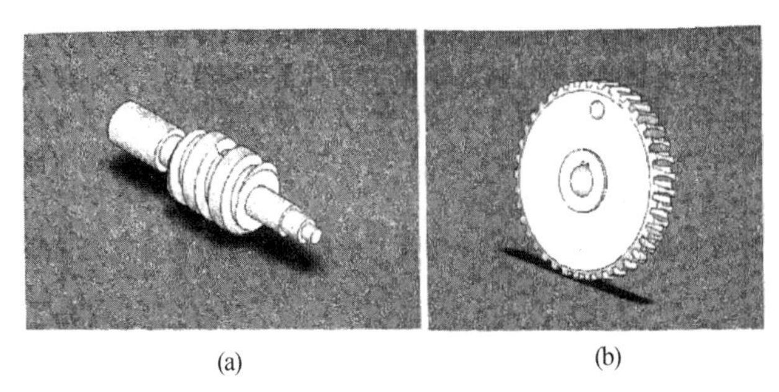

图 3-44　平面水平转向机构的基本组成

（a）平面水平转向蜗杆；（b）平面水平转向蜗轮

3. 垂直转向机构

垂直转向机构（图 3-45）由安装在机器人第一节主体内的转向电动机提供动力，此机构为蜗轮副和一组铰链四杆机构。由于蜗轮副不仅要求足够的机械强度，还要求有良好的减摩耐磨性和抗胶合能力，因此蜗轮采用铜作为材料。

图 3-45　垂直转向机构

在蜗轮上有一个定位销，通过边杆与第一节相连。两节机器人通过一组铰链四杆机构连接，即可完成在竖直面内的转动。运用这种双摇杆机构来完成竖直转向的好处是，在铰链四杆机构中，许多构件是由低副（回转副和移动副）连接而成的，低副是面接触，耐磨损，接触表面是圆柱面和平面，制造简单，易于获得高精度。

（二）电磁吸附部分

机器人是以舰船甲板及舰艇壳体外表面为运动平台，在完成一些高难度动作，如各种角度斜面的爬行、竖直爬行、倒置爬行，特别是在各运动平面间转换时，电磁铁要克服相当大的扭力和剪切力。据计算，每节身体将要承受大约 2 000 N · m 的力矩，这对电磁铁的吸附力要求相当高，又要保证能够长时间工作。电磁铁的组装与结构示意如图 3-46 所示。

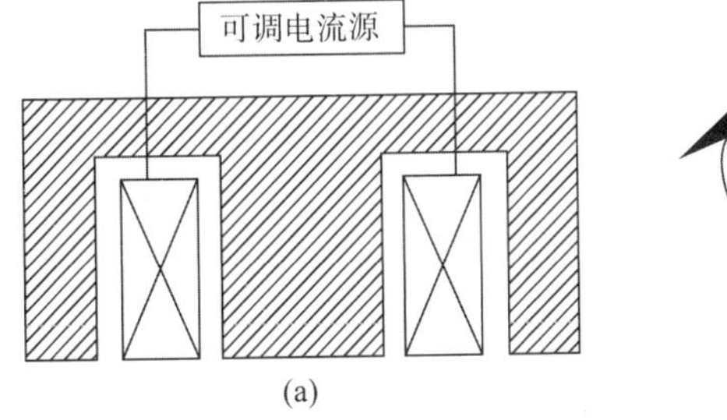

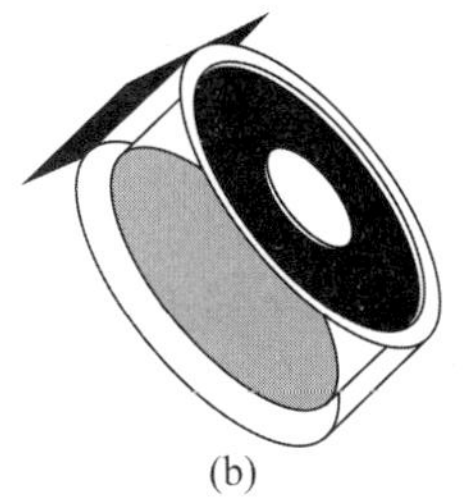

图 3-46　电磁铁的组装与结构示意

（a）电磁铁组装示意；（b）电磁铁结构示意

电磁铁吸力 $F=K_{\Phi}\Phi R_{\mathrm{m}}$。其中，$K_{\Phi}$ 为系数，当电磁铁的材料安匝积确定后，K_{Φ} 为一个定值；R_{m} 为磁阻。物质所反映出的宏观磁性，实际是组成该物质微观粒子磁偶极子的定向排列。定向度越高，所反映出的宏观磁性越大。所以，单位体积内所含磁偶极子的磁偶极矩的总矢量和可由磁极化强度 M 表示。实际经验表明，在强磁性体如铁、镍等物质中，M 与 H 的关系是非常复杂的。真正描述磁介质在外磁场 H 作用下产生的总磁场是磁感应强度 B，也称磁通密度，它的表达式为 $B=\mu_0$（$H+M$）。综上所述，电磁铁的吸力可表达为

$$F = K_{\Phi}\mu_0(H + M)(R_{\mathrm{mFe}} + R_{\mathrm{mair}})S$$

经理论分析和实验建模，这里设计制作的环型电磁铁，经测试，在额定电流 0.78A 的工作状态下，完全吸附所达到的吸力为 81.34 N、功率为 1.73 J，可连续工作 120 min。

（三）传感器与驱动部分

套在丝杠上的可运动内螺纹套筒与平行导槽机构相连，当其运动到或离开位置时，传感器必须将其检测到，并输出信号给 PLC 控制器。这里选用一组对射型光学传感器作为检测工具。A 检测到 B 发出的光，将发出一个“ON”信号到 PLC 的输入端，若没有检测到 B 的信号，则无“ON”信号输出。传感器与驱动电动机，如图 3-47 所示。

图 3-47　传感器与驱动电动机外形示意图

由于机器人内部装配结构紧凑，空间狭小，因此首先要求传感器形状为狭长形，长度要短，体积不宜过大。其次，考虑到动力电动机惯性的问题，由于电动机惯性而导致内螺纹套筒在电动机停止后还将向前运动 3 mm，为了避免套筒与传感器相接触，所以传感器的检测范围应大于 5 mm。由于蜗轮厚度为 20 mm，所以对射型传感器的检测范围要大于 20 mm，为了不受机器人外部自然光的影响，应选用光谱不在自然光谱范围内的光源。

作用在电动机轴上的转矩有电动机的电磁转矩 M 和负载转矩 M_{Z}。一般来说，M 是推动运动的，而 M_{Z} 是反抗运动的。为此，在列写电力推动系统的运动方程时，对转动的正方向作如下规定：在事先选定转速 n 的正方向以后，电磁转矩 M 的正方向与 n 相同，负载转矩 M_{Z} 的正方向与 n 相反。于是，根据旋转运动系统的牛顿第二定律可得

$$M - M_Z = J\frac{\mathrm{d}\omega}{\mathrm{d}t}M_g$$

式中：M 是电动机的电磁转矩，单位 N · m；ω 是电动机轴旋转角速度，单位 rad/s；M_{Z} 是负载转矩，单位 N · m；t 是时间，单位 s；J 是旋转体的转动惯量，单位 kg · m^2；M_g 是惯性转矩，单位 N · m。

依据上式和机器人各种运动模态的力学分析，这里分别选用了两种不同的驱动电动机。

（四）控制器部分

针对上述要实现的控制功能，以可靠性高、开发周期短、操作简单和便于推广为原则，这里选用可编程控制器 PLC（CPM2A）为机器人的控制器。控制器箱外观如图 3-48 所示。

图 3-48 控制器箱外观

CPM2A 在一个小巧的单元内综合有各种性能，包括同步脉冲控制、中断输入、脉冲输出、模拟量设定与时钟功能等。同时，它又是一个独立单元，能处理广泛的机械控制应用，其良好的通信能力可实现远程分布控制。相对单片机而言，PLC 更容易操作，出故障时维修较简单。在解决自动控制问题上，PLC 已成为最便捷、最有效的工具。

机器人主体与控制箱的线路各由一对 DB50 的接头引出，包括以下内容。

（1）电磁吸附控制线：电磁铁吸附装置四组，每组各引出 2 根线，共 8 根。

（2）运行状态传感探测信号线：接近开关四组，每组各引出 3 根线，共 12 根。

（3）机器人本体电动机驱动控制线：驱动、转向电动机各两套，每套各引出 2 根线，共 8 根。

通过相应的接口软件，用一根 USB 转接线便可将视频探头和个人计算机连接在一起，操作界面也同时显现在计算机屏幕上。

三、功能及特点

（1）机器人按指令蠕动爬行，通过加装在机器人上的视频、超声探头和机械手，可以在船体表面、潜艇内狭窄管道等，人不适合工作的地方完成探测和维修任务。

（2）机器人作为功能载体采用组合式结构，两节机器人可拆卸分解为两个独立平面运动机器人，也可将两节机器人拼装组合成一个可在不同平面跨越运动的机器人。

（3）单节机器人可以实现在任意角度（垂直、倒置、任意角度倾斜）钢铁甲板平面的前进、后退等基本功能，还可以线接触的形式在钢铁导杆或围栏上运动。

（4）把两节机器人组合在一起可以完成通过≤60°倒角的不同平面的跨越运动，机器人通过“抬头”“翘尾”等动作可以实现在任意运动平面上攀越 40 mm 的高度障碍；通过±60°的水平转向，也可实现避障功能。

四、主要创新点

（1）采用电磁吸附装置可使机器人牢牢吸附在竖直、倒置，以及任何角度的甲板平面上；在额定电流（0.78 A）下，单个电磁铁其最强吸力可达 8 kN，可满足机器人在任何角度甲板平面上运动所需要的吸附力；采用电磁吸附式蠕动运动方式，解决了现有足式、轮式机器人在动载体上运动所遇到的选择落足点、避免禁足区和保持步态稳定的问题。

（2）采用平行导槽机构作为移动电磁铁固定支架，可使机器人以线接触方式在平行钢铁导杆或围栏上运动。

（3）应用组合模块的装配理念，可使机器人在平面内分解成两个单节机器人独立完成不同的任务，也可组合成一个两节机器人完成更为复杂的任务。

（4）采用垂直转向机构和相应的控制系统，使机器人可攀越高小于 40 mm、宽小于 80 mm 的障碍物，并实现具有一定夹角或外导角平面之间的运动转换；采用水平转向机构和相应的控制系统可使机器人选择避障路径。

（5）以微型直流电动机为主动力源，配合直行、转向机构和传感器，在 PLC 程序控制下，实现双电动机驱动方式的自由切换，从而可满足机器人攀越障碍物、实现不同平面转化等运动的驱动需求。

（6）加装二自由度视频、超声探头和多自由度机械手、铲，可对舰船甲板表面进行探测与维修。

五、作品外观

组合吸附式蠕动探测维修机器人外观如图 3-49 所示。

图 3-49　组合吸附式蠕动探测维修机器人外观

发明创新实例五　全自动送筷机①

一、设计目的

大家到食堂就餐都得从筷子筒里胡乱地抓取筷子。这样既不方便又不卫生。久而久之，我们便萌发了设计自动送筷机的灵感。图 3-50 所示为全自动送筷机外观。

图 3-50　全自动送筷机外观

从设想到构思送筷原理和模拟送筷试验，再到产品的试制、修改、定型花费了数月的

①由全自动送筷机发明者，武汉科技学院杨文堤教授提供初稿。该发明已申请实用新型专利，专利号：ZL200420065140.9。

时间。目前，产品的各项技术指标均达到了设计要求，预计不久将批量投放市场。

二、设计过程

1. 送筷方式的确定

初定的送筷方式有三种：朝上竖直送（图 3-51）；水平横向送（图 3-52）；水平竖向送（图 3-53）。

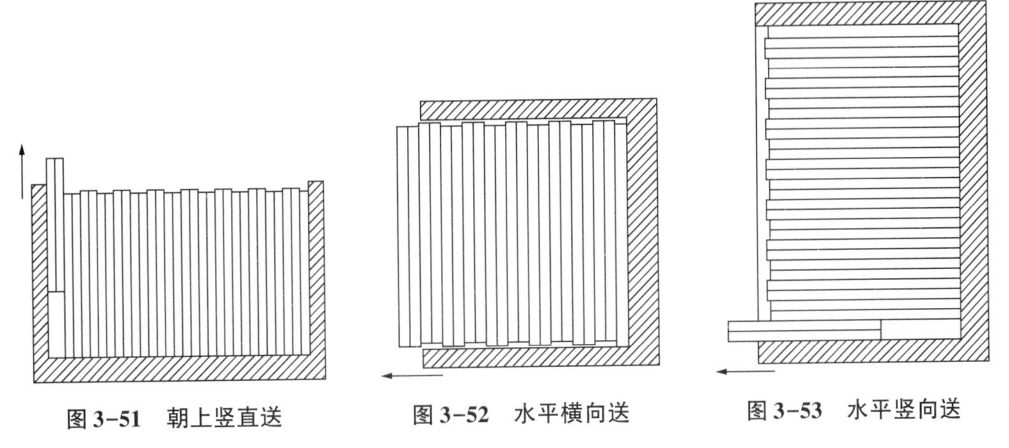

图 3-51　朝上竖直送　　图 3-52　水平横向送　　图 3-53　水平竖向送

通过反复多次模拟实验，发现朝上竖直送，取筷子最为方便。但筷子的水平移动距离长，所需水平推力也大，会导致机器结构复杂，从而增加了成本。水平横向送筷子，由于筷子尺寸、形状、大小及摆放的不规则，能顺利出筷子的概率不足 30%。而水平竖向送不仅出筷子顺畅，而且筷子被抽出后，在重力作用下会自由下落，省去了机械传动成本。使用这种方式取筷子也较为方便。

2. 出筷机构的选择

可供选择的出筷机构有盘形凸轮机构、摆动导杆机构、曲柄摇杆机构、曲柄滑块机构等。通过模拟实验，分析对比，发现盘形凸轮机构虽然结构简单。但由于从动件行程较大（70 mm），使机构的总体结构尺寸过大；曲柄摇杆和导杆机构不仅平稳性较差，而且占据的空间也大；而曲柄滑块机构占据的空间最小，结构比较简单，因此最后确定了用曲柄滑块机构与移动凸轮组合机构作为出筷机的执行结构，如图 3-54 所示。

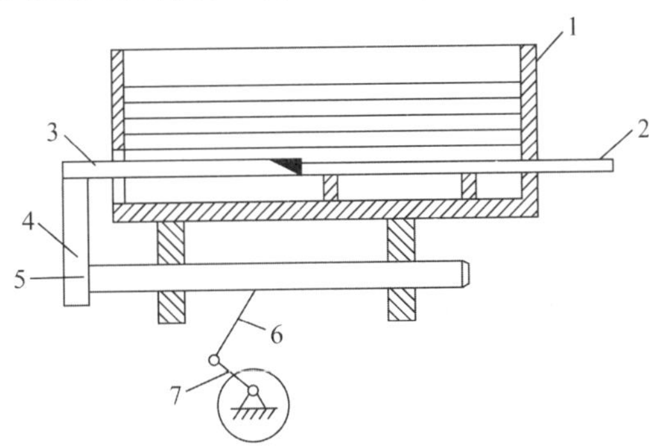

1—箱体；2—筷子；3—移动凸轮（推杆）；4—推板；5—滑块；6—连杆；7—曲柄

图 3-54　曲柄滑块与移动凸轮组合机构简图

3. 电动机的选择

通过模拟实验测定推筷子的阻力和最佳出筷子速度，从而确定电动机的功率为 25 W，减速电动机输出转速为 60 r/min。

三、工作原理

当曲柄滑块机构运动时，滑块带动移动凸轮（阶梯斜面）反复移动，将筷子水平送出。推出的一截筷子如未被取走，则移动凸轮空推。已推出的筷子静候抽取。如推出的筷子被取走，则上方筷子在重力作用下会自由下落到箱体底部，而被再次推出，如图 3-55 所示。

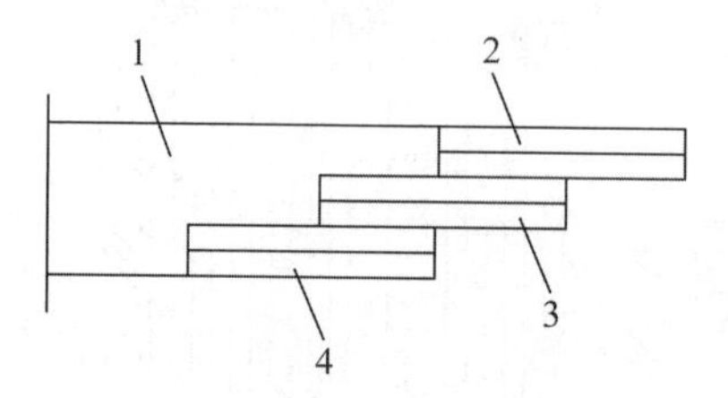

1—阶梯推杆；2—推出最长筷子；3—推出较短筷子；4—推出最短筷子

图 3-55 阶梯推杆推筷示意

设计阶梯推杆的目的，一是提高送筷子的效率，二是防止筷子由于摆放不规则，出现卡死、架空等现象。初定的推杆只能推一双筷子，不仅效率低，而且经常出现卡死、架空现象。阶梯推杆推出的三双筷子成并排阶梯状。伸出箱体最长的筷子被抽走后，如上方筷子不能自由下落，则再抽取伸出较短的一双，如抽走后上方筷子还不能自由下落，再抽走最短的第三双筷子，由于三双筷子较宽，三双都抽走后，上方筷子必然失去支撑而下落到箱体底部。

阶梯推杆斜面的作用，一是起振动作用，二是防止筷子未对准出口时被顶断，如图 3-56 所示。

当筷子未对准出口、顶在箱体壁上时，筷子在阶梯推杆的斜面上滑过。经过多次作用，筷子只有对准出口时才能被顶出。

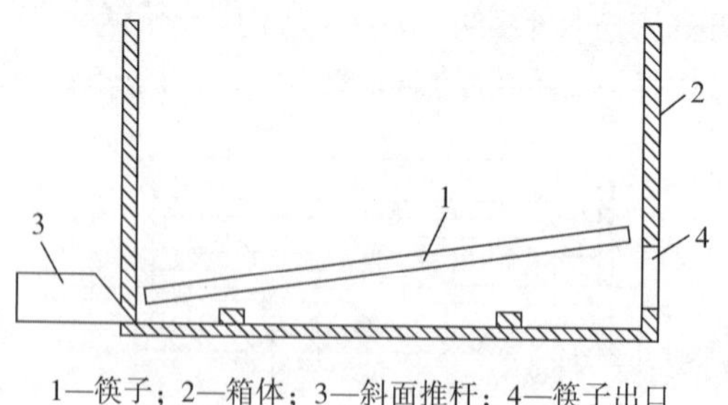

1—筷子；2—箱体；3—斜面推杆；4—筷子出口

图 3-56 斜面推杆作用示意

四、主要创新点

1. 产品创新

该产品属世界首创，经过各种市场调查，还没有自动出筷机等自动出筷装置。由于市场容量很大，产品又获得了专利权，投放市场后将获得良好的社会及经济效益。

2. 机构创新点

将曲柄滑块机构与移动凸轮机构（阶梯斜面推杆）有机组合，能实现多种功能。一是机构组合本身结构非常简单、紧凑，可大幅度降低成本及机器的结构尺寸；二是阶梯推杆可有效地防止筷子被卡住而不能自由下落的现象；三是斜面推杆能有效防止筷子未对准出口而被机器顶断的现象；四是斜面推杆可适用于所有横截面形状不同的筷子。

第四章　专　利

自然赋予各种生物相同的条件，唯有人类拥有独特的进取心、智力和创造力。人们利用科学规律创造出技术发明，技术发明又帮助人们超越生物本体的局限，超越时空，推动历史进程的大飞跃，走向文明的更高峰。科学发现和技术发明相互渗透、相辅相成。我国人民自古以来都有发达的创造性思维，具有发明创造的光荣传统。而人们也很早就意识到发明创造需要鼓励与保护。早在19世纪刊行的《资政新篇》中就记录了当时鼓励发明创造的措施，提出了建立专利制度的主张。其中对权力人的权力保护、发明创造的期限保护、对侵犯权力的惩罚等主张和现在专利制度精神基本吻合。中国近代，从1898年7月清朝光绪帝颁布的《振兴工艺给奖章程》中亦可找到保护发明创造的规定，对不同程度的发明创造明确了保护的期限。“大的发明，如造船、造炮或用新法办大工程（如开河、架桥等），可以准许集资设立公司，批准50年专利；其方法为旧时所无的，可批准30年专利；仿造西方产品，也可批准10年专利。”随着科技的进步和社会的发展，科技创新成果层出不穷。人们越来越注重对科技成果的保护。专利是人们保护科技成果的重要形式之一。专利亦为专利权，它是一种特定权力，是依据《专利法》授予提出专利申请的申请人在一定期限内禁止他人未经允许而实施其专利的权力。

第一节　发明创造实施程序

发明创造的实际过程是非常复杂和千差万别的，但是也有共性，从事发明创造需要一定的程序。任何的发明创造过程都是由三个阶段构成，即选择课题阶段、解决课题阶段和完成课题阶段。

一、选择课题

寻求、发现和产生有价值的问题是发明创造课题的选择实质，并以此作为发明创造的起点。尽管在我们的生活、学习和工作中，在我们的身边存在大量的有待解决的问题，但还有很多人对此视而不见；或是已经看到和发现了问题，也没有解决问题的愿望和动机。因此，这一阶段，更要靠一个人的创新意识和直觉。有了强烈的创新意识和一定的直觉能力，去积极主动地寻求、发现问题并力图解决问题，才可以说真正地步入了发明创造的进程。这一阶段，要解决两个主要的问题：一是怎样尽可能多的产生课题；二是怎样从众多的课题中选出有价值的和力所能及的课题。

（一）选题原则

在难以计数且纷繁复杂的科学和技术问题面前，如何正确地选择适合自己能力和条件的创造课题显得尤为重要。虽然没有固定的模式，但一般来说，需要遵循以下五条基本原则。

1. 需求性原则

需求性原则是创造选题的首要原则，它体现了创造过程的最终目的性。需求性原则是指科学研究与技术发明应符合学科理论发展或技术创新发展或社会经济发展的需要，注重科学与技术发展中的“热点”“难点”“前沿”“超前”等问题，基础性研究要从学科理论发展的需要出发，包括开拓科学领域、更新科学理论和改进科学方法的需要等；应用性研究要致力于解决国民经济发展和社会生活中所面临的实际科学技术问题，其任务在于把理论推进到应用的形式，要充分注意发明创造成果的经济价值、经济效益、社会效果、对环境的影响等现实性问题。

需要性原则也可理解为目的性原则，具有针对性、重要性、必要性、价值性等属性。

2. 科学性原则

科学性原则是指选题必须以科学事实、科学理论、技术原理等为依据，按照客观规律办事，将选题与当时的科技背景和社会发展时代相融合，使之成为在科技上和实践上可以成立和可以探讨的问题，要持之有故、选之有理；同时，还要随着基础事实和背景理论的进步、变化而对选择的课题及其内容进行必要的调整，至少是局部调整和方案调整；否则，就会失去科学性而陷入没有应答域的假问题。违背科学规律和技术原理将一事无成。

3. 创新性原则

创新性原则就是要求创新课题具有先进性、新颖性和突破性，发明创造就是要解决前人没有解决或没有完全解决的问题，并预期能够产生创造性成果。创新性要体现“先一步、高一手、上一层”的特点。先一步，就是搞前人没有搞过的创新，先出一成果；高一手，就是立意新颖独特，并有摘取创新成果的非常能力和技术路线；上一层，就是创新成果，比现有的同类事物先进，绝非仅指填补空白，而翻新、利用或改造旧事物，使其带来新的意义和价值，都是创新。创新性是创造活动的最根本特点，是创造过程的灵魂，其主要表现在三个方面：一是概念和理论上的创新；二是方法上的创新；三是应用上的创新（包括解决新的实际问题和开拓新的应用领域）。总之，创新不仅是纯理论的狭义创新概念，而是广义创新概念，涵盖了新理论、新技术、新工艺、新方案、新管理、新服务、新应用、新市场等诸多方面。

4. 效益性原则

效益性原则，一是指选题过程中要根据具体情况单独或综合着眼于社会效益、经济效益、生态效益等。二是指创造过程所需的人力、物力、财力、时间应该合理分配和安排利用。虽然某些基础研究一时难以产生直接的经济效益，但从长远利益和整体利益的观点看，最终还是要反映到经济效益和社会效益上来。

5. 可行性原则

可行性原则指选题应与自身的主、客观条件相适应，一是根据已经具备的条件。二是根据经过努力可以创造具备的条件。符合需求、创新性和科学性强的选题并非都是自己力所能及的，这一原则要求确定选题时不能胡思乱想、胡编乱造，不能想当然；要有理论支持和可行性依据，不可好高骛远地“开空头支票”。

在主观方面，要分析科研力量的结构、各种人才的配置和研究人员的素质、能力、对科研课题的认识程度、研究兴趣等因素，要求科研人员务必具备科学判断科研形势和科学精神的能力和素质。

在客观上，要充分考虑科研经费、实验设备、试验材料、情报资料、时间期限和外部环境、国家政策、学术交流等因素。

创新处于激烈的竞争中，不顾课题的现实可行性，则或者无法进行，或者半途而废，或者长期不见成效。这会挫伤创新者的信心，会错过承担其他创新的良机，即使有一天攻下这个课题，也会因历时太久而失掉创新的原有意义和价值。

创新选题的这五项基本原则，既相互区别，又相互联系。从客观条件看，创新者应当充分注意和考察课题得以完成的客观物质技术基础，从人力、物力、财力三个方面确保创造课题的顺利进行；从主观条件看，创新者应当充分考虑自身的条件，做到量力而行和扬长避短。

（二）选题来源

创造选题范围十分宽广，可以是科技进步、经济建设、社会发展中需要发展和解决的各种科技理论和实际问题，包括理论、技术、生产、生活、管理与决策等方面的问题。科学和技术问题作为客观事物内部矛盾的反映，来源于各种不同的途径。最常见的有以下几种来源。

1. 已有理论与经验事实之间的矛盾及其理论演绎拓展

这类矛盾问题的出现要么是经验有误，要么是理论有缺陷。这类矛盾可能是新事实与旧理论之间的矛盾，也可能由理论得出的结论与客观事实之间的矛盾。

2. 科学技术理论体系之间的矛盾

（1）同一科技理论体系内部包含的逻辑矛盾。

（2）同一学科不同理论之间的矛盾。

（3）不同科技理论体系之间的矛盾。

3. 经济社会发展需要与现有科技条件之间的矛盾

经济建设、社会发展、人类生活的需要随时都会提出理论上和技术上的各种新需求，这些新需求是应用性研究最直接、最广泛、最有价值的选题来源。

4. 科学与技术的空白区、交叉区和边缘区

不同科学和技术的空白区、交叉区和边缘区是凝练科学与技术问题的生长点，这类问

题往往是复杂程度高、层次性强、价值性大的高水平发明创造选题。

5. 发明创造中的灵感思维、直觉思维和意外发现

在具体的发明创造过程中，可能出现的各种新发现、新灵感、新意识、新思路、新线索等，或科研人员对其研究方向和研究范围富有浓厚的探索兴趣，偶然迸发出的想象、灵感、直觉，以及意外发现等，往往是创造选题的机遇和重要来源。

6. 经济科技发展规划和科技项目指南

我国从国家到省市再到地方的各行业、各部门和综合科技管理部门，会根据实际发展需要和集合各方面的意见而制定经济发展和科技发展规划，甚至科技项目指南，创造者可从中直接选题，也可围绕这些规划选题。

（三）选题方法

发明创造选题本身就是一种科学研究与发明创造工作和过程，没有固定模式，应是不拘一格的。但一般来说，发明创造选题方法和步骤包括选题调研、课题选择、课题论证和课题决策等过程。

1. 选题调研

选题调研是选题的准备阶段，创造者根据科技发展需要、社会经济发展需要和自身的知识背景，首先，应确定研究方向；其次，明确研究领域、研究范围及研究层次；再次，跟踪国内外在同一科技领域或学科领域或应用领域的研究进展和趋势，明确创造的意义、地位和作用，明确已解决和未解决的问题等，为最后选定具体的创造课题和创造内容做好准备。这一阶段需注意以下几个方面。

（1）信息来源。选题调研的信息源或科学事实源主要来自文献（报纸、期刊、图书、专利、标准、档案、科技报告、会议文献等）、国际互联网、科研部门、情报部门、专业数据库服务部门、具体的专业工作实践、社会实践等；目前的网络资源作用颇大，可重点利用，要学会网上搜索引擎的使用技巧和检索手段的灵活应用。

（2）信息判断。选题调研中对创造课题有关信息了解的是否准确，不取决于信息的有无，而是取决于判断，要自觉地防止陷入搜集“破烂信息”从而误导选题方向的泥潭，因此，要采取多种有效的方式和途径予以克服和解决。

（3）信息追踪。坚持调研、追踪和分析有关问题与信息，“冰冻三尺，非一日之寒”，如果平时不注重积累，选择临时抱佛脚，是无法高质量完成创造选题的。

2. 课题选择

课题选择是提出并确定拟创造的具体课题与创造内容的阶段，根据问题的调研结果，运用选题原则，从调研时所拟定的问题中择优选出备选课题。

3. 课题评议

课题论证是为了确保课题选择正确而对课题及其方案做出论证和全面评审，根据选题的基本原则，对课题依据、实施条件、社会与经济效益及对科技发展的潜在价值依次逐项剖析、审议；一般采取同行专家评议、领导参与决策、管理部门决策结合的方式进行。

4. 课题决策

课题决策就是最终确定创造课题的取舍，经过论证与评议，最后做出决策，课题若通过论证则可确定为待立项创造课题或立即立项实施创造课题，否则就要另选课题。

总之，选题是一个不断反馈并反复调整的过程，常常需要反复调研、调整、更改和多次论证。

二、解决课题

解决课题是创造过程的核心，是最富有创造性的阶段。这一阶段的实质是提出解决课题的原理、方法和设想。这一阶段主要分为以下五个步骤来实施。

（一）调查

调查是围绕初步选定的课题，广泛收集资料。首先，要查清此课题所涉及的内容是否已研究？结果如何？如果存在不足，原因何在？其次，对所涉猎类似的发明创造，针对优点与不足，寻找可取之处。再次，除整体调查外，随着调查的深入，还要做分解调查，通过分解调查分别寻求解体的同类事物。最后，调查该项技术创造所需要的知识和技能自己是否具备，确定自己有没有独立进行该项技术创造活动的能力，这些都必须搞清楚，才能着手实施，否则会浪费时间与精力的。

（二）思考酝酿

思考酝酿是在占有大量与技术创造课题有关的基础上，运用创造技法进行深层次的科学思维。思考酝酿的重点一般应是科技创造的关键点和难点。例如，采用什么工作原理和结构来实现创造要求？思考酝酿要做到能进能退、能直能曲、思想解放、尊重科学，既能深钻细研，又不钻牛角尖。思考酝酿是创造性很强的活动阶段，要在思考酝酿中最大限度地发挥自己的创造力。创造性设想能不能产生出来，关键就看思考酝酿阶段的孕育。在思考酝酿阶段要注意以下几点。

1. 思考酝酿需灵活运用创造技法。

思考酝酿有多种形式和方法，需针对不同的科技创造对象和不同的技术难点，灵活运用创造技法，充分利用各种时间和环境进行变换思考，做到思想不保守、课题不保密（确系需要保密的除外），多请教别人，敢于公开技术创造的难点和自己的对策，善于倾听旁人的意见。思考酝酿阶段的创造技法大致分为以下四类。

（1）排除错误法。思考酝酿阶段会产生思维上的各种猜测，并通过不断实践来排除错误的猜测来找出需要的解决方案。用这种方法进行发明创造，能否取得成功主要取决于发明家的机遇与个性品质。

（2）发散思维法。这类技法最主要的特点是，让思维无拘无束地处于高度自由状态，以产生大量新颖的、解决问题的设想。由于发明创造本身就是做前人所未做、想前人所未想的事，发明创造的课题必无现成答案可供选用，因此只有让思维的触角向四面八方充分伸展，充分借助联想、类比等思维方式或把未知事物同已知事物联系起来，获得解决问题的方案。这类技法的运用效果受发明创造者本身的经验和知识等限制。

（3）分析逻辑推理法。这类技法的主要特点是通过对收集来的信息进行严密的分析、整理和再加工，达到发现问题、解决问题的目的。从信息论的角度看，发明创造的过程实质就是对获得的信息进行分割、剪裁、重组的过程。因此，在当今这个信息时代，这类技法有着特殊的作用。

（4）程控法。这类技法就是通过控制发明创造者的思维方向，让思维按照严格的程序或步骤去解决课题，其最主要特点是发明者可以避免大量无效的思维过程，而快速逼近答案。但是，这类技法是一种解决发明课题的程序，并不能代替具体的思考。在执行程序的过程中，可以对程序进行改造，以适应其他各类创造。

2. 思考酝酿不要急于求成

思考酝酿是时间较长的创造性活动阶段，不能急于求成。在整个创造性活动过程中，要能及时调节思维、减轻疲劳并激发灵感。对复杂的问题，要经过一个时间或短或长的酝酿阶段，这就是解决问题的孕育阶段。这种孕育过程有时还不得不暂时将问题搁置下来，因此又被称为潜伏阶段，是酝酿解决方法所不可缺少的。孕育阶段大多是属于潜意识的思考过程，它很可能孕育了解决问题的新办法或新观念，一旦酝酿成熟，就会脱颖而出。

（三）创造设想

围绕一个目标进行持久不懈地多方位观察，学习消化有关知识，加工处理有关情报，反复思考酝酿，就在头脑中灌输和储存下大量与创造对象有直接联系或间接联系的信息。在想象力的作用下，驱动这些信息在头脑中不断地运动着、互相交织，一些同发明创造毫无关系的信息也可能被卷入这种思维活动中，经过归纳演绎、分析综合等独特的思维方式加工已知的知识，异变已有事物，创造出新表象和新概念。

创造性设想的产生给发明创造带来了生机。没有创造性设想，就没有发明创造，围绕一个课题产生的创造性设想越多越好，创造性设想是制订发明创造方案的依据。发明创造的各个方案经过分析、论证和筛选，确定了最佳方案后，技术创造活动的重心就开始向建立模型、设计和制作阶段转移。

（四）建立模型

1. 模型分类

模型是通过主观意识借助实体或者虚拟表现、构成客观阐述形态、结构的一种表达目的的物件（物件并不等于物体，不局限于实体与虚拟、不限于平面与立体）。现介绍以下几种模型。

（1）草拟模型。草拟模型用在设计产品造型的初期阶段，可以把设计构思用立体模型简单地表示出来，供设计人员深入探讨时使用。

（2）概念模型。它是用于设计构思初步完成之后，在草拟模型的基础上，用概括的手法表示产品的造型风格、布局安排、人机关系，从整体上表现产品造型的整体概念，侧重考虑产品造型而制作出的模型。

（3）结构模型。它是为了研究产品造型与结构的关系，清晰地表达产品的结构尺寸和连接方法，并进行结构强度试验而制作的模型，侧重对产品结构的构思。

（4）功能模型。它既用来研究产品的各种性能及人机关系，也用来分析、检查设计对象各部分组件的尺寸与机体的相互配合关系，并在一定条件下用于试验，以及对产品功能的进一步完善。

（5）数学模型。数学模型是针对现实世界的某一特定对象，为了一个特定的目的，根据特有的内在规律，做出必要的简化和假设，运用适当的数学工具，采用形式化语言，概括或近似地表述出来的一种数学结构。它或者能解释特定对象的现实性态，或者能预测对象的未来状态，或者能提供处理对象的最优决策或控制。数学模型既源于现实又高于现实，不是实际原形，而是一种模拟，在数值上可以作为公式应用，可以推广到与原物相近的一类问题，可以作为某事物的数学语言，可译成算法语言，编写程序进入计算机。

2. 模型建立过程

现以建立一个实际问题的数学模型为例，说明模型建立过程。建立一个实际问题的数学模型，需要一定的洞察力和想象力，筛选、抛弃次要因素，突出主要因素，做出适当的抽象和简化。模型建立过程一般分为表述、求解、解释、验证四个阶段，而且还要在这些阶段完成从现实对象到数学模型，再从数学模型到现实对象的循环，如图 4-1 所示。

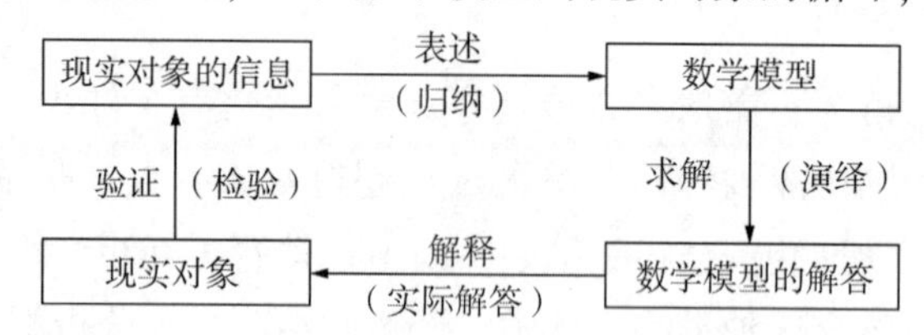

图 4-1　数学模型建立过程

（1）表述阶段。根据建立数学模型的目的和掌握的信息，将实际问题翻译成数学问题，用数学语言确切地表述出来。这是一个关键的过程，需要对实际问题进行分析，甚至要做调查研究，查找资料，对问题进行简化、假设、数学抽象，运用有关的数学概念、数学符号和数学表达式去表现客观对象及其关系。如果现有的数学工具不够用时，可根据实际情况，大胆创造新的数学概念和方法去表现模型。

（2）求解阶段。选择适当的方法，求得数学模型的解答。可以采用解方程、画图形、证明定理、逻辑运算、数值计算等各种传统和现代的数学方法，特别是计算机技术。

（3）解释阶段。数学解答翻译回到现实对象，提供实际问题的解答。对模型解答进行数学上的分析，有时要根据问题的性质分析变量间的依赖关系或稳定状况，有时要根据所得结果给出数学上的预报，有时则可能要给出数学上的最优决策或控制，不论以上哪种情况，都常常需要进行误差分析、模型对数据的稳定性或灵敏性分析等。

（4）验证阶段。检验解答的正确性。把数学上分析的结果翻译回到实际问题，并用实际的现象、数据与之比较，检验模型的合理性和适用性。这一步对于建模的成败是非常重要的，要以严肃、认真的态度来对待。模型检验的结果如果不符合或者部分不符合实际，则问题通常出在模型假设上，应该修改、补充假设，重新建模。有些模型要经过几次反复，不断完善，直到检验结果达到某种预期程度上的满意。

（5）模型应用。应用的方式要取决于问题的性质和建模的目的。

并不是所有建模过程都要经过这些步骤，有时各步骤之间的界限也不那么分明。建模时，不应拘泥于形式上的按部就班，需采取灵活的表述方式。

（五）实验研究

实践是检验真理的唯一标准。在提出技术方案后，要通过科学实验和样品试制，验证新模型、新技术、新方法和新产品发明方案构思的正确性。

1. 制定实验计划

实验计划是指导实验工作的依据，也是对实验方案的科学论证。发明创造者应掌握制定实验计划的基本方法。

（1）明确实验目的和任务。实验目的、任务必须十分明确，这是确定实验工作的基础。整个实验活动都要围绕实现实验目的进行。

（2）实验设计。实验设计是对实验内容、实施程序做出具体的安排，目的是保证实验结果的精准性、科学性，以及在此前提下，尽可能地减少实验次数，降低试验费用，缩短试验时间。

（3）选择实验方法。实验设计必须选择合适的方法。

（4）器材的选择与制备。方案设计工作完成之后，要根据实验内容考虑制作什么样的实验装置，选择和制备哪些器材和测试仪器，条件齐备，才能有条不紊地进行实验。

2. 实验测试与结果分析

实验不一定一次就能完成。在实验中，实验者必须仔细观察，警觉意外的变化，多疑善思，搜寻各种值得追踪的线索，这对于抓住一些有价值的东西和改进试验都是有益的。实验工作的最后一个阶段，是处理试验数据和分析试验结果，从中才能得出有价值的结论。

3. 修改实验模型

从发明设想到最终得到发明成果，要进行许多次实验。发明成果往往需要通过实验不断改进，逐步完善。发明创造过程中的实验不是在最终发明成果上进行的，而是需要通过模型实验后，重复实验证明其原理、功能及结构的新颖性、合理性，才可以制作样品。

三、完成课题

发明创造进行了实验研究之后，就进入了完成课题阶段。这一阶段的主要任务在于确定科技创造成果是以何种形式表达出来，成果表达形式一般有四种：专利，论文，产品和软件。而科技创造成果的推广应用对国家、企业和个人都有着重要的意义。对于国家来讲，发明创造成果，特别是一些重大科研成果转化为劳动资料，将会实现技术革命；对于企业方面讲，现代企业间在科技创新方面的竞争激烈，企业要想在市场上长期占据一席之地，就必须有更多的创新成果大量应用；对于个人来讲，发明创造成果物化的速度快慢，直接关系到个人利益的多少和事业的成败。

第二节　专利中的发明创造

一、科学发现和技术发明

（一）科学发现

科学发现是人们在科学活动中对未知事物或规律的揭示，找到前人未知晓的，是对于促进科学发展有重要作用的客观存在，是对自然界客观存在的未知物质、现象、变化过程及其特性、规律的发现和认识。科学发现是科学进步的主要标志，主要包括事实的发现和理论的提出。这两类又是相互联系、相互促进的。重大的科学发现，特别是重大理论的提出，往往构成某一学科甚至整个科学的革命。科学发现史上有大量所谓“同时发现”的记载说明，任何发现归根结底都是在一定社会文化背景中的社会实践和科学自身需要的产物，特别是事实的发现往往直接受到社会生产水平和仪器装置制造技术的制约。因此科学发现在科学发展的总进程中是必然的，合乎规律的。它具有自己的“逻辑”这种“逻辑”有别于单纯从事实归纳出理论或从理论演绎出事实的形式逻辑。

（二）技术发明

所谓发明，是指运用有关的科学理论知识做出的技术创造。关于发明，可以有狭义和广义两种理解。狭义的发明是指国家专利法所承认的发明，即“对产品、方法或者其改进提出的新的技术方案。”广义的发明是指所有新颖的、独特的、具有一定社会意义和价值的技术成果，包括那些未获得专利的技术创造。人们通常所说的技术“小发明”，大都出于广义的理解。

技术发明是运用自然规律和科学原理，为解决人类生产、生活中某一特定技术问题而提出创新性方案、措施或最后成果。作为一项新的技术解决方案，技术发明是发明人的一种思想、构思和设想，不管发明以何种形式表现出来，发明实质是一种创造性的智力成果。

技术发明作为人类从无到有的一种技术创造活动，有着以下五个自身的基本特点。

1. 新颖性

新颖性是技术发明最根本的特点，技术发明成果不仅要前所未有，而且要比以前技术成果更先进。如果某项发明成果与现有同一领域或技术体系中的某项成果在属性、特征、功能和形态上具有相同性，则该项发明不具有新颖性。但是如果某项技术发明成果在属性、特征、功能和形态上与已有技术具有相同性，但二者不属于同一技术体系或同一领域中，则其依然具有新颖性。近年来出现的交叉学科便是实例，把一个领域中已经成熟的方法运用到另一个领域中，会得到意想不到的成果。

2. 先进性

先进性是反应发明创造的技术价值大小和技术水平高低的标志，主要体现在技术原理的进步、技术构成的进步和技术效果的进步三方面，具体表现为新的技术功能的增加、原有技术功能的提高和劳动生产率的提高，以及工作环境的改善和劳动强度的减轻等方面，本质上先进性主要是指某项新发明技术成果较原来技术具有更高的科技含量。

3. 科学性

某项发明必须建立在一定的科学技术背景之下，根据当时的科学技术发展状况而进行技术原理的构思和开发研究。一方面，所发明的技术原理要符合科学规律，任何违背自然规律、凭空想象、宗教迷信的发明项目切不可选；另一方面，技术发明应当根据当时的科学技术发展水平而进行，不能超越特定的社会历史条件。

4. 经济性

世界上的任何一项发明除了追求它的社会需要外，更多的是追求它的经济性，特别是市场经济条件下，经济性特点就显得更加突出。一项发明成果要真正投入实际使用中，首先碰到的就是成本问题。假如一项技术发明具备了一定的新颖性、先进性和科学性，但是由于生产成本过高、造价昂贵，或者由于使用成本过高、消费档次过高，就可能导致该项发明的技术不能被广泛应用和推广，不能形成商业性的生产和制造。

5. 社会性

技术发明不仅具有自然属性，更具有社会属性。就社会属性而言，主要表现在两个方面：一是技术发明创造应该针对社会需求而进行，没有社会需要的发明是徒劳的；二是技术发明创造必须符合国家、地区的法律和道德，一切不利于人类生存、社会进步和生态环境保护的研究开发项目，显然应该是不被允许的。

（三）科学发现和技术发明的关系

1. 科学发现和技术发明的联系

19 世纪开始，科学发现和技术发明便逐渐相互渗透，在当代高科技领域中，人们已经分不清科学发现在先，还是技术发明在先。

科学发现和技术发明形成了互动关系。这种关系从互动视角看，科学发现为技术发明提供理论基础，技术发明是科学发现的动力，技术需要推动着科学进步，技术为科学的发展提供研究手段。特别是科学实验的设备，技术为科学概括和分析提供资料和经验事实，技术实践可以检验科学认识的真理性。在科学领域中，如果没有实验工具、实验装置和实验方法的发明，科学发现将只能成为人类的梦想与空谈。科学发现只有在技术发明的有利帮助下，才会不断前进。总的来看，这一互动关系包含两层含意：一是科学发现本身就是技术发明，二者具有高度一致性，在高科技领域中亦是如此；二是科学发现过程中产生了相关或不直接相关的技术发明，或在技术创新过程中，因技术问题解决的需要推动了科学发现。无论哪种情形，同质或不同质的科学发现和技术发明之间已经出现了连续产生、互为因果的趋势。

2. 科学发现和技术发明的区别

科学发现和技术发明本质上是不同的，科学发现是指首先揭示客观固有的事实与内在规律；技术发明是指优先创造出具有一定结构、功能、方法的客观没有的人造物与技术方

案。一个回答“是什么？为什么？”，一个回答“做什么？怎么做？有什么用？”二者都用已知知识求解未知问题，科学发现是以自然存在物作为研究对象，而技术发明则以人造存在物作为研究对象；前者更多地运用逻辑思维、发散思维，而后者更多地运用形象思维、发明思维。

具体地说，科学发现是指科学家在科学探索中，凭借智慧，以问题为导引，对科学要素进行有效的整合或实验运作，发觉、观测、揭示出自然界固有的、前所未有的，以科学知识表现出来的科学事实、科学理论的活动。科学发现的结果是发觉、观测、揭示出自然界已经存在的、前所未有的，以科学知识体系表现出来的科学事实、科学理论，表现为发现新事物、新现象、新特征，得出新概念、新关系、新原理、新定律，提出新假说和新理论，形成新学科。科学发现从本质上是以探索未知为目的，寻求已有的、客观存在着的，而面对人类来说前所未知或前所未有的事物。这种发现是从实践中产生思想，又使思想符合客观存在，是使主题顺应客体，并使客体在思维和现实中再现。

技术发明是指技术专家在变革自然对象的过程中，凭借智慧，用知识驱动、科技推力和需求拉力为引导，对技术要素进行思维整合和实体运作，创造出自然界和社会中前所未有的事物的活动。科技发明的结果是首创或创造出自然界和社会前所未有的新产品、新工艺、新流程和新方法，成果具有可感知性和创造性。技术发明本质上是以把自然科学的成果转化为直接生产力为宗旨，以改造自然和造福人类为目的，是历史上某个时期某个人头脑中的想象怎样变成人类文明的进程，它是主观能动的变革，是人类将想象变为现实，是人类改造自然客体，并使之与我们的意图和愿望相符合的过程。

例如，浮力定律公式是科学发现，轮船是技术发明；闭合线圈一部分导线切割磁力线产生电流是科学发现，发电机是技术发明；铀元素、放射性和质能转换公式是科学发现，原子弹是技术发明；电子轨道跃迁和量子受激辐射理论是科学发现，激光器是技术发明；万有引力公式和开普勒三定律是科学发现，而人造地球卫星和宇宙飞船是技术发明。

二、发明创造

发明创造是指运用科学知识和科学技术制造出先进、新颖或独特的具有社会意义的事物及方法。人们利用自然界存在的或者隐含的人类未知原理的科学方法，通过探索、研究、发现、表达、记录或信息交流等手段，表述成为口语、书面信息、涂鸦图案或科学技术理论等，或制作成为可以供生存、生活、生产、交流或信息交换的实物产品，都可称为发明创造。

（一）可以授予专利权的发明创造

受《中华人民共和国专利法》保护的发明创造包括发明、实用新型、外观设计三种。

1\. 发明

发明是指对产品、方法或者其改进所提出的新的技术方案。

发明必须是一种技术方案，是发明人将自然规律在特定技术领域进行结合的结果，而不是自然规律本身。同时，发明通常是自然科学领域的智力成果。文学、艺术和社会科学领域的成果不能构成专利意义上的发明。发明专利的保护客体是产品、方法、改进产品或方法的技术方案。

产品是指生产制造出来的物品。这种产品是自然界所没有的，是人利用自然规律作用于特定事物的结果，例如机器、仪器、装置、零件、材料、组合物、化合物等；也包括不同物品相互配合构成的物品系统，例如地面发射装置、太空卫星、地面接收装置组成的卫星通信系统等。

方法指产品制造方法和操作方法。前者如产品制造工艺、加工方法等，后者如测试方法、产品使用方法等。

改进产品或者方法的技术方案是对已有的产品发明或方法发明做出实质性的革新的技术方案。在现实中，绝大多数专利申请是对现有产品或者现有方法的局部改进，涉及全新产品或者全新方法的极少。

2. 实用新型

实用新型是指对产品的形状、结构或者其结合所提出的适用与实用的新的技术方案。

实用新型专利权的保护客体只能是产品。实用新型专利只保护部分产品发明，而不保护发明方法。

产品的形状是指产品所具有的可以从外部观察到的、确定的空间形状。对产品形状所提出的技术方案可以是对产品的三维形态的空间外形所提出的技术方案，也可以是对产品的二维形态所提出的技术方案。无确定形态的产品，如气态、液态、粉末状、颗粒状的物质或材料，其形状不能作为实用新型产品的状态特性。

产品的构造是指产品的各个组成部分的安排、组织和相互关系。它可以是机械构造，也可以是线路构造。机械构造是指构成产品的零部件的相对位置关系、连接关系和必要的机械配合关系等；线路构造是指构成产品的元器件之间的确定的连接关系。物质的分子结构、组分、金相结构等不属于实用新型专利给予保护的产品的构造。产品表面的文字、符号、图表或者其结合的新方案，产品的形状，以及表面的图案、色彩或者其结合的新方案，没有解决技术问题的，亦不属于实用新型专利保护的客体。

3. 外观设计

外观设计又称为工业产品外观设计，是指对产品的形状、图案或者其他结合，以及色彩与形状、图案相结合做出的富有美感并实际应用于工业上的新设计。外观设计必须以产品为载体。不能重复生产的手工艺品、农产品、畜产品、自然物不能作为外观设计的载体。

形状是指对产品造型的设计，也就是指产品外部的点、线、面的移动、变化、组合而呈现的外表轮廓，即对产品的结构、外形等同时进行设计、制造的结果。

图案是指由任何条纹、文字、符号、色块的排列或组合而在产品的表面构成的图形。图案可以通过绘图或其他能够体现设计者的图案设计构思的手段制作。产品的图案应当是固定、可见的，而不应是时有时无的或者需要特定的条件下才能看见的。

色彩是指用产品上的颜色或者颜色的组合，制造该产品所用材料的本色不属于外观设计的色彩。以下情况不能授予外观设计专利权：①对于特定的地理条件、不能重复再现的固定建筑物、桥梁等，如包括特定山水在内的山水别墅；②因其包含气体、液体及粉末等无固定形状的物质而导致其形状、图案、色彩不固定的产品；③纯属美术、书法、摄影范畴的作品；④以著名建筑物和领袖肖像等为内容的外观设计，以中国国旗、国徽作为图案内容的外观设计。

（二）不授予专利权的发明创造

下列几种情况的发明创造，不能被授予专利权。

1. 违反法律、社会公德或妨碍公共利益的发明创造

用于赌博的设备或工具、吸毒的器具、伪造货币的设备、带有暴力凶杀或者伤害民族感情的外观设计等，由于这些设计违反社会公德甚至违反法律，都不能授予专利权。对于发明创造本身的目的并没有违反法律或社会公德，但是由于被滥用而违反法律或社会公德的，不在此列中。例如，用于医疗的各种毒药、麻醉品、镇静剂、兴奋剂和用于娱乐的棋牌等。

2. 科学发现

科学发现是指对自然界中客观存在的现象、变化过程及其特性和规律的揭示；科学理论对自然界认识的总结，是更为广义的发现，它们都属于人们认识的延伸。这些被认识的物质、现象、过程、特性和规律不是用于改造客观世界的技术方案，不是专利意义上的发明创造，因此不能被授予专利权。

3. 智力活动的规则和方法

智力活动是指人的思维运动，它源于人的思维，经过推理、分析和判断产生抽象的结果，或者必须经过人的思维运动作为媒介才能间接地作用于自然产生结果。它仅是指导人们对信息进行思维、识别、判断和记忆的规则和方法，由于其没有采用技术手段或者利用自然法则，也未解决技术问题和生产技术效果，因而不构成技术方案。例如，交通行车规则、各种语言的语法、速算法或口诀、心理测验方法、各种游戏或娱乐的规则和方法、乐谱、食谱、棋谱、计算机程序等。

4. 疾病的诊断和治疗方法

将疾病的诊断和治疗方法排除在专利保护范围之列，是出于人道主义的考虑和社会伦理的原因。医生在诊断和治疗过程中应当有选择各种方法和手段的自由，治疗是以有生命的人或者动物为直接实施对象，进行识别、确定或者消除病因、病灶的过程，例如诊脉法、心理疗法、按摩、为预防疾病而实施的各种免疫方法，以及以治疗为目的的整容或减肥等。药品或医疗器械可以申请专利。

5. 动物和植物品种

动植物是有生命的物体，是自然生长的，不是人类创造的结果。所以，其品种难以用专利保护。随着现代生物技术的发展，人工合成或培育的动植物层出不穷，不能因为它们是生物而否定其发明创造，因此，对于动植物品种的生产的方法可以授予专利权。这里所说的生产方法是指非生物学方法，不包括主要生物学的方法。如果人为的技术对一项生产方法所要达到的目的或者效果起到了控制或者决定的作用，那么这种方法不属于“主要生物学的方法”。

6. 用原子核变换方法获得的物质

这些物质主要是一些放射性同位素，因其与大规模毁灭性武器的制造、生产密切相关，不宜被垄断和专有，所以不能授予专利权。但是，同位素的用途、为实现变换而使用的各种仪器设备，以及为增加粒子能量而设计的各种方法等，都可以得到专利权的保护。

7. 对平面印刷品的图案、色彩或者二者的结合做出的主要起标识作用的设计

外观设计保护的是产品的外形特征，这种外形特征不能脱离具体产品，起标识作用的平面设计的主要作用是向消费者披露相关的制造者或服务者，与具体产品无关，属于商标法保护范畴，所以不能授予专利权。

8. 无法用工业方法生产和复制的产品

美术作品、工艺品、农产品、畜产品、渔业产品、自然物品，以及利用或结合自然物构成的作品等，如果不能通过工业方法进行批量生产，则都不能授予专利权。

（三）专利权的基本特征

专利权是一种无形财产，具有其独特的特点。

1. 专有性

专有性也称为独占性，指对同一内容的发明创造，国家只授予一项专利权。专利权人对其发明创造所享有的独占性的制造、使用、销售和进口的权力。即是其他任何单位或个人未经专利权人许可不得进行生产、经营目的的制造、使用、销售和进口其专利产品及使用其专利方法，或者未经专利权人许可以生产、经营目的的制造、使用、销售和进口依照其方法直接获得的产品。

2. 地域性

地域性指一个国家依照其本国专利法授予的专利权，仅在该国家法律管辖的范围内有效，对其他国家没有任何约束力，他国对其专利权不承担保护的义务。任何单位或个人研制出具有国际市场前景的发明创造，不仅要及时申请本国专利，还应不失时机地在拥有良好市场前景的其他国家和地区申请专利，这样其海外市场也会得到保护。

3. 时间性

所谓时间性，指专利权人对其发明创造所拥有的专有权只在法律规定的时间内有效，期限届满后，专利权人对其发明创造就不再享有制造、使用、销售和进口的专有权。这样，原来受法律保护的发明创造就成了社会的公共财富，任何单位和个人都可以无偿的使用。对于专利权的期限，我国规定，发明专利保护期限为20年，实用新型和外观设计保护期限为10年。

第三节　专利申请基本条件与原则

发明创造要取得专利权，必须满足形式条件和实质性条件。形式条件是指申请专利的发明创造，应当用专利法及实施细则规定的格式，书面记载在专利申请文件上，并依照法

定程序履行各种必要的手续。实质性条件也称为专利性条件，是指申请专利的发明创造自身必须具备的属性要求，是对发明创造授权的本质依据。通常所说的授权条件多指实质性条件。

一、发明和实用新型专利的授予条件

授予专利权的发明和实用新型应当具备新颖性、创造性和实用性。

（一）新颖性

《专利法》所说的发明和实用新型的新颖性是指以下三个方面。

（1）在申请日期以前，没有同样的发明创造在国内外刊物上公开发表过。

（2）没有在国内外公开使用过或者以其他方式为公众所知。

（3）在申请日以前没有同样的发明或者实用新型由他人向专利局提出过申请并记载于申请日以前公布的专利申请文件中。

申请专利的发明或者实用新型满足新颖性的标准，必须不同于现有技术，同时不得出现抵触申请。

现有技术是在申请日以前已经公开的技术。技术公开有三种方式：一是出版物公开，即通过出版物在国内外公开披露技术信息；二是使用公开，即在国内外通过使用或实施方式公开技术内容；三是其他方式的公开，即以出版物和使用以外的方式公开，主要指口头式公开，如通过口头交谈、讲课、作报告、讨论发言、在广播电台或电视台播放等方式，使公众了解有关技术内容。

抵触申请是指一项申请专利的发明或者实用新型在申请日以前，已有同样的发明或者实用新型由他人向专利局提出申请，并记载在该发明或实用新型申请日以后公布的专利申请文件中。先申请被称为后申请的抵触申请。

专利申请的发明创造在申请日以前六个月内，有以下情形之一的不丧失新颖性：一是在中国政府主办或承认的国际展览会上首次展出的；二是在规定的学术会议或技术会议上首次发表的；三是他人未经申请同意而泄露内容的。

（二）创造性

创造性是指与申请日以前的现有技术相比，该发明有突出的实质性特点和显著的进步，该实用新型有实质特点和进步。对任何发明或实用新型申请，必须与申请日前已有的技术相比，在技术方案的构成上有实质性的差别，必须是经过创造性思维活动的结果，不能是现有技术通过简单的分析、归纳、推理就能够自然获得的结果。发明的创造性比实用新型的创造性要求更高。创造性的判断以所属领域普通技术人员的知识和判断能力为准。一项发明创造有新颖性，不一定就有创造性。因为创造性侧重判断的是技术水平的问题，而且判断创造性所确定的已有技术范围要比判断新颖性所确定的已有技术范围要窄一些。

（三）实用性

实用性是指发明或者实用新型专利能够制造或者应用，并且能够产生积极效果，它有两层含义。第一，该技术能够在产业中制造或者利用。产业包括了工业、农业、林业、水产品、畜牧业、交通运输业，以及服务业等行业。产业中的制造和利用是指具有可实施性及再现性。在专利法中，并不要求其发明或者实用新型在申请专利之前已经经过生产实践，而是分析和推断该技术在工农业，以及其他行业的生产中可以实现。第二，必须能够产生积极的效果，即同现有的技术相比，申请专利的发明或实用新型能够产生更好的经济效益或社会效益，如能提高产品数量、改善产品的质量、增加产品功能、节约能源或资源、防止环境污染等。

二、外观设计专利的授权条件

（一）新颖性

授予专利权的外观设计，应当同申请日以前在国内外出版物上公开发表过或者国内公开使用过的外观设计不相同和不相近似。外观设计必须依附于特定的产品，因而“不相同”不仅指形状、图案、色彩或其组合本身不相同，而且指采用设计方案的产品也不相同。“不相近似”要求申请专利的外观设计不能是对现有外观设计的形状、图案、色彩或其组合的简单模仿或者微小改变。相近似的外观设计包括几下几种情况：形状、图案、色彩近似，产品相同；形状、图案、色彩相同，产品近似；形状、图案、色彩近似，产品也近似。

（二）实用性

授予专利权的外观设计必须适于工业应用。这要求外观设计本身，以及作为载体的产品能够以工业的方法重复再现，即能够在工业上批量生产。

（三）富有美感

授予专利权的外观设计必须富有美感。美感是指外观设计能给人视觉感知上的愉悦感受，与产品功能是否先进没有必然联系。富有美感的外观设计在扩大产品销路方面具有重要作用。

三、专利申请的基本原则

（一）形式法定原则

申请专利的各种手续，都应当以书面形式或电子文件形式办理。以口头、电话、实物等形式办理的各种手续，或者以电报、传真、胶片等直接或间接生产印刷、打字或手写文件的通信手段办理的各种手续，均视为未提出，不产生法律效力。申请人以书面形式提出专利申请并被受理的，在审批程序中应当以书面形式提交相关文件。申请人以电子文件形式提出专利申请并被受理的，在审批程序中应当通过电子专利申请系统以电子文件形式提交相关文件，另有规定的除外。不符合规定的，该文件视为未提交。

（二）单一性原则

一件专利申请的内容应当限于一项发明、一项实用新型或者一项外观设计，不允许将两项不同的发明或者实用新型放在一件专利申请中，也不允许将一种产品的两项外观设计或者两种以上产品的外观设计放在一项外观设计专利产品中提出。

这种规定，首先有利于国家知识产权局对专利申请进行分类和审查；其次方便公众对

专利文献进行检索和查阅；最后给专利权人签订转让许可合同提供便利，自然也方便申请人公平合理地承担申请费用。当两项以上的发明或者实用新型属于一个总的发明构思下几项技术有关联的不同实施方案时，硬要把这样的不同方案分开，反而会给审查、检索带来不便。所以，我国专利法通常允许这样的几项发明或实用新型进行合案申请。

所谓属于一个总的发明构思的两项以上的发明和实用新型是指它们应当在技术上相互关联，包含一个或多个相同或相近的特定技术特征，其中的特定技术是指每一项发明或实用新型作为整体，对现有技术作出贡献的技术特征。同样，同一产品的两项以上的相似外观设计，或者属于同一类别并且成套出售或者使用产品的两项以上的外观设计，可以作为一件申请提出（简称“合案申请”）。

判断专利申请的单一性，有时是比较复杂的问题，所以申请人在提出申请以后，发现申请不具备单一性时，可以修改申请，使其符合单一性。而原申请中包含的其他发明、实用新型或外观设计的申请，一般称作分案申请。

专利申请的单一性要求虽然不是授予专利权的实质性条件，但是经审查认为申请不符合单一性，要求申请人修改时，如果申请人拒绝修改，照样可能导致申请被驳回。专利申请是否具备单一性，发明和实用新型的申请是由权利要求书的内容决定的，外观设计的申请是由图片或照片决定的。只要权利要求书或者图片、照片中仅包含一项发明、实用新型或者一项外观设计，就认为申请具备单一性。专利申请的单一性要求只针对专利申请环节，一旦专利申请被授权以后，就不能再因为该专利缺乏单一性而请求宣告该专利权无效。

（三）先申请原则

两个或者两个以上的申请人分别就同样的发明创造申请专利的，专利权授给最先申请的人。这个先后顺序通常以申请日为准，因此申请日有十分重要的法律意义，其重要性表现在以下三个方面。

（1）申请日确定了提交申请时间的先后。

（2）申请日是确定现有技术或现有设计的时间点。现有技术是指申请日以前在国内外为公众所知的技术。现有设计是指申请日以前为国内外公众所知的设计。现有技术的状况直接决定该专利申请是否能被授予专利权。

（3）申请日是审查程序中许多法定期限的起算点。向专利局受理处或者代办处窗口直接递交的专利申请，以收到日为申请日；通过邮局邮寄递交到专利局受理处或者代办处的专利申请，以信封上的寄出邮戳日为申请日，寄出邮戳日不清晰导致无法辨认的，以专利局受理处或者代办处收到日为申请日；通过速递公司递交到专利局受理处或者代办处的专利申请，以收到日为申请日。邮寄或者递交到专利局非受理部门或者个人的专利申请，其邮寄日或递交日不具有确定申请日的效力，如果该专利申请被转送到专利局受理处或者代办处，以受理处或者代办处实际收到日为申请日。

（四）优先权（日）原则

专利申请人就其发明创造自第一次提出专利申请后，在法定期限内，又就相同主题的发明创造提出专利申请的，以其第一次申请的日期为其申请日，这种权利称为优先权，此处所谓的法定期限，就是优先权期限。优先权可分为外国优先权和本国优先权。《专利法》规定，申请人自发明或实用新型在中国第一次提出专利申请之日起12个月内，又向国务院专利行政部门就相同主题提出专利申请的，可以享有优先权，这种在国内的申请优先权即本国优先权。本国优先权不适用外观设计的专利申请。申请人要求优先权的，应当在申请的时候提出书面声明，并且在三个月内提交第一次提出的专利申请文件的副本；未提出书面声明或者逾期未提交专利申请文件副本的，视为未要求优先权。

第四节　专利申请文件与撰写

一、专利申请文件

(一) 申请文件的构成

申请发明和实用新型专利，申请文件应当包括专利请求书、说明书、说明书附图、权利要求书、摘要及其附图。涉及氨基酸或者核苷酸序列的专利申请，说明书中应包括该序列表，并把该序列表单独编写页码，同时还应提交符合国家知识产权局规定的该序列表的光盘或软盘。

申请外观设计专利的，申请文件应当包括外观设计专利请求书、图片或者照片、对该外观设计的简要说明。

说明内容如下。

(1) 专利请求书。其是由专利局印制的统一表格。

(2) 权利要求书的撰写很重要。发明或者实用新型专利权的“保护范围”以其权利要求的内容为准。

(3) 说明书摘要。说明书摘要是说明书记载内容的概述，不具有法律效力。摘要的内容不属于发明或者实用新型原始记载的内容，不能作为以后修改说明书或者权利要求书的根据，也不能用来解释专利权的保护范围。

(4) 外观设计专利权的保护范围以表示在图片或者照片中的该产品的外观设计为准，图片或者照片应当清楚地显示要求专利保护的产品的外观设计，申请人请求保护色彩的，应当提交彩色图片或者照片。简要说明用于解释图片或者照片所表示的该产品的外观设计。外观设计的简要说明应当写明外观设计产品的名称、用途、外观设计的设计要点，并指定一幅最能表明设计要点的图片或者照片。省略视图或者请求保护色彩的，应当在简要说明中写明。

(5) 文件份数。申请人提交的专利申请文件应当一式两份，原本和副本各一份。其中发明或者实用新型专利申请的请求书、说明书、说明书附图、权利要求书、说明书摘要、摘要附图应当提交一式两份。外观设计专利申请的请求书、图片或者照片、简要说明应当提交一式两份，并应当注明其中的原本。申请人未注明原本的，专利局指定一份作为原本。两份文件的内容不同时，以原本为准。

（二）申请文件的要求

1. 申请文件的纸张要求

申请文件使用的纸张应当柔韧、结实、耐久、光滑、无光、白色。其质量应当与80克胶版纸相当或者更高。纸面不得有无用的文字、记号、框、线等。各种文件一律采用A4尺寸（297 mm×210 mm）的纸张。

申请文件的纸张应当单面、纵向使用。文字应当自左向右横向书写，不得分栏。纸张左边和上边应各留25 mm空白，右边和下边应当各留15 mm空白。申请文件各部分的第一页必须使用国家知识产权局统一制定的表格。这些表格可以向国家知识产权局受理处、各地的专利代办处索取或直接在国家知识产权局网站上下载。

2. 申请文件的文字要求

申请文件各部分一律使用中文，“中文”是指汉字。汉字应当以国家公布的简化字为准。外国人名、地名和科技术语如没有统一中文译名时，可按照一般惯例译成中文，并在译文后的括号内注明原文。申请人提供的附件或证明是外文的，应当附上中文译文。

申请文件包括请求书在内，都应当用宋体、仿宋体或楷体打字或印刷，字迹呈黑色，字高为3.5～4.5 mm，行距应当为2.5～3.5 mm。申请文件不允许涂改。当确有必要增删更改时，应当在提出申请以后，通过补正手续办理。对申请文件的文字补正和修改，不得超出原说明书和权利要求书记载的范围。

申请文件中有附图的，应当使用包括计算机在内的制图和黑色墨水绘制，线条应当均匀清晰、足够深，以能够满足扫描和复印的要求为准，且不得涂改。

（三）申请文件的各部分排列顺序

发明或者实用新型专利申请文件各部分应按请求书、说明书摘要、摘要附图、权利要求书、说明书、说明书附图和其他文件顺序排列。

外观设计专利申请文件各部分应按请求书、图片或者照片、简要说明和其他文件顺序排列。

申请文件各部分应当用阿拉伯数字分别顺序编号。

二、专利申请文件的撰写

（一）请求书

请求书应当写明申请的专利名称，发明人或设计人的姓名，申请人姓名或者名称、地址，以及其他事项。发明专利请求书有26个栏目，实用新型专利请求书有22个栏目，外观设计专利请求书有21个栏目。下面以发明专利请求书为例，说明各个栏目的填写要求和注意事项，其中也包括实用新型专利请求书和外观设计请求书的内容。发明专利请求书模板，见表4-1。

表 4-1 发明专利请求书模板

<table>
<tr><td colspan="4">请按照“注意事项”正确填写本表各栏</td><td>此框内容由国家知识产权局填写</td></tr>
<tr><td rowspan="2">⑦发明名称</td><td colspan="3" rowspan="2"></td><td>①
申请号 （发明）</td></tr>
<tr><td>②分案
提交日</td></tr>
<tr><td rowspan="3">⑧发明人</td><td colspan="3" rowspan="3"></td><td>③申请日</td></tr>
<tr><td>④费减审批</td></tr>
<tr><td>⑤向外申请审批</td></tr>
<tr><td colspan="4">⑨第一发明人国籍 居民身份证件号码</td><td>⑥挂号号码</td></tr>
<tr><td rowspan="12">⑩申请人</td><td rowspan="4">申请人（1）</td><td colspan="2">姓名或名称</td><td>电话</td></tr>
<tr><td colspan="2">居民身份证件号码或组织机构代码</td><td>电子邮箱</td></tr>
<tr><td colspan="3">国籍或注册国家（地区） 经常居所地或营业所所在地</td></tr>
<tr><td>邮政编码</td><td colspan="2">详细地址</td></tr>
<tr><td rowspan="4">申请人（2）</td><td colspan="2">姓名或名称</td><td>电话</td></tr>
<tr><td colspan="3">居民身份证件号码或组织机构代码</td></tr>
<tr><td colspan="3">国籍或注册国家（地区） 经常居所地或营业所所在地</td></tr>
<tr><td>邮政编码</td><td colspan="2">详细地址</td></tr>
<tr><td rowspan="4">申请人（3）</td><td colspan="2">姓名或名称</td><td>电话</td></tr>
<tr><td colspan="3">居民身份证件号码或组织机构代码</td></tr>
<tr><td colspan="3">国籍或注册国家（地区） 经常居所地或营业所所在地</td></tr>
<tr><td>邮政编码</td><td colspan="2">详细地址</td></tr>
<tr><td rowspan="2">⑪联系人</td><td colspan="2">姓名</td><td>电话</td><td>电子邮箱</td></tr>
<tr><td colspan="2">邮政编码</td><td colspan="2">详细地址</td></tr>
<tr><td colspan="5">⑫代表人为非第一署名申请人时声明 特声明第____署名申请人为代表人</td></tr>
<tr><td rowspan="4">⑬专利代理机构</td><td colspan="2">名称</td><td colspan="2">机构代码</td></tr>
<tr><td rowspan="3">代理人（1）</td><td>姓名</td><td rowspan="3">代理人（2）</td><td>姓名</td></tr>
<tr><td>执业证号</td><td>执业证号</td></tr>
<tr><td>电话</td><td>电话</td></tr>
<tr><td>⑭分案申请</td><td colspan="2">原申请号</td><td>针对的分案申请号</td><td>原申请日 年 月 日</td></tr>
<tr><td rowspan="2">⑮生物材料样品</td><td colspan="2">保藏单位</td><td colspan="2">地址</td></tr>
<tr><td colspan="2">保藏日期 年 月 日</td><td>保藏编号</td><td>分类命名</td></tr>
</table>

续表

<table>
<tr><td>⑯序列表</td><td colspan="3">□本专利申请涉及核苷酸或氨基酸序列表</td><td>⑰遗传资源</td><td>□本专利申请涉及的发明创造是依赖于遗传资源完成的</td></tr>
<tr><td rowspan="3">⑱要求优先权声明</td><td>原受理机构名称</td><td>在先申请日</td><td>在先申请号</td><td rowspan="2">⑲宽限期声明不丧失新颖性</td><td rowspan="2">□已在中国政府主办或承认的国际展览会上首次展开
□已在规定的学术会议或技术会议上首次发表
□他人未经申请人同意而泄露其内容</td></tr>
<tr><td rowspan="2"></td><td rowspan="2"></td><td rowspan="2"></td></tr>
<tr><td>⑳保密请求</td><td>□本专利申请可能涉及国家重大利益，请求按保密申请处理
□已提交保密证明材料</td></tr>
<tr><td colspan="4">㉑□声明本申请人对同样的发明创造在申请本发明专利的同日申请了实用新型专利</td><td>㉒提前公布</td><td>□请求早日公布该专利申请</td></tr>
<tr><td colspan="4">㉓申请文件清单
1. 请求书　份　页
2. 说明书摘要　份　页
3. 摘要附图　份　页
4. 权利要求书　份　页
5. 说明书　份　页
6. 说明书附图　份　页
7. 核苷酸或氨基酸序列表　份　页
8. 计算机可读形式的序列表　份

权利要求的项数　项</td><td colspan="2">㉔附加文件清单
□费用减缓请求书　份 共　页
□费用减缓请求证明　份 共　页
□实质审查请求书　份 共　页
□实质审查参考资料　份 共　页
□优先权转让证明　份 共　页
□保密证明材料　份 共　页
□专利代理委托书　份 共　页
总委托书（编号________）
□在先申请文件副本　份
□在先申请文件副本首页译文　份
□向外国申请专利保密审查请求书　份 共　页
□其他证明文件（名称________）　份 共　页
□</td></tr>
<tr><td colspan="4">㉕全体申请人或专利代理机构签字或者盖章

年　月　日</td><td colspan="2">㉖国家知识产权局审核意见

年　月　日</td></tr>
</table>

（1）免填栏目：第①、②、③、④、⑤、⑥、㉖栏由国家知识产权局填写。

（2）第⑦栏：发明名称（或实用新型名称、使用外观设计的产品名称）。发明或实用新型名称应当清楚、简明地表达发明创造的主题，一般不得超过25个字。对于外观设计的名称，应当具体、明确反映该产品所属的类别，一般不得超过20个字。

请求书中的发明名称应当与说明书及其他各种申请文件中的发明名称一致。

（3）第⑧栏：发明人或者设计人。发明人或者设计人必须是自然人。可以是一个人，也可以是多个人，但不能是单位或“××研究室”之类的组织机构。发明人或者设计人不受国籍、性别、年龄、职业或居住地的限制，只要对发明创造作出实质性贡献的人均可成为发明人、设计人。发明权不能继承、转让，发明人、设计人死亡的，仍应注明原发明人姓名，但是可以注明死亡。

发明人、设计人姓名由申请人代为填写，但应将填写情况通知发明人、设计人。在有多个发明人或设计人的情况下，如果排列次序有先后的，应当用阿拉伯数字注明顺序，否则国家知识产权局将按先左后右、再自上而下的次序排列。

发明人或设计人因特殊原因，要求不公布姓名的，应当在本栏填写“本人请求不公布姓名”。如果发明人或设计人中有人愿意公布姓名，有人不愿意时，将愿意公布姓名的填入本栏，在其后填上“其他人请求不公布姓名”。发明人、设计人请求不公布姓名的，应当由本人书面提出，说明理由，并由发明人本人签字或盖章。请求被批准以后，发明人或设计人姓名在专利公报、说明书单行本和专利证书上均不公布其姓名，并且发明人、设计人以后不得再要求重新公布其姓名。

（4）第⑨栏：第一发明人或设计人国籍和居民身份证件号码，该栏应根据实际情况如实填写。

（5）第⑩栏：申请人。申请人可以是自然人，也可以是单位。如果申请人是单位，该单位应当是法人或者是可以独立承担民事责任的组织。

申请人是单位的，应当写明其正式的全称，并与公章中的单位名称一致。

申请人如果是自然人（可以是多个人），应当写明申请人的真实姓名，不能用笔名或者化名，也不能含有学位、头衔等不属于姓名的成分。申请人的地址应当写明省、市，以及邮件可以迅速送达的详细地址（包括邮政编码）。经常居所或营业所在我国境外的申请人，其地址可以只写国家和州。台湾、香港、澳门的申请人地址可分别写明为：中国台湾、中国香港或中国澳门。

申请人的国籍和注册国家或地区，可以用国家或地区全称，也可以用简称，如：中华人民共和国或中国的表述均可。

为了便于国家知识产权局联系到申请人，可以填写申请人电话、电子邮箱。

（6）第⑪栏：联系人。申请人是单位且未委托专利代理机构的，应当填写联系人。联系人是代表该单位接收国家知识产权局所发信函的收件人。申请人是个人且需由他人代收专利局所发信函的，也可以填写联系人。填写联系人的，还需要同时填写联系人的通信地址、邮政编码和电话号码等便于联系的信息。

（7）第⑫栏：代表人。申请人有两个或两个以上且未委托专利代理机构的，如果在本栏内没有声明，则国家知识产权局视第一署名申请人为代表人。如果指定第一申请人之外的其他申请人为代表人，应当在该栏中声明。

除直接涉及共有权利的手续外，代表人可以代表全体申请人办理在国家知识产权局的其他手续。直接涉及共有权利的手续包括：提出专利申请，转让专利申请权、优先权或者

专利权，撤回专利申请，撤回优先权要求，放弃专利权等。直接涉及共有权利的手续应当由全体权利人签字或者盖章。

（8）第⑬栏：专利代理机构。申请人申请专利时，办理申请手续有两种方式：一是自己办理；二是委托专利代理机构办理。只有委托专利代理机构办理的，才需要填写本栏目。

在中国内地没有经常居所或者营业所的外国申请人，以及中国台湾、中国香港、中国澳门地区的申请人向国家知识产权局提出专利申请和办理其他专利事务，或者作为第一署名申请人与中国内地的申请人共同申请专利和办理其他专利事务时，应当委托依法设立的专利代理机构办理。

（9）第⑭栏：分案申请。当专利申请不符合单一性要求时，申请人除应当对该申请进行修改使其符合单一性要求外，还可以将申请中包含的其他发明、实用新型或者外观设计重新提出一件或多件分案申请。分案申请享有原申请（第一次提出的申请）的申请日，如果原申请有优先权要求的，分案申请可以保留原申请的优先权日。申请人提出分案申请的应在请求书的该栏中予以声明。

分案申请不得改变原申请的类别。原申请是发明专利的，分案申请也应当是发明专利。实用新型或者外观设计的专利申请也一样。分案申请改变类别的，国家知识产权局不予受理。

分案申请的申请人应当与原申请的申请人相同；不相同的，应当提交有关申请人变更的证明材料。分案申请的发明人也应当是原申请的发明人或者是其中的部分成员。

（10）第⑮栏：生物材料样品。本栏目只有发明专利请求书才有。当发明涉及生物材料样品并且需要对生物材料样品进行保藏时，才需要填写本栏目。

生物样品材料的保藏日期应当在提出专利申请之前，最迟在申请日（有优先权的，指优先权日），因为它被看作是专利申请的一部分。

保藏单位应是国家知识产权局认可的生物材料样品国际保藏单位。申请人在该栏目中应当准确地填写国际保藏单位的名称，以便国家知识产权局核对。

保藏编号：申请人在上述单位保藏生物材料以后，可以获得保藏编号。如果因为提交菌种保藏的手续是在申请日办理的，申请人无法将保藏编号填入请求书中时，可以在请求书上先填上保藏单位和保藏日期，然后在 4 个月之内以书面补正形式提交保藏编号。

涉及生物样品并需要保藏的专利申请，除需要在请求书中填明保藏单位、地址、日期、编号和分类命名以外，还要在 4 个月之内提交保藏单位的保藏证明和生物材料存活证明。

（11）第⑯栏：序列表。发明专利申请涉及核苷酸或氨基酸序列表的，应当填写此栏，填写时只需打钩选择该栏中的复选框即可。

（12）第⑰栏：遗传资源。发明专利申请涉及的发明创造是依赖于遗传资源完成的，应当填写此栏，填写时只需打钩选择该栏中的复选框即可。

（13）第⑱栏：要求优先权声明。优先权有两种，一种是外国优先权；另一种是本国优先权。这两种优先权都不是自动产生的，必须在申请的同时提出声明，并办理规定手续，经国家知识产权局审查后才能享有。

要求优先权的申请人应当在本栏写明作为优先权基础的在先申请的受理国或受理局；写明由在先申请的受理局确定的在先申请的申请日；写明受理局给予的在先申请的申请号。

（14）第⑲栏：宽限期声明不丧失新颖性。《专利法》规定，在某些特殊情况下，申请人在申请日（享有优先权的，指优先权日）之前6个月内公开自己的发明创造，不损害自己提出的专利申请的新颖性。这些特殊情况包括：①申请前已在中国政府主办或者承认的国际展览会上首次展出；②申请前已在规定的学术会议或技术会议上首次发表；③申请前他人未经申请人同意而泄露其内容。

有以上情况的应当在对应的复选框中打钩表示声明，不允许申请后补交声明。提出声明后，应在自申请日起2个月内，提交由展览会、学术会议或技术会议的组织单位出具的该发明创造展出和发表的日期及内容的证明。

（15）第⑳栏：保密请求。本栏只有发明和实用新型专利请求书才有。按照规定，发明和实用新型专利申请涉及国防方面的国家秘密需要保密的，应当向国防专利机构提出申请。如果申请人认为该申请的技术内容可能涉及除国家利益以外的其他国家重大利益而不宜公开的，可以在本栏打钩，要求保密审查。是否予以保密由国家知识产权局经审查后决定。确定保密的，由国家知识产权局按照保密专利申请处理，并且通知申请人。保密专利申请及批准的保密专利在解密以前不向社会公开，也不得向国外申请专利。保密专利的转让和实施除须经专利权人同意以外，还必须经过决定保密的部门批准。

（16）第㉑栏：同日申请发明专利申请和实用新型专利申请的声明。申请人同日对同样的发明创造既要申请发明专利又申请实用新型专利的，应当填写此栏。未做说明的，同样的发明创造只能授予一项专利权的规定处理，即无法通过放弃先获得的且尚未终止的实用新型专利权来获得该发明的专利权。提出声明时只需在专利请求书的该栏中打钩选择复选框即可。

（17）第㉒栏：请求早日公布该专利申请。申请人要求提前公布的，应当填写此栏。若填写此栏，不需要再单独提交发明专利请求提前公布声明表格。

（18）第㉓、㉔栏：文件清单。文件清单由申请人填写，国家知识产权局负责核对，以证实申请文件的完整性。

申请人应当在文件清单上填写每一种文件的份数和页数，清单上未列出的，可以补写在后面。国家知识产权局将申请文件核实情况打印在“受理通知书”上。

（19）第㉕栏：全体申请人或代理机构签章。签章是文件产生法律效力的基本条件。

申请人是个人的，应当由申请人亲自签字或盖章；申请人是单位的，应当加盖公章。多个申请人的，应当由全体申请人分别签字或盖章。

（二）说明书

1. 说明书的基本要求

（1）说明书应当对发明或者实用新型做出清楚、完整的说明，以所属技术领域的技术人员能够据此实施该发明创造为准。也就是说，说明书应当满足充分公开发明或者实用新型的要求。

（2）说明书中要保持用词一致性。要使用该技术领域通用的名词和术语，不要使用行话，但以其特定意义作为定义使用的，不在此限。

（3）说明书应当使用国家法定计量单位，包括国际单位制计量单位和国家选定的其他计量单位。必要时可以在括号内同时标注本领域通用的其他计量单位。

（4）说明书中可以有化学式、数学式，但不能有插图，说明书的附图应当附在说明书后面。

（5）在说明书的题目或正文中，不能使用商业性宣传用语和不确切的语言；不允许使用人名、地点等命名的名称；不能出现商标、产品广告和服务标志等；不允许存在对他人或他人的发明创造加以诽谤或者有意诋毁的内容。

（6）涉及外文技术文献或无统一译名的技术名词时要在译文后注明原文。

2. 说明书的组成部分和顺序

发明或者实用新型专利申请说明书应当写明发明或实用新型的名称，该名称应当与请求书中的名称一致。说明书应当包括以下组成部分：技术领域、背景技术、发明或者实用新型内容、附图说明。专利申请人按照上述规定和顺序撰写说明书，并应在说明书每一部分前面写明标题。

（1）发明或实用新型的名称的具体要求以下几点。

①必须与请求书中的名称一致，字数一般不超过 25 个字，最多 40 个字（如化学领域）。

②应当清楚、简要、全面地反映要求保护的主题和类型。

③应当采用所属技术领域通用的技术用语，不能采用自造词。

④不得使用人名、地名、商标、型号、商品名称、商业性宣传用语。

⑤写在说明书首页正文的上方居中的位置。发明名称与说明书正文之间应当空行。

（2）技术领域。这是正文的一部分，首先应写明小标题“技术领域”，再用一句话说明要保护的技术方案所属的技术或直接应用的技术领域，而不能写成上位或者相邻的技术领域，也不能写成发明或实用新型本身。

例如，一项有关挖掘机悬臂的发明，其改进之处是将背景技术中的长方形悬臂截面改为椭圆形截面。它所属技术领域可以写成“本发明涉及一种挖掘机，特别设计一种挖掘机悬臂”（具体的技术领域），而不适合写成“本发明涉及一种建筑机械”（上位的技术领域），也不宜写成“本发明设计挖掘机悬臂的椭圆形截面”（发明本身）。

（3）技术背景。发明或者实用新型说明书的背景技术部分应当写明对发明或者实用新型的理解、检索、审查有用的背景技术，并且尽可能引证反映这些技术背景的文件。通常对技术背景的描述应包括以下三方面内容。

①最接近的现有技术文件。尤其要引证包含发明或者实用新型权利要求书中的独立权利要求前序部分技术特征的现有技术文件，即引证与发明或者实用新型专利申请最接近的现有技术文件。

②引证文件。说明书中引证的文件可以是专利文件，也可以是非专利文件，例如期刊、手册和书籍等。引证专利文件的，至少要写明专利文件的国别、公开号，最好包括公开日期；引证非专利文件的，至少要写明这些文件的标题和详细出处。

③客观地指出技术背景中存在的问题和缺点。在说明书背景技术部分中，还要客观地指出背景技术中存在的问题和缺点，但是仅限于涉及由发明或者实用新型的技术方案所解决的问题和缺点。在可能的情况下，说明存在这种问题和缺点的原因，以及解决这些问题时曾经遇到的困难。

（4）发明或者实用新型内容。本部分应当清楚、客观地写明以下三个方面内容。

①要解决的技术问题。发明或者实用新型所要解决的技术问题，是指发明或者实用新型要解决的现有技术中存在的问题。发明或者实用新型所要解决的技术问题应当按照下列要求撰写：现有技术中存在的缺陷和不足；用正面的、尽量简洁的语言客观而有根据地反映发明或者实用新型要解决的技术问题，也可以进一步说明其技术效果。

一件专利申请的说明书可以列出发明或者实用新型专利所要解决的一个或者多个技术问题，但是同时应当在说明书中描述解决这些技术问题的技术方案。当一件申请包含多项发明或者实用新型专利时，说明书中列出的多个要解决的技术问题应当都与一个总的发明构思相关。

②技术方案。一件发明或者实用新型专利申请的核心是其在说明书中记载的技术方案。在技术方案这一部分，至少应反映包含全部必要技术特征的独立权利要求的技术方案，还可以给出包含其他附加技术特征的进一步改进的技术方案。

说明书中记载的这些技术方案应当与权利要求所限定的相应技术方案的表述相一致。一般情况下，说明书技术方案部分应先当写明独立权利要求的技术方案，其用语应当与独立权利要求的用语相应或者相同，以发明或者实用新型必要技术特征总和的形式阐明其实质，说明必要技术特征总和与发明或者实用新型专利效果之间的关系。接下来，可以通过对该发明或者实用新型专利的附加技术特征的描述，反映对其做进一步改进的从属权利要求的技术方案。

如果一件申请中有几项发明或者几项实用新型专利，应当说明每项发明或者实用新型的技术方案。

③有益效果。有益效果是指由构成发明或者实用新型的技术特征直接带来的，或者是由所述的技术特征必然产生的技术效果。有益效果是确定发明是否具有显著的进步，实用新型专利是否具有进步的重要依据。创造性发明是指与现有技术相比，该发明具有突出的实质性特点和显著的进步，该实用新型专利具有实质性特点和进步。

有益效果的撰写方式：有益效果可以通过对发明或者实用新型专利结构特点的分析和理论说明相结合；或者通过列出实验数据的方式予以说明；或者采用上述方式的组合。无论采用哪种方式，都不得断言发明或者实用新型专利只具有有益的效果，都应当与现有技术进行比较，指出发明或者实用新型专利与现有技术的区别。

有益效果通常可以由产率、质量、精度和效率的提高，能耗、原材料、工序的节省，加工、操作、控制、使用的简便，环境污染的治理或者根治，以及有用性能的出现等方面

反映出来。

机械、电气领域中的发明或者实用新型通常的有益效果，在某些情况下，可以结合发明或者实用新型的结构特征和作用方式进行说明。但是，化学领域中的发明，在大多数情况下，不适于用这种方式说明发明的有益效果，而是借助于实验数据来说明。

对于目前尚无可取的测量方法而不得不依赖于人的感官判断的，例如气味，味道等，可以采用统计方法表示的实验结果来说明有益效果时，在引用实验数据说明有益效果时，应当给出必要的实验条件和方法。

（5）附图说明。附图是说明书组成的一部分，附图是用来补充说明说明书中的文字部分的，目的在于使人能够直观、形象地理解发明或实用新型的每个技术特征和整个技术方案。发明说明书根据内容需要可有附图，也可以没有附图，实用新型说明书必须有附图。附图和说明书中对附图的说明要图文相符。文中提出附图，而实际却没有提交或少交附图的，将可能影响申请日的确认。附图的形式可以是基本视图、斜视图、剖视图，也可以是示意图或流程图。只要能完整地表达说明书内容即可。

有关附图的具体要求如下。

①附图用纸规格与说明书一致，并应采用国家知识产权局统一制定的格式。

②附图的大小及清晰度，应当保证在该图缩小到2/3时，仍能清楚地分辨出图中的各个细节，以能够满足复印、扫描的要求为准。几幅附图可以绘制在一张纸上。一幅总体图可以绘制在几张纸上，但应当保证每一张纸上的图都是独立的，而且当全部图纸组合起来构成一幅完整总体图时又不互相影响其清晰度。

③附图应当使用包括计算机在内的制图工具或黑色墨水笔绘制。线条应当均匀、清晰、足够深，满足复印和扫描的要求。不得着色和涂改，不得使用工程蓝图。

④同一附图应当采用相同比例绘制。发明创造的关键部位，或者为了表明与现有技术的差别，可以绘制局部放大图和剖视图等，以便使这些关键部位得以清楚显示。

⑤图形应当尽量垂直布置，如要横向布置时，图的上部应当位于图纸的左边。

⑥具有多幅附图的，应当连续编号，标明“图1”“图2”等，并按照顺序排列。如有几张图纸的，应当在图纸的下部边缘正中单独标明页码。

⑦为了标明图中的不同组成部分，可以用阿拉伯数字作出标记。附图中作出的标记应当与说明书中的标记一一对应。申请文件各部分中表示同一组成部分的标记应当一致。发明或实用新型说明书文字部分未提及的附图标记不得在附图中出现，附图中未出现的附图标记不得在说明书文字部分中提及。

⑧附图中除必需的词语外，不得含有其他注释。附图中的词语应当使用中文，必要时可以在其后的括号里注明原文。流程图、框图也属于附图，应当在其框内给出必要的文字和符号。一般不得使用照片作为附图，但特殊情况下，例如，显示金相结构、组织细胞或者电泳图谱时，可以使用照片贴在图纸上作为附图。物件的尺寸一般不必在附图中标出，但该尺寸的大小涉及发明本身的，需在说明书中对该尺寸的大小作专门的阐述。

（三）说明书摘要

摘要是发明专利或实用新型专利说明书内容的简要概括。编写或公布摘要的主要目的是方便公众对专利文献进行检索，方便专业人员及时了解本行业的技术概括情况。摘要内容不属于发明或者实用新型原始记载的内容，不能作为以后修改说明书或者权利要求书的根据，也不能用来解释专利权的保护范围。摘要仅是一种技术信息，不具有法律效力。摘要应当满足以下五个要求。

（1）摘要应当写明发明或者实用新型的名称和所属技术领域，并清楚地反映所要解决的技术问题、解决该问题的技术方案的要点及主要用途，其中以技术方案为主。摘要可以包含最能说明发明的化学式。

（2）有附图的专利申请，应当提供或者由审查员指定一幅最能反映该发明或者实用新型技术方案的主要技术特征的附图作为摘要附图，该摘要附图应当是说明书附图中的一幅。

（3）摘要附图的大小及清晰度应当保证在该图缩小到4 cm×6 cm时，仍能清楚地分辨出图中的各个细节。

（4）摘要文字部分（包括标点符号）不得超过300个字，并且不得使用商业性宣传用语。

（5）摘要文字部分出现的附图标记应当加括号。

（四）权利要求书

权利要求书是以说明书为依据，清楚、简要地限定要求专利保护的范围。权利要求书应当记载发明或者实用新型的技术特征。它包含一项或多项权利要求，是判定他人是否侵权的根据，有直接的法律效力。

1. 基本要求

（1）权利要求书中使用的技术术语应与说明书中的一致。权利要求书中可以有化学式、数学式，但不能有插图。除非绝对必要，不得引用说明书和附图，即不得用“如说明书中所述的……”或“如图3所示的……”的方式撰写权利要求。

（2）权利要求书应当以说明书为依据，其权利要求应当得到说明书的支持，以技术特征来清楚、简要地限定请求保护的范围，其限定的保护范围应当与说明书中公开的内容相适应。其中的技术特征可以引用说明书附图中相应的附图标记，这些附图标记应当置于方形或圆形的括号中，如“……电阻［1］与比较器［12］的输出端［16］相连接……”。

（3）权利要求分两种：独自记载或反映发明或实用新型的基本技术方案，记载实现发明目的必不可少的技术特征的权利要求称为独立权利要求；引用独立权利要求或者别的权利要求，并用附加的技术特征对它们做进一步限定的权利要求称为从属权利要求。

（4）一项发明或者实用新型应当只有一项独立权利要求。属于一个总的发明构思、符合合案申请要求的几项发明或实用新型可以在一件发明或者实用新型专利申请中提出。这时，权利要求书中可以有两项以上的独立权利要求。

（5）每项独立权利要求可以有若干个从属权利要求。有多项权利要求的应当用阿拉伯数字顺序编号。编号时独立权利要求应当排在前面，从属权利要求紧随其后。

（6）一项权利要求要用一句话表达，中间可以有逗号、顿号、分号，但不能有句号，

以强调其不可分割的整体性和独立性。

2. *撰写方法*

从撰写的形式上，权利要求可分为独立权利要求和从属权利要求。

（1）独立权利要求撰写的规定。发明或者实用新型专利的独立要求应当包括前序部分和特征部分，按照下列规定撰写。

①前序部分。写明要求保护的发明或者实用新型专利技术方案的主题名称和发明或实用新型主题与最接近的现有技术共有的必要技术特征。

独立权利要求的前序部分中，除写明要求保护的发明或者实用新型专利技术方案的主题名称外，仅需写明那些与发明或实用新型技术方案密切相关的、共有的必要技术特征。例如，一项涉及照相机的发明，该发明的实质在于照相机布帘式快门的改进，其权利要求的前序部分只要写出“一种照相机，包括布帘式快门……”就可以了，不需要将其他共有特征，例如透镜和取景窗等照相机零部件都写在前序部分中。

②特征部分。使用“其特征是……”或者类似的用语，写明发明或者实用新型区别于最接近的现有技术的技术特征，这些特征和前序部分写明的特征合在一起，限定发明或者实用新型要求保护的范围。

独立权利要求的特征部分，应当记载发明或者实用新型专利的必要技术特征中与最接近的现有技术不同的区别技术特征，这些区别技术特征与前序部分中的技术特征一起，构成发明或者实用新型专利的全部必要技术特征，限定独立权利要求的保护范围。

发明或者实用新型专利的性质不适于用上述方式撰写的，独立权利要求也可以不分前序部分和特征部分。

（2）从属权利要求的撰写规定。发明或者实用新型专利的从属权利要求应当包括引用部分和限定部分，按照下列规定撰写。

①引用部分。写明引用的权利要求的编号及其主题名称。例如，一项从属权利要求的引用部分应当写成：“根据权利要求 1 所述的金属纤维拉拔装置……”

②限定部分。写明发明或者实用新型附加的技术特征。

a. 从属权利要求只能引用在前的权利要求。

b. 直接或间接从属于某一项独立权利要求的所有从属权利要求都应当写在该独立权利要求之后，另一项独立权利要求之前。

（3）多项从属权利要求的撰写规定。多项从属权利要求是指引用两项以上权利要求的从属权利要求，多项从属权利要求只能以“择一”方式引用在前的权利要求。例如，某申请的权利要求如下。

①一种 A 装置……

②根据权利要求 1 所属的 A 装置……

③根据权利要求 1 或 2 所述的 A 装置……

其中权利要求 3 为多项从属权利要求。此时权利要求 3 只能采用“根据权利要求 1 或权利要求 2……”这样择一种方式引用，而不能采用“根据权利要求 1 和权利要求 2……”的表达方式。且在后的多项从属权利要求不得引用在前的多项从属权利要求。

（五）外观设计图片或照片

申请外观设计专利的，要对每件外观设计产品提出不同侧面或者状态的图片或照片，以便清楚、完整地显示请求保护的对象。一般情况下应有六面视图（主视图、仰视图、左视图、右视图、俯视图、后视图），必要时还应有剖视图、剖面图、使用状态参考图和立体图。图片、照片要符合下列要求。

1. 图片

（1）图片的大小不得小于3 cm×8 cm，也不得大于15 cm×22 cm。关于图片的清晰度，应保证当图片缩小至原大小的2/3时，仍能清楚地分辨图中的各个细节。

（2）图片可以使用包括计算机在内的制图工具和黑色墨水笔绘制，但不得使用铅笔、蜡笔、圆珠笔绘制。图形线条要均匀、连续、清晰，满足复印或扫描的要求。

（3）图形应当垂直布置，并按设计的尺寸比例绘制。横向布置时，图形上部应当位于图纸左边。

（4）图片应当参照我国技术制图和机械制图国家标准中有关正投影关系、线条宽度和剖切标记的规定绘制，并以粗细均匀的实线表达外观设计的形状。不得以阴影线、指示线、虚线、中心线、尺寸线、点画线等线条表达外观设计的形状。可以用两条平行的双点画线或自然断裂线表示细长物品的省略部分。图面上可以用指示线表示剖切位置和方向、放大部位、透明部位等，但不得有不必要的线条或标记。图形中不允许有文字、商标、服务标志、质量标志及近代人物的肖像。文字经艺术化处理可以视为图案。

（5）几幅视图最好画在一页图纸上，若画不下，也可以画在几张纸上。有多张图纸时应当顺序编上页码。各向视图和其他各种类型的图，都应当按投影关系绘制，并注明视图名称。

（6）组合式产品，应当绘制组合状态下的六面视图，以及每一单件的立体图；可以折叠的产品，不但要绘制六面视图，同时还要绘制使用状态的立体参考图；内部结构较复杂的产品，绘制剖视图时，可以将内部结构省略，只给出请求保护部分的图形；圆柱形或回转形产品，为了表示图案的连续，应绘制图案的展开图。

（7）请求保护色彩的外观设计专利申请，提交的彩色图片应当用广告色绘制。色彩和纹样复杂的产品，如地毯等的色彩与纹样，要使用彩色照片。

（8）当产品形状较为复杂时，除画出视图外，还应当提交反映产品立体形状的照片。

2. 照片

（1）照片应当图像清晰、反差适中，要完整、清楚地反映所申请的外观设计。

（2）照片中的产品通常应当避免包含内装物或者衬托物，但对于必须依靠内装物或者衬托物才能清楚地显示产品的外观设计的，则允许保留内装物或者衬托物。背景应当根据产品阴暗关系，处理成白色或灰黑色。彩色照片中的背衬应与产品成对比色调，以便分清产品轮廓。

（3）照片不得折叠，并应当按照视图关系将其粘贴在外观设计图片或照片的表格上，图的左侧和顶部最少各留25 mm空白，右侧和底部各留15 mm空白。

3. 外观设计简要说明

外观设计专利权的保护范围以表示在图片或者照片中的该产品的外观设计为准，简要说明可以用于解释图片或者照片所表示的该产品的外观设计。简要说明是提交外观设计专利申请时必要的文件，如果未提交简要说明，专利局将不予受理。简要说明不得有商业性宣传用语，也不能用来说明产品的性能和内部结构。简要说明应当包括下列内容。

（1）外观设计产品的名称。

（2）外观设计产品的用途。写明有助于确定产品类别的用途，对于具有多种用途的产品，应当写明所述产品的多种用途。

（3）外观设计的设计要点。设计要点是指与现有设计相区别的产品的形状、图案及其结构，或者色彩与形状、图案的结合，或者部位。对设计要点的描述应当简明扼要。

（4）指定一幅最能表明设计要点的图片或者照片。指定的图片或者照片用于出版专利公报。

三、专利申请文件的案例

（一）发明专利

发明专利基本申请文件包括：说明书、说明书附图（可不写）、权利要求书、说明书摘要及摘要附图。其专利申请文件撰写格式具体如下。

1. 说明书格式

技术领域

本发明涉及一种×××××方法，属于×××××技术领域，尤其是涉及一种×××××方法。

（这里，前面的“本发明涉及一种×××××”是待申请的技术方案的较上位的主题名称，后面的“尤其是涉及一种×××××”一般是具体到待申请的技术方案的技术主题全称。再次强调：发明专利申请涉及的技术主题既能够涉及装置，也能够涉及方法。）

背景技术

目前，×××××。

（这里就是指出目前现有问题，引证文献资料。可以指出当前的不足或有待改进之处或者发明创造中有什么更有利的东西等，为了方便专利审查专家们更方便地审核专利，引经据典的要注明出处。）

发明内容

为了克服×××××的不足，本发明×××××。（要解决的技术问题）

本发明解决其技术问题所采用的技术方案是：×××××。

[这里需要严格按照示例文档中的要求来写，具体要求如下。

（1）技术方案应当清楚、完整地说明发明的形状、构造特征，说明技术方案是如何解决技术问题的，必要时应说明技术方案所依据的科学原理。

（2）撰写技术方案时，机械产品应描述必要零部件及其整体结构关系；涉及电路的产品，应描述电路的连接关系；机电结合的产品还应写明电路与机械部分的结合关系；涉及分布参数的申请时，应写明元器件的相互位置关系；涉及集成电路时，应清楚公开集成电路的型号、功能等。

（3）技术方案不能仅描述原理、动作及各零部件的名称、功能或用途。]

本发明的有益效果是：×××××。

（写出你的发明和现有技术相比所具有的优点及积极效果。）

附图说明

下面结合附图和实施例对本实用新型做进一步说明。

图 1 是本实用新型的×××××原理图。

图 2 是×××××构造图。

图 3 是×××××图。

图中：

1. ×××××　2. ×××××　3. ×××××　4. ×××××

5. ×××××　6. ×××××　7. ×××××　8. ×××××

（附图说明：应写明各附图的图名和图号，对各幅附图作简略说明，必要时可将附图中标号所示零部件名称列出。也就是说，上面的“图中：1. ×××××2. ×××××3. ×××××……”这部分内容是可以省略的。）

具体实施方式

在图 1 中×××××。在图 2 中×××××……

（具体实施方式部分给出优选的具体实施例。具体实施方式应当对照附图对发明的形状、构造进行说明，实施方式应与技术方案相一致，并且应当对权利要求的技术特征给予详细说明，以支持权利要求。附图中的标号应写在相应的零部件名称之后，使所属技术领域的技术人员能够理解和实现，必要时说明其动作过程或者操作步骤。如果有多个实施例，每个实施例都必须与本发明所要解决的技术问题及其有益效果相一致。）

2. 说明书附图格式

注意说明书附图不应使用非纯黑或白背景的图形或图片。

3. 权利要求书格式

（1）一种×××××方法，包括：×××××（在此描述该方法包括的流程或步骤）。

（2）根据权利要求 1 所述的×××××装置，其特征在于×××××（在此对权利要求 1 中已经出现的术语做进一步限定）。

（3）根据权利要求 1 或 2 所述的×××××装置，其特征在于×××××（在此对权利要求 1 或权利要求 2 中已经出现的术语做进一步限定）。

（每个权利要求仅在结尾处使用句号表示该权利要求的表述到此结束，不在该权利要求未结束时使用额外的句号。）

4. 说明书摘要及附图格式

（1）说明书摘要格式。

为了×××××（在此描述发明目的），本发明提供了一种×××××方法，包括：×××××（在此描述该方法包括的流程或步骤）。本发明提供的方法能够×××××（在此提供关于技术效果的描述）。

（应当注意：摘要一般不超过 300 个字。）

（2）说明书摘要附图格式。

当需要附图并在《说明书附图》文档中使用了至少一幅图片时，必须选择《说明书附图》中的一幅作为摘要附图。

下面给出了“一种激光诱导击穿固体光谱的增强装置及其使用方法”发明专利申请文件撰写示例，作为参考。

说明书

一种激光诱导击穿固体光谱的增强装置及其使用方法

技术领域

[0001] 本发明属于原子发射光谱技术领域，具体地说是一种利用激光诱导击穿光谱增强荧光信号灵敏度技术的激光诱导击穿固体光谱的增强装置及其使用方法。

背景技术

[0002] 20世纪后期发展起来的激光诱导击穿光谱技术（Laser Induced Breakdown Spectroscopy，LIBS）是一种新的物质元素分析方法。该技术利用强激光脉冲作用于分析对象，在激光的聚焦区内，分析对象的原子、分子在激光作用下产生大量的自由电子和离子，形成近似电中性的等离子体。激光脉冲作用结束后，伴随着等离子体的冷却，处于激发态的原子和离子向低能级或激发态跃迁，辐射一定频率的光子，产生特征谱线，其频率和强度包含了分析对象的元素种类和浓度信息。

[0003] LIBS技术与其他物质元素分析方法相比较，属于新技术，存在着激发效果不理想、光谱强度较低、对某些难蒸发、难激发元素分析困难等问题。在前期工作中也发现，激光诱导击穿铜（或铜合金）光谱中存在着较严重的光谱自吸和自蚀现象，说明激光诱导击穿所产生的等离子体外层中有大量的未被激发的基态粒子，反映出LIBS对样品的整体激发效果不理想，因此提高激发效果是增强LIBS检测及分析效果的关键。

[0004] 为了探索激光诱导等离子体辐射增强并在一定程度上提高LIBS检测灵敏度的实验方法，国内外研究学者探究了环境气体、双脉冲激发、外加空间约束等对等离子体辐射的增强效应，以及利用磁场约束与空间约束相结合的增强方法等均取得了一定的成效。然而，这些增强方法都在一定程度上增加了实验装置、分析方法的复杂性，弱化了LIBS系统结构紧凑、采样分析简单等优点。另外，对于外加腔室结构而言，诱导激发样品过程中产生的悬浮微粒黏附在腔室内壁上将会造成污染，如若不对内壁进行合理清洗，在检测其他样品时将会受到悬浮微粒中元素的干扰，增加检测误差出现的可能性。综上所述，现有光谱分析过程存在谱线强度低、信背低（SBR）的问题，且易受环境因素的干扰。

发明内容

[0005] 本发明的目的是提供一种利用激光诱导击穿光谱增强荧光信号灵敏度技术的激光诱导击穿固体光谱的增强装置及其使用方法。

本发明的目的是这样实现的，计算机1的指令发出端口与脉冲激光器2的指令接收端口连接，聚焦透镜3和保护片4设置在脉冲激光器的激光发射头前方，保护片前方还设置有样品定位池5，收集透镜组6设置在保护片与样品定位池之间，收集透镜组的顶端延伸部设置在保护片下部弧形位置的前方，收集透镜组通过光纤7与带有外置ICCD的光谱仪8连接在一起，光谱仪信号输出端与计算机信号接收端连接。

[0006] 所述收集透镜组由顶端延伸部和底座组成，顶端延伸部为光谱信号收集透镜。

[0007] 所述样品定位池是由圆形样品定位槽和底座组成，在样品定位池内设置有带自体约束形貌的样品。

说明书（续）

［0008］所述自体约束形貌的样品是中心带有柱形孔、锥形孔或上端为柱形下端为锥形的孔。

［0009］其使用方法如下：首先将待测固体样品表面利用工具或设备加工处理成自体约束所需形貌，或是将粉末状固体样品直接利用预先制作的模具压制成具有自体约束形貌的片状样品。

其次采用激光诱导击穿光谱技术对经过自体约束形貌束缚的样品进行探测：以脉冲激光器作为激发光源，从激光器射出的激光经过聚焦透镜会聚后，穿过保护片并聚焦于自体约束小孔中的样品表面，样品在激光的作用下产生等离子体。

在聚焦光路侧面放置收集透镜组，等离子体产生的发光信息由收集透镜组进行采集，通过光纤导入光谱仪，并通过 ICCD 进行增强，通过计算机中的软件进行数据采集，得到待测样品的自体约束光谱。

［0010］所述自体约束形貌包括三种情况，其一为下端为锥、上端为柱的小孔；其二为锥形孔；其三为柱形孔：自体约束形貌为圆片形，自体约束形貌的锥形孔和柱形孔均为凹陷或凹形槽。

［0011］本发明的优点是：在固体样品本身利用工具或模具处理出自体空间约束形貌，即达到了利用空间约束提高等离体光谱强度的目的，又避免了外加约束对等离子体光谱所产生的不利影响，本发明还具有结构简单、操作简便等特点。

附图说明

［0012］图 1 为本发明的结构示意简图。

图 2 是自体约束形貌的一种形状。

图 3 是自体约束形貌的第二种形状。

图 4 是自体约束形貌的第三种形状。

［0013］下面将结合附图通过实例对本发明做进一步详细说明，但下述的实例仅仅是本发明其中的例子而已，并不代表本发明所限定的权力保护范围，本发明的权利保护范围以权利要求书为准。

具体实施方式

［0014］实例 1

参见图 1～4，计算机 1 的指令发出端口与脉冲激光器 2 的指令接收端口连接，聚焦透镜 3 和保护片 4 设置在脉冲激光器的激光发射头前方，保护片前方还设置有样品定位池 5，收集透镜组 6 设置在保护片与样品定位池之间，收集透镜组的顶端延伸部设置在保护片下部弧形位置的前方，收集透镜组通过光纤 7 与带有外置 ICCD 的光谱仪 8 连接在一起，光谱仪信号输出端与计算机信号接收端连接。

［0015］所述收集透镜组由顶端延伸部和底座组成，顶端延伸部为光谱信号收集透镜。

［0016］所述样品定位池是由圆形样品定位槽和底座组成，在样品定位池内设置有带自体约束形貌的样品。

［0017］所述自体约束形貌的样品是中心带有柱形孔、锥形孔或上端为柱形下端为锥形的孔。

说明书（续）

［0018］其使用方法如下：首先将待测固体样品表面利用工具或设备加工处理成自体约束所需形貌，或是将粉末状固体样品直接利用预先制作的模具压制成具有自体约束形貌的片状样品。

其次采用激光诱导击穿光谱技术对经过自体约束形貌束缚的样品进行探测：以脉冲激光器作为激发光源，从激光器射出的激光经过聚焦透镜会聚后，穿过保护片并聚焦于自体约束小孔中的样品表面，样品在激光的作用下产生等离子体。

在聚焦光路侧面放置收集透镜组，等离子体产生的发光信息由收集透镜组进行采集，通过光纤导入光谱仪，并通过ICCD进行增强，通过计算机中的软件进行数据采集，得到待测样品的自体约束光谱。

［0019］所述自体约束形貌包括三种情况，其一为下端为锥、上端为柱的小孔；其二为锥形孔；其三为柱形孔：自体约束形貌为圆片形，自体约束形貌的锥形孔和柱形孔均为凹陷或凹形槽。

［0020］经过自体约束处理后的样品，等离子体光谱的谱线强度及背信比（SBR）均能够得到显著增强。

［0021］以利用LIBS测量铅黄铜合金中的Cu、Pb元素为例，对一种激光诱导击穿固体光谱的增强装置与方法进行阐述。

［0022］（1）选取HPb59-1铅黄铜合金样品，其横截面直径为10 mm，其中Cu、Pb元素的含量分别为57.27%、0.88%。利用车床，使用直径分别为1.0，2.0，3.0，4.0，5.0 mm的钻刀在样品横截面上钻出深度分别为0.5，1.0，1.5，2.0，2.5 mm的上柱下锥形小孔。

（2）在常压空气中使用单脉冲能量为650 mJ的Nd，YAG激光器2诱导激发铅黄铜合金样品，将实验样品5置于带有分厘尺的三维样品调节架上，调节聚焦透镜3与样品之间的相对位置，使激光先聚焦于样品横截表面，再利用小孔尺寸与样品表面聚焦点位置之间的相对关系，调整三维样品架，使聚焦后的激光焦点位于上柱下锥形小孔的底部中心，在脉冲激光的作用下，产生激光诱导击穿等离子体。

（3）调整光谱仪软件设置，选择激光触发延迟时间及光谱仪采样门宽，调整收集透镜组6的角度位置，使等离子体的光谱信息能够被收集透镜组所采集，并通过光纤7导入光谱仪8，通过计算机1中的软件进行数据采集，得到样品的特征光谱。

（4）选取CuI427.51 nm，PbI405.78 nm的特征谱线作为分析目标，分别探究了光谱辐射强度、信背比随着自体约束小孔深度和直径增加的变化情况，并与无自体约束情况进行了对比。

（5）得到自体小孔约束的最佳尺寸为直径3.0 mm、深度1.5 mm。与无约束时相比，所选取的Cu和Pb的特征谱线强度分别提高了38.3%、35.4%，信背比提高了200.2%、137.5%。

（6）研究结果表明，自体小孔约束方法能够有效改善激光诱导击穿铅黄铜合金样品的谱线质量，避免外加约束结构的内壁污染对实验结果的干扰，此方法简单易行。

说明书附图

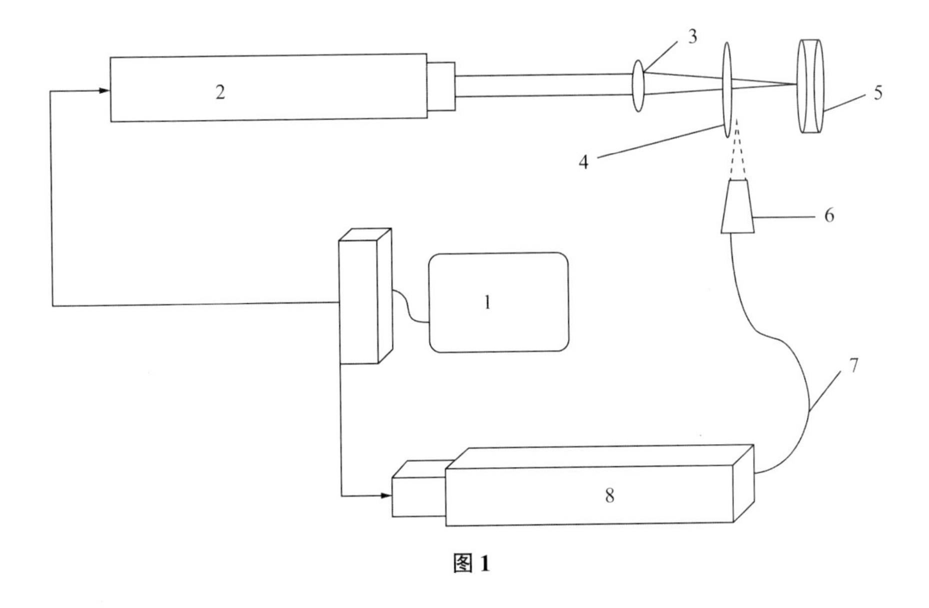

图 1

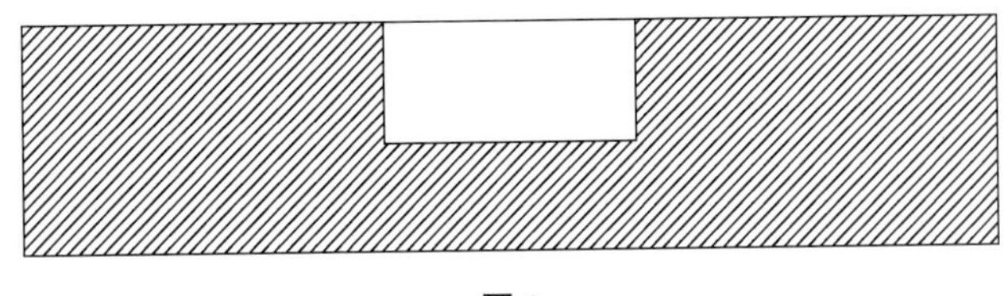

图 2

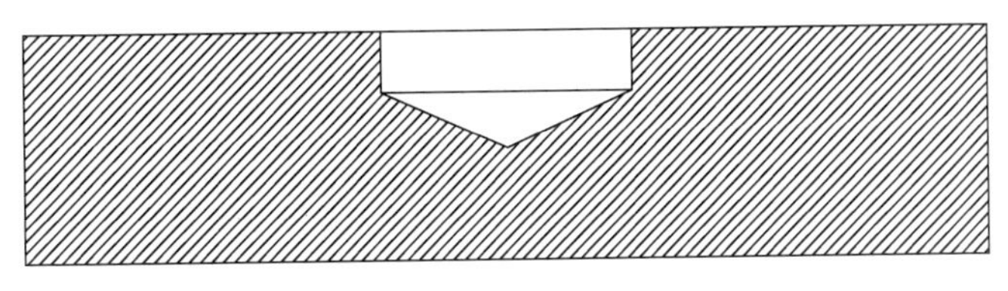

图 3

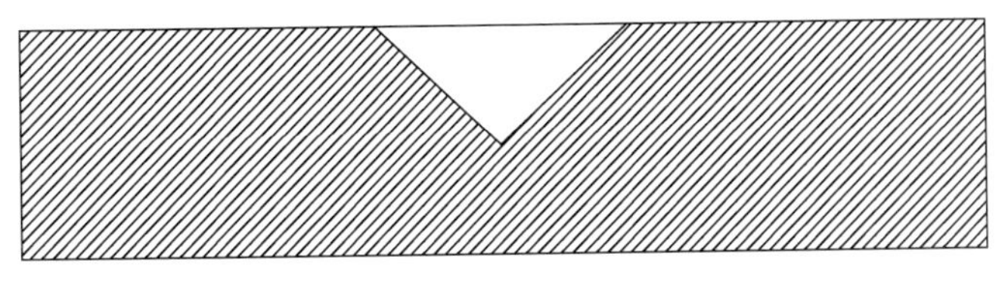

图 4

权力要求书

(1) 一种激光诱导击穿固体光谱的增强装置，它包括：计算机，脉冲激光器，聚焦透镜，保护片，收集透镜组，光纤和带有外置 ICCD 的光谱仪。其特征是：计算机的指令发出端口与脉冲激光器的指令接收端口连接，聚焦透镜和保护片设置在脉冲激光器的激光发射头前方，保护片前方还设置有样品定位池，收集透镜组设置在保护片与样品定位池之间，收集透镜组的顶端延伸部设置在保护片下部弧形位置的前方，收集透镜组通过光纤与带有外置 ICCD 的光谱仪连接在一起：光谱仪信号输出端与计算机信号接收端连接。

(2) 根据权利要求 1 所述的一种激光诱导击穿固体光谱的增强装置，其特征是：所述收集透镜组由顶端延伸部和底座组成，顶端延伸部为光谱信号收集透镜。

(3) 根据权利要求 1 所述的一种激光诱导击穿固体光谱的增强装置，其特征是：所述样品定位池是由圆形样品定位槽和底座组成，在样品定位池内设置有带自体约束形貌的样品。

(4) 根据权利要求 3 所述的一种激光诱导击穿固体光谱的增强装置，其特征是：所述自体约束形貌的样品是中心带有柱形孔、锥形孔或上端为柱形下端为锥形的孔。

(5) 根据权利要求所述的一种激光诱导击穿固体光谱增强装置的使用方法，其特征包括以下步骤：首先将待测固体样品表面利用工具或设备加工处理成自体约束所需形貌，或是将粉末状固体样品直接利用预先制作的模具压制成具有自体约束形貌的片状样品。

其次采用激光诱导击穿光谱技术对经过自体约束形貌束缚的样品进行探测：以脉冲激光器作为激发光源，从激光器射出的激光经过聚焦透镜会聚后，穿过保护片并聚焦于自体约束小孔中的样品表面，样品在激光的作用下产生等离子体。

在聚焦光路侧面放置收集透镜组，等离子体产生的发光信息由收集透镜组进行采集，通过光纤导入光谱仪，并通过 ICCD 进行增强，通过计算机中的软件进行数据采集，得到待测样品的自体约束光谱。

(6) 根据权利要求 5 所述的一种激光诱导击穿固体光谱增强装置的使用方法，其特征是：所述自体约束形貌包括三种情况，其一为下端为锥、上端为柱的小孔；其二为锥形孔；其三为柱形孔，自体约束形貌为圆片形，自体约束形貌的锥形孔和柱形孔均为凹陷或凹形槽。

说明书摘要

一种激光诱导击穿固体光谱的增强装置，所要解决的问题是现有光谱分析过程存在谱线强度低、信背低（SBR）的问题，并且易受环境因素干扰。本发明的技术方案是计算机的指令发出端口与脉冲激光器的指令接收端口连接，聚焦透镜和保护片设置在脉冲激光器的激光发射头前方，保护片前方还设置有样品定位池，收集透镜组设置在保护片与样品定位池之间，收集透镜组的顶端延伸部设置在保护片下部弧形位置的前方，收集透镜组通过光纤与带有外置ICCD的光谱仪连接在一起，光谱仪信号输出端与计算机信号接收端连接。本发明还具有结构简单，操作简便，可靠性高等特点。

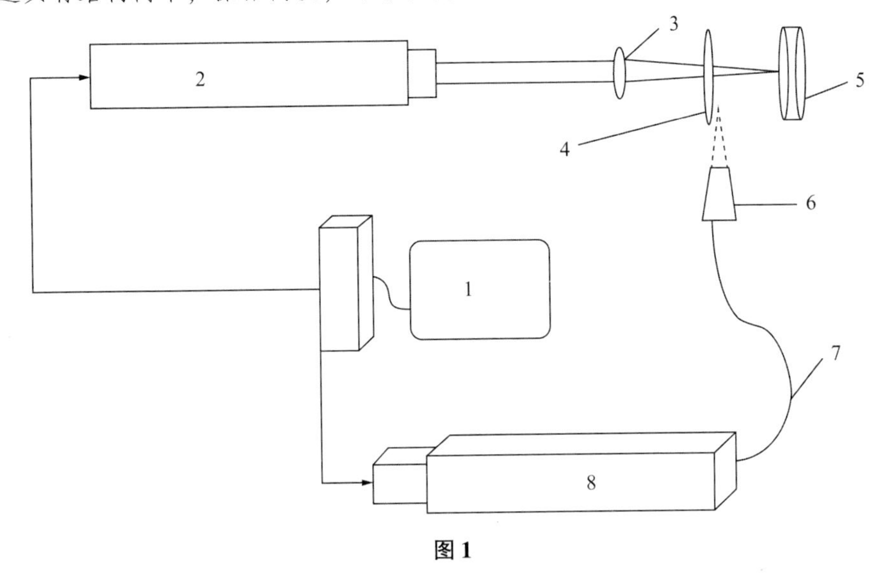

图1

（资料来源：中国知识产权局官网，http：//pss-system. cnipa. gov. cn/sipopublicsearch/patentsearch/showViewList-jumpToView. shtml）

（二）实用新型专利

实用新型专利文件包括：说明书，说明书附图，权力要求书，摘要及摘要附图，其专利申请文件撰写格式具体如下。

1. 说明书格式

技术领域

本实用新型涉及一种×××××装置，属于×××××技术领域，尤其是涉及一种×××××装置。

（这里，前面的“本实用新型涉及一种×××××”是待申请的技术方案的较上位的主题名称，后面的“尤其是涉及一种×××××”一般是具体到待申请的技术方案的技术主题全称。再次强调：实用新型专利申请涉及的技术主题只能涉及装置，不能涉及方法。）

背景技术

目前，×××××。

（这里指出目前现有问题，引证文献资料。可以指出当前的不足或有待改进之处或者实用新型创造中有什么更有利的东西等，为了方便专利审查专家们更方便地审核你的专利，引经据典时要注明出处。）

实用新型内容

为了克服×××××的不足，本实用新型×××××。

（这里，主要表述要解决的技术问题。）

本实用新型解决其技术问题所采用的技术方案是：×××××。

[这里需要严格按照示例文档中的要求来写，具体要求如下。

（1）技术方案应当清楚、完整地说明实用新型的形状、构造特征、说明技术方案是如何解决技术问题的，必要时应说明技术方案所依据的科学原理。

（2）撰写技术方案时，机械产品应描述必要零部件及其整体结构关系；涉及电路的产品，应描述电路的连接关系；机电结合的产品还应写明电路与机械部分的结合关系；涉及分布参数的申请时，应写明元器件的相互位置关系；涉及集成电路时，应清楚公开集成电路的型号、功能等。

（3）技术方案不但要描述原理、动作及各零部件的名称，还要说明这些零部件的功能或用途。

本实用新型的有益效果是：×××××。

（写出实用新型和现有技术相比所具有的优点及其积极效果。）

附图说明

下面结合附图和实施例对本实用新型做进一步说明。

图1是本实用新型的×××××原理图。

图2是×××××构造图。

图3是×××××图。

图中：

1. ××××× 2. ××××× 3. ××××× 4. ×××××

5. ××××× 6. ××××× 7. ××××× 8. ×××××

（附图说明：应写明各附图的图名和图号，对各幅附图作简略说明，必要时可将附图中标号所示零部件名称列出。也就是说，上面的“图中：1. ××××× 2. ××××× 3. ×××××……”这部分内容是可以省略的。）

具体实施方式

在图1中，×××××。图2中，×××××……

（具体实施方式部分给出优选的具体实施例。具体实施方式应当对照附图对实用新型的形状、构造进行说明，实施方式应与技术方案相一致，并且应当对权利要求的技术特征给予详细说明，以支持权利要求。附图中的标号应写在相应的零部件名称之后，使所属技术领域的技术人员能够理解和实现，必要时说明其动作过程或者操作步骤。如果有多个实施例，每个实施例都必须与本实用新型所要解决的技术问题及其有益效果相一致。）

2. 说明书附图格式

依照《中华人民共和国专利法》及其实施细则，以及《专利审查指南》的规定绘制，注意不应使用非纯黑或纯白背景的图形或图片。

3. 权利要求书格式

（1）一种×××××装置，包括：×××××（在此描述该装置包括的流程或步骤）。

（2）根据权利要求1所述的×××××装置，其特征在于，×××××（在此对权利要求1中已经出现的术语做进一步限定）。

（3）根据权利要求1或2所述的×××××装置，其特征在于×××××（在此对权利要求1或权利要求2中已经出现的术语做进一步限定）。

（每个权利要求仅在结尾处使用句号表示该权利要求的表述到此结束，因此请不要在该权利要求未结束时使用额外的句号。）

4. 说明书摘要格式

为了×××××（在此描述实用新型目的），本实用新型提供了一种×××××装置，包括：×××××（在此描述该装置包括的流程或步骤）。本实用新型提供的装置能够×××××（在此提供关于技术效果的描述）。

（应当注意：摘要一般不超过300个字。）

5. 摘要附图格式

应注意当需要附图并在《说明书附图》文档中绘制了至少一幅图片时，必须选择《说明书附图》中的一幅作为摘要附图。

下面给出了“一种激光诱导击穿光谱空间增强实验装置”实用新型专利申请文件撰写示例，作为参考。

一种激光诱导击穿光谱空间增强实验装置

技术领域

[0001] 本实用新型涉及一种激光光谱分析的相关技术领域，具体来说是一种激光诱导击穿光谱空间增强实验装置。

背景技术

[0002] 激光诱导击穿光谱（以下简称“LIBS”）分析方法的光谱背景较高，在进行低含量元素分析时，光谱强度较弱，因此其分析检出限较高，不适合较低含量元素的分析。LIBS空间增强方法能够提高光谱信背比，减低检出限。该方法是外加物体限制激光诱导等离子体的体积，不能再大气环境中自由膨胀，使得发光等离子体被限制在狭小空间，由于等离子体在狭小空间的快速碰撞使得光谱增强，通常在实验参数选择较佳时光谱增强可达6~8倍，甚至达10倍以上。LIBS空间约束增强方法，目前仅限于实验研究，通常采用二面或三面金属片（石墨片）约束激光诱导发光等离子体体积，约束面的形状和约束面间的距离等参数需要改变时都要重新调节，重新调节不仅麻烦，且改变了激光束在样品表面的聚焦部位和聚焦效果，从而使得找到最佳实验参数更加困难。

[0003] 现有技术中，每次实验所采用的空间约束物体都是用片状物体组合搭接而成，其所构成的形状和空间尺寸具有稳定性、重复性差的缺点，同时具有单一性的缺点，组合搭接过程中费时费力，又容易改变聚焦效果。

发明内容

[0004] 本实用新型的目的是提供一种激光诱导击穿光谱空间增强实验装置，以便在一套装置中解决不同约束空间形状的快速选取和激光束在样品表面不同部位的快速聚焦问题。

[0005] 本实用新型解决其技术问题所采取的技术方案是，一种激光诱导击穿光谱空间增强实验装置，它包括有一磁性光具支座，透镜，特征是：在磁性光具支座上部设置有一带有透镜的透镜支架，该透镜支架下端安装一向前延伸并带长度刻度的水平导轨；在水平导轨的另一端安装有空间增强光阑支架，该支架的顶端安装空间增强光阑，该空间增强光阑包括三层至八层叠加在一起的同心圆台，同心圆台的直径从小到大依次设置，其中最小的同心圆台距离透镜支架最近，在每个同心圆台上均布有不同孔径的光阑；在空间增强光阑支架上还安装被测样品支架，该被测样品设置在最大同心国台的后上部。

[0006] 本实用新型专利还包括所述的空间增强光阑包含有不同孔径和深度的光阑。

[0007] 如上所述空间增强光阑上同心圆台，其中直径小的同心圆台厚度要大于直径大的同心圆台。

[0008] 每个同心圆台上设置有相同数量的、不同孔径的贯通光阑。

[0009] 本结构由于采用空间增强光阑的同轴圆台结构，其一端为平面用以紧贴样品表面，相同深度的不同孔径的同心圆的光阑结构，不同深度的相同孔径的同一径向的光阑结构，具有数个可控径向旋转档位，具有数个可控垂直移动档位：通过具有刻度的水平导轨连接透镜支架和光阑支架，因此水平距离可调。

说明书

［0010］本实用新型在LIBS分析中，可以快速、准确地选择光谱增强的空间约束的最佳实验条件，提高光谱信背比，提高光谱数据的稳定性，降低分析检出限，提高光谱分析灵敏度和精密度。

［0011］本实用新型还解决了激光束在实验样品表面不同部位的快速聚焦问题。

［0012］本实用新型还具有结构合理，结构简单，操作方便，试验效果明显，使用寿命长，应用范围宽等优点。

附图说明

［0013］下面结合附图和实施例对本实用新型进一步说明。

［0014］图1是本实用新型的结构示意简图。

［0015］图2是本实用新型空间增强光阑放大结构示意简图。

［0016］图3是图2的右视图。

［0017］图4是本实用新型的激光光谱增强装置实验状态俯视示意图。

［0018］图中1. 磁性光具支座，2. 透镜支架，3. 透镜，4. 水平导轨，5. 空间增强光阑支架，6. 空间增强光阑，601. 光阑，7. 被测样品支架，8. 被测样品，9. 光谱仪接收装置。

［0019］下面将结合附图并通过实例对本实用新型做一步详细说明，但下述的实例仅仅是本实用新型其中的例子而已，并不代表本实用新型所限定的权利保护范围，本实用新型的权利保护范围以权利要求为准。

具体实施方式

［0020］图1中的1为磁性光具支座，3为透镜，在磁性光具支座1上部设置有一带有透镜3的透镜支架2，该透镜支架2下端安装一向前延伸并带长度刻度的水平导轨4；在水平导轨4的另一端安装有空间增强光阑支架5，该支架5的顶端安装空间增强光阑6，该空间增强光阑6包括四层叠加在一起的同心圆台，同心圆台的直径从小到大依次设置，其中最小的同心圆台距离透镜支架最近，在每个同心圆台上均布有不同孔径的光阑601；在空间增强光阑支架5上还安装被测样品支架7，该被测样品8设置在最大同心圆台的后上部。

［0021］空间增强光阑6的水平轴线在空间增强光阑支架上，空间增强光阑6可旋转数个档位，空间增强光阑6和透镜支架2之间的垂直距离可调数个档位，用以匹配不同高度的，空间增强光阑6和透镜支架2之间的水平距离连续可调，水平距离可在水平导轨4的刻度上读出。

［0022］本实用新型特别是用在铅黄铜中Fe和Pb的LIBS的分析中，光谱增强效果较好，两者的光谱增强达到6~8倍。

［0023］本实用新型的LIBS空间增强实验操作步骤如下（图4）。

［0024］（1）调整本装置的整体位置，使得透镜轴线与入射激光轴线重合。

［0025］（2）调节空间增强光阑支架5与透镜支架2的位置，使得空间增强光阑6的平面与透镜焦面重合。

说明书

［0026］（3）调节空间增强光阑6的水平高度和旋转角度，使得激光束通过空间增强光阑6上的任意一个贯通光阑601。

［0027］（4）在被测样品支架7的上端平面上放置实验用品，被测样品平面紧贴空间增强光阑6的平面。

［0028］（5）调节被测样品支架7（其上面已经放置好样品）的高度，使得激光通过贯通光阑聚焦到样品平面上的指定位置。

［0029］（6）在透镜一侧，水平高度与激光束相同，与透镜水平夹角10°～60°方向放置光谱仪的用于接收发射光谱的装置。

［0030］（7）在垂直方向上调节空间增强光阑6的高度，选择同一孔径大小，不同厚度的光阑进行实验。

［0031］（8）在径向上旋转空间增强光阑6的角度，选择同一厚度，不同孔径大小的光阑601进行实验。

［0032］从步骤（7）（8）中总结得出最佳的光阑条件，从而实现了本实用新型的目的。

说明书附图

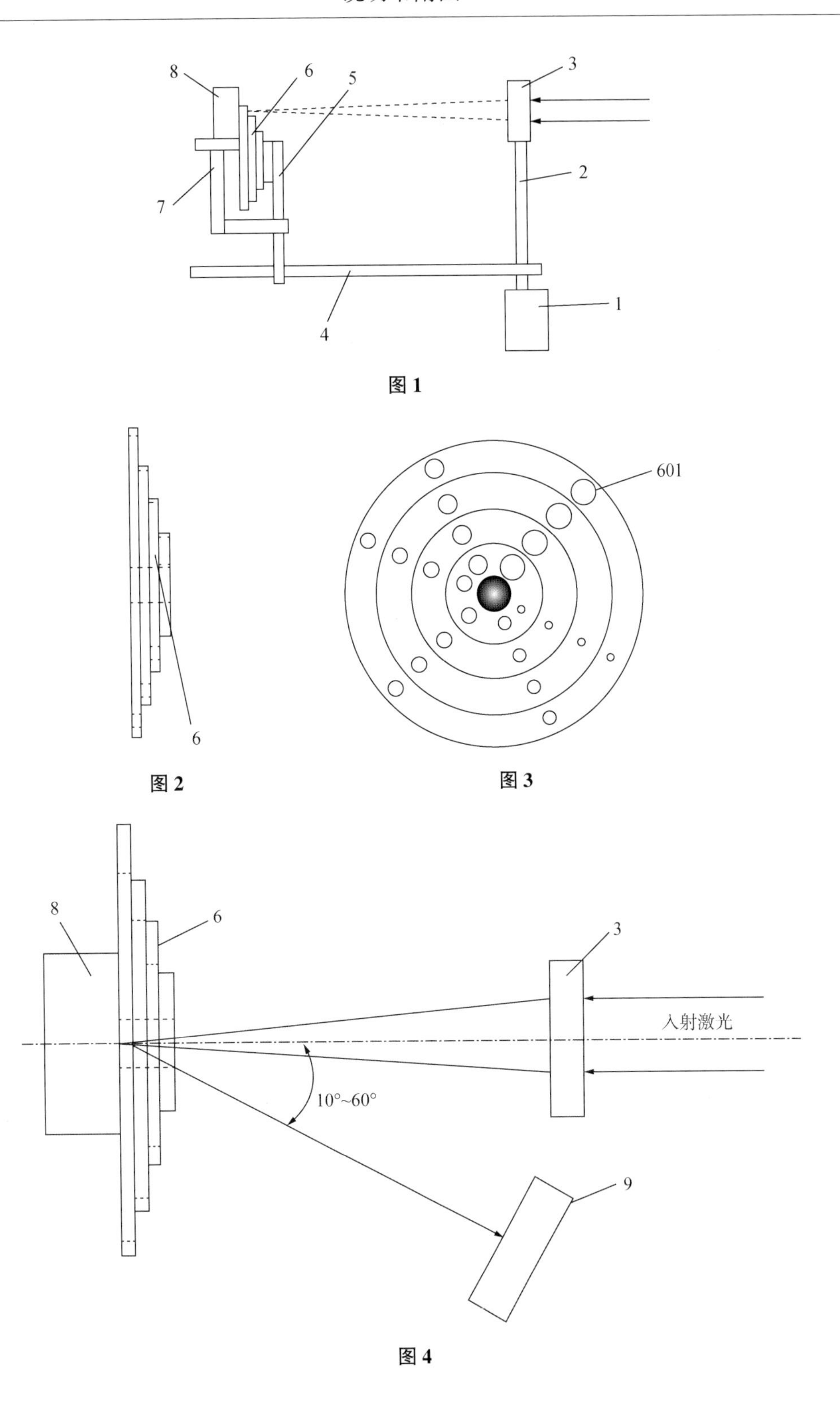

图 1

图 2

图 3

图 4

权力要求书

（1）一种激光诱导击穿光谱空间增强实验装置，它包括一磁性光具支座，透镜，特征是：在磁性光具支座上部设置有一带有透镜的透镜支架，该透镜支架下端安装一向前延伸并带长度刻度的水平导轨；在水平导轨的另一端安装有空间增强光阑支架，该支架的顶端安装空间增强光阑，该空间增强光阑包括三层至八层叠加在一起的同心圆台，同心圆台的直径从小到大依次设置，其中最小的同心圆台距离透镜支架最近，在每个同心圆台上均布有不同孔径的光阑；在空间增强光阑支架上还安装被测样品支架，该被测样品设置在最大同心圆台的后上部。

（2）根据权利要求 1 所述的激光诱导击穿光谱空间增强实验装置，其特征是：所述的空间增强光阑包含有不同孔径和深度的光阑。

（3）根据权利要求 1 所述的激光诱导击穿光谱空间增强实验装置，其特征是：所述空间增强光阑上同心圆台，其中直径小的同心圆台厚度要大于直径大的同心圆台。

（4）根据权利要求 1 或 2 所述的激光诱导击穿光谱空间增强实验装置，其特征是：每个同心圆台上设置有相同数量的、不同孔径的贯通光阑。

摘要及摘要附图

本实用新型涉及一种激光诱导击穿光谱空间增强实验装置，其技术要点是；在磁性光具支座上部设置有透镜支架，该透镜支架下端安装一向前延伸并带长度刻度的水平导轨；在水平导轨的另一端安装有空间增强光阑支架，该支架的顶端安装空间增强光阑，该空间增强光阑包括三层至八层叠加在一起的同心圆台，同心圆台的直径从小到大依次设置，其中最小的同心圆台距离透镜支架最近，在每个同心圆台上均布有不同孔径的光阑；在空间增强光阑支架上还安装被测样品支架，该被测样品设置在最大同心圆台的后上部。本新型可以快速、准确地选择光谱增强的空间约束的最佳实验条件，提高光谱信背比，提高光谱数据的稳定性，降低分析检出限，提高光谱分析灵敏度和精密度。

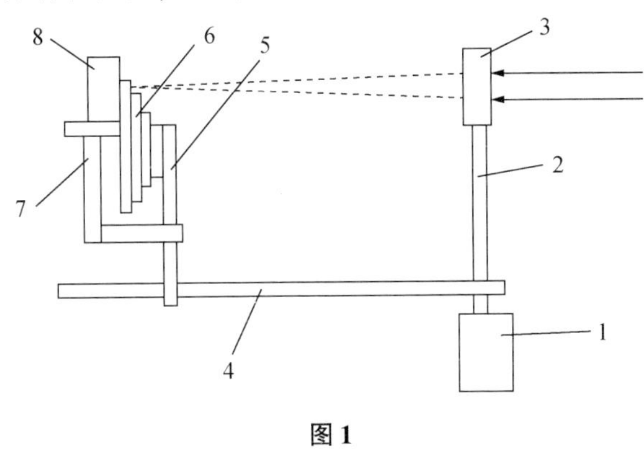

图 1

（资料来源：国家知识产权局官网，http：//pss-system. cnipa. gov. cn/sipopublicsearch/patentsearch/showViewList-jumpToView. shtml）

（三）外观设计

外观设计专利申请文件撰写格式具体如下。

本外观设计产品的名称：×××××。

本外观设计产品的用途：×××××。

本外观设计的设计要点：×××××。

最能表明设计要点的图片或者照片：×××××。

（例如，“左视图与右视图对称，省略左视图”“请求保护色彩”等。）

下面给出了“智能音箱（创意球形）”外观设计专利申请文件撰写示例，作为参考。

智能音箱（创意球形）外观设计图

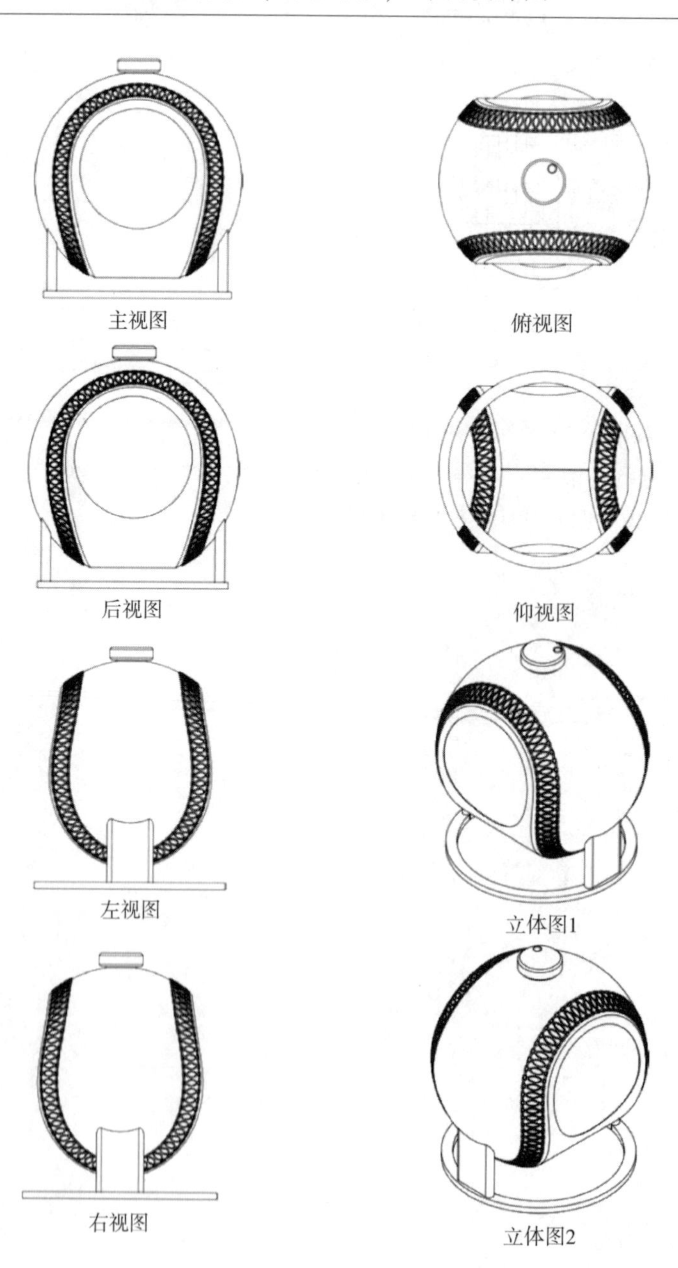

简要说明

1. 本外观设计产品名称：智能音箱（创意球型）。
2. 本外观设计产品用途：用于播放音频。
3. 本外观设计产品的设计要点：在于形状。
4. 最能表明本外观设计要点的图片或照片：智能音箱（创意球形）外观设计图。

（资料来源：国家知识产权局官网，http：//pss-system. cnipa. gov. cn/sipopublicsearch/patentsearch/showViewList-jumpToView. shtml）

第五节 专利申请文件提交与审批

专利申请文件的提交，一般有两种途径，一是专利申请人自行向国家知识产权局提交，二是委托专利代理机构进行申请和提交。

以下是委托专利代理机构进行专利申请与审批的基本几个步骤。

1. 咨询

（1）确定发明创造的内容是否属于可以申请专利的内容。

（2）确定发明创造的内容可以申请哪项专利类型（发明、实用新型、外观设计）。

2. 签订代理委托协议

签订代理委托协议的目的是明确申请人和代理机构之间的权力和义务，主要是约束专利代理人对申请人的发明创造内容负有保密的义务。

3. 技术交底

（1）申请人向专利代理人提供有关发明创造的背景资料和委托检索有关内容。

（2）申请人详细介绍发明创造的内容，帮助专利代理人充分理解该发明创造。

4. 确定申请方案

代理人在对发明创造的理解基础上，对专利申请的前景做出初步的判断，对专利授权可行性很小的申请将建议申请人撤回。如果专利的授权前景较大，专利代理人将会提出明确的申请方案、保护范围和内容，在征得申请人同意的情况下开始准备正式的申请文件。

5. 准备和递交申请文件

（1）撰写专利申请文件（内容见本章第四节）。

（2）制作专利书文件（专利书文件的撰写格式，撰写使用的文字、图片和照片、纸张，提交专利文件份数和排序的要求，具体内容见本章第四节）。

（3）提交专利申请。专利申请提交方式有两种：一种是纸质提交，一种是电子提交。都可以自己或委托代理机构办理。

此外，关于专利文件收付日期的确认情况，请大家注意以下几种情况。

向国务院专利行政部门邮寄的各种文件，以寄出的邮戳日为递交日；邮戳日不清晰的，除当事人能够提出证明外，以国务院专利行政部门收到日为递交日。

国务院专利行政部门的各种文件，可以通过邮寄、直接递交或者其他方式送达当事人。

当事人委托专利代理机构的，文件送交请求书中指明的联系人。国务院专利行政部门邮寄的各种文件，自文件发出之日起满 15 日，推定为当事人收到文件日。

根据国务院专利行政部门规定应当直接递交的文件，以交付日为送达日。

文件交送地址不清、无法邮寄的，可以通过公告方式送达当事人。自公告之日起满 1 个月，该文件视为已送达。

6. 专利受理

专利局收到专利申请后进行审查，如果符合受理条件，专利局将确定申请日，给予申请号，并且核实文件清单后，发出受理通知书，通知申请人。

7. 专利审查

这个阶段，对于实用新型和外观设计专利，只需进行初步审查；对于发明专利，需进行初步审查、发明专利申请公布、发明专利申请实质审查三个阶段。

经受理后的专利申请按照规定交纳申请费用，自动进入初审阶段。发明专利申请在初审前首先要进行保密审查，需要保密的应按保密程序处理。实用新型和外观设计专利申请在初审前还应给申请人留出三个月主动修改申请的时间。

初步审查主要审查申请是否存在明显缺陷和申请文件及格式是否符合要求。其中包括以下几点。

（1）对申请是否存在明显缺陷进行审查。

主要审查内容有以下几点。

①是否明显违反国家法律、社会公德和妨碍公共利益。

②是否明显属于不授予专利权的主题。

③是否明显缺乏技术内容而不能构成技术方案。

④是否明显缺乏单一性。实用新型和外观设计专利申请还要审查是否明显与已批准的专利相同，是否明显不是一个新的技术方案或者新的设计。

（2）对申请文件齐备及格式是否符合要求进行审查。具体内容如下。

①审查各种文件是否采用专利局制定的统一格式，申请的撰写、表格的填写和附图的画法是否符合实施细则的审查指南规定的要求。

②应当提交的证明或附件是否齐备，是否具备法律效力。

③说明书、权力要求书、附图或外观设计图片或照片是否符合要求。

8. 审查结论

中国专利局根据审查情况将会做出授权或驳回的审查结论。这一过程的时间一般为：外观设计 6 个月左右，实用新型一般为 10 ~ 12 个月，发明专利一般 2 ~ 4 年。发明专利申请在实质审查中未发现驳回理由的，或者申请人修改和陈述意见后消除缺陷的，审查员将制作授权通知书，申请按规定进入授权准备阶段。

9. 授权阶段

实用新型和外观设计专利申请经过初步审查，以及发明专利申请经过实质审查未发现驳回理由的，由审查员做出授权通知书，申请进入授权登记准备。经对授权文本的法律效力和完整性进行复合，对专利申请的著录项目进行校对、修改后，专利局发出授权通知书和办理登记手续通知书，申请人接到通知书后应当在两个月内按照通知的要求办理等级手续并缴纳规定的费用，按期办理登记手续的，专利局授予专利权，颁发专利证书，在专利局登记簿上记录，并在两个月后于专利公报上公告，未按规定办理等级手续的，视为放弃取得专利权的权力。

第六节　专利文献特征与利用

一、专利文献的特征

专利文献应当包括专利说明书、专利公报、专利的分类资料，以及查找专利文献的各种索引和工具书等。一般所说的专利文献，多是指专利说明书。专利文献的主要特性有如下六个方面。

（一）寓技术、法律和经济情报于一体

每一种专利文献都记载着解决某种技术课题的新方案，同时它又是宣布发明所有权和权利要求的文件。专利文献可为想采用这项发明的人们提供洽谈购买专利许可证的对象和地址，也能供人们根据授予专利权的不同国家和地理分布分析产品和技术的销售情况、潜在市场等情报，并进而为该项发明的经济价值评价提供有关信息。这是专利文献优于其他科技文献的最主要的一点。

（二）反映新技术快

申请人往往在发明实验一获得（或接近）成功的时候就申请专利，从而使专利文献对于新技术的报道往往先于其他文献。许多有价值的发明，如雷达、电视机、气垫船等，都是在专利文献上公布好几年以后才见诸其他文献。

（三）技术内容广泛，知识覆盖面大

专利文献对于应用科学范围的技术内容几乎无所不包，从现代尖端技术（如原子能发电设备）到简易的日常生活用品（如拉链、足球、纽扣等），都能在专利文献中找到有关信息。

（四）内容描述详尽

专利说明书一般对于发明技术（目的、用途、特点、背景、效果和采用的原理、方法等）都有明确阐述，往往还有各种附图和各种公式及表格，其详尽程度亦非一般科技文献所能比。

（五）系统地收录了技术发展的全过程

国外很多企业为了在竞争中取得优势，对于产品或工艺在发展过程中的每个方面和有关环节，即使是极小的一步改进，都要谋求专利的保护。现在，在我国大力提倡自主创新的形势下，许多企业也逐步向这方面靠拢，开始采用“专利战”保护并促进自身的快速发展。所以，普查检索一项技术的全部发明说明书，通过分析某一家企业所取得的专利，就可能对其研制设计项目、产品技术水平，以及经营规模和动向有所了解。由于发明说明书均要对该项发明课题的背景情况和现有技术予以简述和比较，所以专利文献可以向人们提供关于某课题方面的系统知识。

（六）重复量大

在世界各国每年公布的约100万件的专利中，实际上只反映30万~35万件新的发明。大约有2/3的专利文献是重复的。内容重复的相同专利，虽然给收藏和管理增加了负担，但从文献利用角度看，这种重复公布常为读者选择语种和国别提供多种机会，并能弥补外语能力不高和馆藏不全的种种缺陷。同时，通过分析重复的数量，也有助于评价一项发明的重要性。

综上所述，专利文献是一个巨大的知识宝库，但它也有一定的局限性。如专利法规定，一项发明应为一件专利申请，即一件专利说明书只叙述一项发明，如果需要对某产品做全面了解，即想了解产品的全部设计、生产和测试，就必须把各个有关环节的专利说明书检索查阅一遍，人们很难企望毕其功于一役、会查寻出一篇包罗各方面技术在内的专利来。

二、专利文献的利用

专利文献是人类进行发明创造的一个巨大知识宝库，善于并有效地利用这些文献资料对于发明创造来说是极为重要的，所以也有人将其作为一种独立的发明创造技法而广泛采用。

（一）通过调查检索专利进行发明创造

由于专利文献的内容广泛、知识覆盖面大、反映新技术快，同时往往又系统收录了某项技术发展的全过程，因此通过对专利的检索和调查，可使创造者掌握动态、选择目标、寻求启示，从而进行必要的创造活动。

利用专利进行创造活动，一般是按创造者确定的发明对象从专利文献中寻找有关资料作为借鉴参考，并在其基础上进行更先进的发明创造。当然，也有直接在检索专利文献中找出符合自己需要的发明对象并进行创造研究的。

（二）综合专利进行发明创造

综合就是创造。在实际发明创造中，有时单凭一两篇专利文献是很难解决问题的，这时，往往可采用综合专利文献的方法进行发明创造。

例如在我国，粮食科研部门开展的“新型米蛋白发泡粉”课题研究，也是在综合专利的基础上进行的。研究人员首先系统地查阅了近30年来国外有关的专利文献，并把有关内容逐一摘录登入卡片，再将资料卡片分类、排列和组合。对专利文献全面综合研究之后发现，发泡剂的生产工艺几乎都是采用碱发工艺，而另一种酶发工艺的效率低、成本高，很少被采用。用何种更先进的方法和工艺取代它呢？如何在综合别人工艺长处的基础上进行创造呢？研究人员又进一步收集和研究各国最新的有关研究成果，以及生产工艺、设备、方法等方面的情报资料，最后终于研究成功了“新型米蛋白发泡粉”，并获得了国家发明创造奖。

（三）寻找专利空隙进行发明创造

有资料表明，在我国已公布的专利中，迄今为止具有推广实用价值的专利占10%～15%（其他国家则更低）。那么，这些专利乃至未被推广应用的专利是否还有可利用的价值呢？毋庸置疑，答案是肯定的。在已公布的浩瀚的专利文献中，人们不仅能找到许多成功发明的脉络，也可找到许多失败技术的脉络，还可找到许多潜在的、经过进一步努力即有望成功的技术的脉络。对于这些脉络思想的系统研究和缜密思考，人们就可以找到其成功或失败的原因，以及现有专利未能实用化之关键所在。

总之，人们利用专利文献，一方面可以从中受到很大启发而激发自己的创意，另一方面又可寻找有关课题并进行创造性构思，因此在发明创造过程中应当充分重视和认真对待现有的专利文献。应当着重指出，当今的社会是信息化社会，现代化的科学技术手段为创造者进行发明创造提供了前所未有的获取有用知识信息的机会和途径，因此充分利用人类社会创造的一切文明成果、科学利用专利（法）来进行发明创造不仅便捷可行，而且对于推动我国科技进步、发展生产力、增强综合国力和提高人民生活水平也具有重要的现实意义。

第五章 TRIZ发明问题解决理论概述

案 例

基于 TRIZ 理论的爬梯式行李箱设计

在爬梯式行李箱设计研究中，大多设计方案都是采用履带式和三星轮式这两种爬梯方案。但是这两种设计方案都存在一定的不足之处，其适用范围都有一定的局限性。

TRIZ 理论为解决问题建立合理的模型提供一种方法论的指引，使得设计过程有据可循，少走弯路。为了得到三星轮式爬梯行李箱结构设计的优化方案，采用了以下 TRIZ 发明原理。

（1）发明原理 1——抽取原理。抽取原理是将物体中有用的必要因素和有害的部分抽取出来，并进行相应的处理。

（2）发明原理 11——动态原理。动态原理是通过运动或柔性处理，以提高系统的适应性，将物体不动的部分变成可动的，增加其运动性。

（3）发明原理 6——嵌套原理。嵌套原理是使两个物体内部契合或置入，其中包含一个物体通过另一个物体的空腔。

（4）发明原理 8——预置防范原理。预置防范原理是指事先准备，应对可能出现的故障或问题，以提高系统的可靠性。对三星轮式爬梯行李箱结构进行创新性设计，提出一种爬梯半径可连续变化的三星轮，设计出一种连续变径三星轮式爬梯行李箱。与普通三星轮式爬梯行李箱相比，连续变径三星轮式爬梯行李箱可以通过调整行星架在安装壳中的径向移动，改变三星轮的攀爬半径，以应对不同场景的楼梯及不同高度的台阶，适用范围更广，如图 5-1 所示。

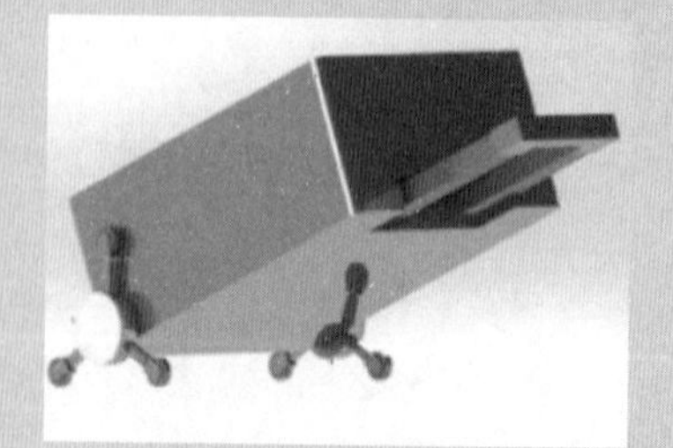

图 5-1　连续变径三星轮式爬梯行李箱

（资料来源：邓末芝，等，基于 TRIZ 理论的爬梯式行李箱设计［J］. 机械工程师，2022（2）：90-92）

TRIZ（系俄文字母对应的拉丁字母缩写）意为解决发明创造问题的理论，起源于苏联，英译为 Theory of Inventive Problem solving，英文缩写为 TIPs。1946 年，以苏联海军专利部根里奇·阿奇舒勒（Genrich S. Altshuler）为首的专家开始对数以百万计的专利文献加以研究，经过 50 多年的收集整理、归纳提炼，发现技术系统的开发创新是有规律可循的，并在此基础上建立了一整套系统化的、实用的解决创造发明问题的方法。TRIZ 理论认为发明问题的核心是解决冲突，在设计过程中不断地发现冲突，利用发明原理解决冲突，才能获得理想的产品。TRIZ 是基于知识的、面向人的解决发明问题的系统化方法学，其核心是技术系统进化原理，该理论的主要来源及构成如图 5-2 所示。

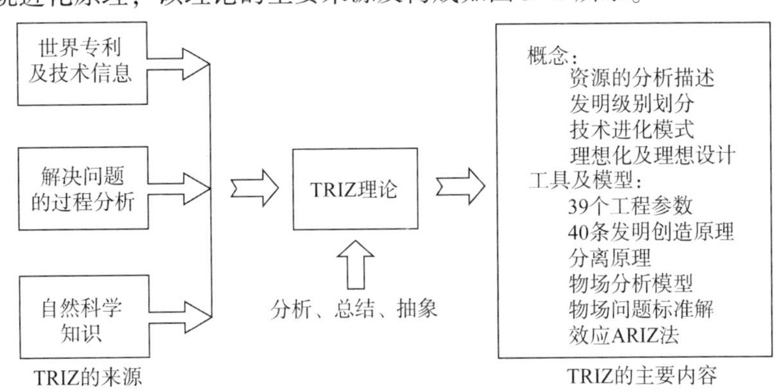

图 5-2 TRIZ 理论的主要来源及构成

利用 TRIZ 理论，设计者能够系统地分析问题，快速找到问题的本质或者冲突，打破思维定式，拓宽思路，准确地发现产品设计中需要解决的问题，以新的视角分析问题。根据技术进化规律预测未来发展趋势，找到具有创新性的解决方案，从而缩短发明的周期，提高发明的成功率，也使发明问题具有可预见性。因此 TRIZ 理论可以加快人们发明创造的进程，而且能得到高质量的创新产品，是实现创新设计和概念设计的最有效方法。由于 TRIZ 将产品创新的核心——产生新的工作原理的过程具体化了，并提出了一系列规则、算法与发明创造原理供研究人员使用，因而使它成为一种较为完善的创新设计理论和方法体系。

目前 TRIZ 被认为是可以帮助人们挖掘和开发自己的创造潜能、最全面系统地论述发明创造和实现技术创新的新理论，被欧美等国的专家认为是“超级发明术”。一些创造学专家甚至认为阿奇舒勒所创建的 TRIZ 理论找到了发明与创新的方法，是 20 世纪最伟大的成就。

第一节　TRIZ 理论的起源与发展

一、TRIZ 理论的起源

TRIZ 之父根里奇·阿奇舒勒，1926 年 10 月 15 日生于苏联的塔什干，14 岁就获得了首个专利证书，专利作品是水下呼吸器，即用过氧化氢分解氧气的水下呼吸装置成功解决了水下呼吸的难题。在15岁时他制造了一条船，船上装有使用碳化物作燃料的喷气发动机。1946年，阿奇舒勒开始了发明问题解决理论的研究工作，通过研究成千上万的专利，他发现了发明背后存在的模式并形成了TRIZ理论的原始基础。为了验证这些理论，他相继做了许多发明，例如获得苏联发明竞赛一等奖的排雷装置、船上的火箭引擎、无法移动潜水艇的逃生方法等，其中多项发明被列为军事机密，阿奇舒勒也因此被安排到海军专利局工作。在海军专利局处理世界各国著名发明专利的过程中，阿奇舒勒总是考虑这样一个问题：当人们进行发明创造、解决技术难题时，是否有可以遵循的科学方法和法则，从而能迅速地实现新的发明创造或解决技术难题呢？答案是肯定的。他发现任何领域的产品改进、技术创新和生物系统一样，都存在产生、生长、成熟、衰老和灭亡的过程，是有规律可循的。人们如果掌握了这些规律，就能主动地进行产品设计并能预测产品未来的发展趋势。1948年12月，阿奇舒勒给斯大林写了一封信，批评当时的苏联缺乏创新精神，发明创造处于无知和混乱的状态。结果这封信给他带来了灾难，使其锒铛入狱，并被押解到西伯利亚投入集中营里。而集中营却成为TRIZ的第一所研究机构，在那里他整理了TRIZ基础理论。斯大林去世一年半后，阿奇舒勒获释。随后他根据自己的研究成果，于1961年出版了有关TRIZ理论的著作《怎样学会发明创造》。在以后的时间里，阿奇舒勒将其毕生精力致力于TRIZ理论的研究和完善，他于1970年亲手创办一所TRIZ理论研究和推广学校，后来培养了很多TRIZ应用方面的专家。在阿奇舒勒的领导下，由苏联的研究机构、大学和企业组成的TRIZ研究团体，分析了世界上近250万份高水平的发明专利，总结出各种技术进化所遵循的规律和模式，以及解决各种技术冲突和物理冲突的创新原理和法则，建立了一个由解决技术难题，实现创新开发的各种方法、算法组成的综合理论体系，并综合多学科领域的原理和法则，形成了TRIZ理论体系。

二、TRIZ理论的发展

从20世纪70年代开始，苏联建立了各种形式的发明创造学校，成立了全国性和地方性的发明家组织，在这些组织和学校里，可以试验解决发明课题的新技巧，并使它们更加有效。现在，在80座城市里，大约有100所这样的学校在工作着，每年都有几千名科技工作者、工程师和大学生在学习TRIZ理论。其中，最著名的就是1971年在阿塞拜疆创办的世界上第一所发明创造大学。事实上苏联及东欧的科学家大都采用TRIZ做发明创造的工作，不仅在大学理工科开设TRIZ课程，甚至在中、小学阶段也采用TRIZ理论对学生进行创新教育。在创新实践方面，苏联大力推广TRIZ理论，从而使苏联在20世纪70年代中期专利申请量跃居世界第二，在冷战时期保持了对美国的军事力量平衡。

苏联解体后，大批TRIZ专家移居欧美等发达地区，将TRIZ理论传入西方，使其在美、欧、日、韩等世界各地得到了广泛的研究与应用。目前，TRIZ已经成为最有效的创新问题求解方法和计算机辅助创新技术的核心理论。在俄罗斯，TRIZ理论已广泛应用于众多高科技工程领域中；欧洲以瑞典皇家工科大学（KTH）为中心，集中十几家企业开始了利用TRIZ进行创造性设计的研究计划；日本从1996年开始不断有杂志介绍TRIZ的理论、方法及应用实例；在以色列也成立了相应的研发机构；在美国也有诸多大学相继进行了TRIZ的技术研究……世界各地有关TRIZ的研究咨询机构相继成立，TRIZ理论和方法在众多跨国公司中得以迅速推广。如今TRIZ已在全世界被广泛应用，创造出成千上万项重大发明。经过半个多世纪的发展，TRIZ理论和方法加上计算机辅助创新已经发展成为一套解决新产品开发实际问题的成熟理论和方法体系，并经过实践的检验，为众多知名企业和研发机构创造了巨大的经济效益和社会效益。目前，TRIZ 正在成为许多现代企业的独门利器，可以帮助企业从技术“跟随者”成为行业的“领跑者”，从而为企业赢得核心竞争力。

第二节 TRIZ 理论的主要内容

一、TRIZ 理论的基本观点

（一）理想技术系统

TRIZ 理论认为，对技术系统本身而言，重要的不在于系统本身，而在于如何更科学地实现功能，较好的技术系统应是在构造和使用维护中都消耗资源较少，却能完成同样功能的系统；理想系统则是不需要建造材料，不耗费能量和空间，不需要维护，也不会损坏的系统，即在物理上不存在，却能完成所需要的功能。这一思想充分体现了简化的原则，是 TRIZ 理论所追求的理想目标。

（二）缩小的问题与扩大的问题

在解决问题的初期，面对需要克服的缺陷可以有很多不同的思路。例如，改变系统，改变子系统和其中的某一部件，改变高一层次的系统，都可能使问题得到解决。思路不同，所思考的问题及对应的解决方案也会有所不同。

TRIZ 将所有的问题分为两类：缩小的问题和扩大的问题。缩小的问题致力于使系统不变甚至简化，进而消除系统的缺点，完成改进；扩大的问题则不对可选择的改变加以约束，因而可能为实现所需功能而开发一个新的系统，使解决方案复杂化，甚至使解决问题所需的耗费与解决的效果相比得不偿失。TRIZ 建议采用缩小的问题，这一思想也符合理想技术系统的要求。

（三）系统冲突

系统冲突是 TRIZ 的一个核心概念，表示隐藏在问题后面的固有矛盾。如果要改进系统的某一部分属性，其他的某些属性就会恶化，就像天平一样，一端翘起，另一端必然下降，这种问题就称为系统冲突。典型的系统冲突有重量-强度、形状-速度、可靠性-复杂性冲突等。TRIZ 认为，发明可以认为是系统冲突的解决过程。

（四）物理冲突

物理冲突又称为内部系统冲突。如果相互独立的属性集中于系统的同一元素上，就称为存在物理冲突。物理冲突的定义是：同一物体必须处于互相排斥的物理状态，也可以表述为为了实现功能 $F1$，元素应具有属性 P，或者为了实现功能 $F2$，元素应有对立的属性 $P1$。根据 TRIZ 理论，物理冲突可以用四种方法解决：把对立属性在时间上加以分割，把对立属性在空间上加以分割，把对立属性在条件上加以分割和把对立属性所在的系统与部件加以分割。

二、TRIZ 理论的主要内容

TRIZ 理论的体系庞大，主要包括以下内容。

（一）产品进化理论

发明问题解决理论的核心是技术系统进化理论，该理论指出技术系统一直处于进化之中，解决冲突是进化的推动力。进化速度随着技术系统一般冲突的解决而降低，使其产生突变的唯一方法是解决阻碍其进化的深层次冲突。TRIZ 中的产品进化过程分为四个阶段：婴儿期、成长期、成熟期和退出期。处于前两个阶段的产品，企业应加大投入，尽快使其进入成熟期，以使企业获得最大的效益；处于成熟期的产品，企业应对其替代技术进行研究，使产品获得新的替代技术，以应对未来的市场竞争；处于退出期的产品使企业利润急剧下降，应尽快淘汰。这些可以为企业产品规划提供具体的、科学的支持。产品进化理论还研究产品进化定律、进化模式与进化路线。沿着这些路线设计者可以较快地取得设计中的突破。

（二）分析

分析是 TRIZ 的工具之一，是解决问题的一个重要阶段。包括产品的功能分析、理想解的确定、可用资源分析和冲突区域的确定。功能分析的目的是从完成功能的角度分析系统、子系统和部件。该过程包括裁减，即研究每一个功能是否必要，如果必要，系统中的其他元件是否可以完成其功能。设计中的重要突破、成本或复杂程度的显著降低往往是功能分析及裁减的结果。假如在分析阶段问题的解已经找到，可以转到实现阶段；假如问题的解没有找到，而该问题的解需要最大限度地创新，则基于知识的三种工具——原理、预测和效应来解决问题。在很多的 TRIZ 应用实例中，三种工具需要同时采用。

（三）冲突解决原理

原理是获得冲突解所应遵循的一般规律，TRIZ 主要研究技术与物理两种冲突。技术冲突是指传统设计中所说的折中，即由于系统本身某一部分的影响，所需要的状态不能达到；物理冲突是指一个物体有相反的需求。TRIZ 引导设计者挑选能解决特定冲突的原理，其前提是要按标准参数确定冲突，然后利用 39×39 条标准冲突和 40 条发明创造原理解决冲突。

（四）物质-场分析

阿奇舒勒对发明问题解决理论的贡献之一是提出了功能的物质-场的描述方法与模型。其原理为：所有的功能可分解为两种物质和一种场，即一种功能是由两种物质及一种场的三元件组成。产品是功能的一种实现，因此可用物质-场分析产品的功能，这种分析方法是 TRIZ 的工具之一。

（五）效应

效应是指应用本领域及其他领域的有关定律解决设计中的问题，如使用数学、化学、生物和电子等领域中的原理解决机械设计中的创新问题。

（六）发明问题解决算法 ARIZ

TRIZ 认为，一个问题解决的困难程度取决于对该问题的描述或程式化方法，描述得越清楚，就越容易找到问题的解。TRIZ 中发明问题求解的过程是对问题不断地描述、不断地程式化的过程。经过这一过程，初始问题最根本的冲突被清楚地暴露出来，能否求解已很清楚。如果已有的知识能用于该问题则有解，如果已有的知识不能解决该问题则无解，需等待自然科学或技术的进一步发展，该过程是靠 ARIZ 算法实现的。

ARIZ（Algorithm for Inventive Problem Solving）是发明问题解决算法，是 TRIZ 的一种主要工具，是解决发明问题的完整算法。该算法主要针对问题情境复杂、冲突及其相关部件不明确的技术系统，通过对初始问题进行一系列分析及再定义等非计算性的逻辑过程，实现对问题的逐步深入分析和转化，最终解决问题。该算法特别强调冲突与理想解的标准化，一方面技术系统向理想解的方向进化，另一方面如果一个技术问题存在冲突需要克服，该问题就变成一个创新问题。

ARIZ 中冲突的消除有强大的效应知识库的支持，效应知识库包括物理的、化学的、几何的等效应。作为一种规则，经过分析与效应的应用后问题仍无解，则认为初始问题定义有误，需对问题进行更一般化的定义。应用 ARIZ 取得成功的关键在于没有理解问题的本质前，要不断地对问题进行细化，一直到确定了物理冲突，该过程及物理冲突的求解已有软件支持。

根据以上分析可知，TRIZ 的基本理论体系可用图 5-3 所示的体系框架表示，其中比较详细和形象地展示了 TRIZ 的内容和层次，可见 TRIZ 是一个比较完整的理论体系。这个体系包括：以辩证法、系统论、认识为理论指导；以自然科学、系统科学和思维科学为科学支撑；以海量专利的分析和总结为理论基础；以技术系统进化法为理论主干；以技术系统/技术过程、冲突、资源、理想化最终结果为基本概念；以解决工程技术问题和复杂发明问题所需的各种问题分析工具、问题求解工具和解题流程为操作工具。

经过多年的不断发展，这一方法学体系在实践中逐渐丰富和完善，已经取得了良好的应用效果和巨大的经济效益，成为适用于各个年龄段和多种知识层面人的有效创新方法。

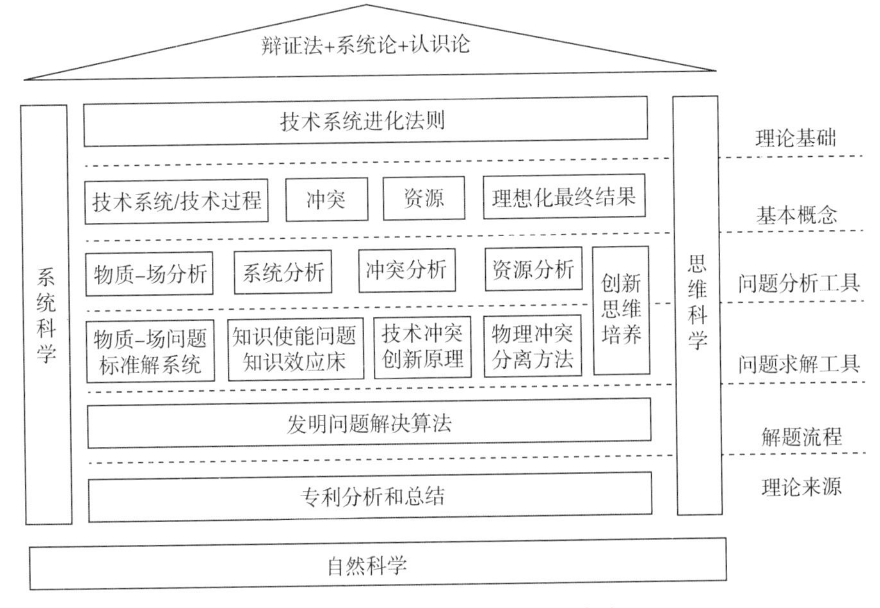

图 5-3　TRIZ 的基本理论体系框架

三、TRIZ 理论的重要发现

在技术发展的历史长河中，人类已完成了许多产品的设计，设计人员或发明家已经积累了很多发明创造的经验。通过研究成千上万的专利，阿奇舒勒有以下几点发现。

（1）在以往不同领域的发明中所用到的原理（方法）并不多，不同时代的发明，不同领域的发明，其应用的原理（方法）被反复利用。

（2）每条发明原理（方法）并不限定应用于某一特殊领域，而是融合了物理的、化学的和各工程领域的原理，这些原理适用于不同领域的发明创造和创新。

（3）类似的冲突或问题与该问题的解决原理在不同的工业及科学领域交替出现。

（4）技术系统进化的规律及模式在不同的工程及科学领域交替出现。

（5）创新设计所依据的科学原理往往属于其他领域。

例如，在 20 世纪 80 年代中期，某钻石生产公司遇到的问题是需要把有裂纹的大钻石，在裂纹处使其破碎和分开，以生产出满足用户大小要求的产品。在很长一段时间内，公司的技术人员花费了大量的精力和经费，一直没能很好地解决这个问题。最后，经过分析发现可以用加压减压爆裂的方法——压力变化原理来解决问题，从而实现了在大钻石的裂纹处破碎和分开。尽管问题解决了，但是该公司的人没有发现实际上类似的问题在几十年前的其他领域早已解决了，而且已经申请了发明专利。

20 世纪 40 年代，农业上遇到了如何把辣椒的果肉与果核有效分开，从而生产辣椒的果肉罐头食品的问题。经过分析，发现最有效的方法是把辣椒放在一个密闭的容器中，并使容器内的压力由 1 个大气压逐渐增加到 8 个大气压，然后使容器内的压力突然降低到 1 个大气压，由于容器内压力的骤变，使容器内辣椒果实产生内外的压力差，导致其在最薄弱的部分产生裂纹，使内外压力相等。容器内压力的突然降低又使已经实现压力平衡的、已产生裂纹的辣椒果实再次失去平衡，出现辣椒果实的爆裂现象，使果肉与果核顺利地分开。

同样的原理又相继被用在松子、向日葵、栗子的破壳和过滤器的清洗等方面。上述几个实例说明了“类似的冲突或问题与该问题的解决原理在不同的工业及科学领域交替出现”。只不过针对不同的领域，具体的技术参数发生了变化。如压力法清洗过滤器需要 5 ~ 10 个大气压，农产品的破壳需要 6 ~ 8 个大气压，而大钻石裂纹处的分开需要 1 000 多个大气压。

第三节　TRIZ 解决发明创造问题的一般方法

最早的发明问题是靠试错法，即不断选择各种方案来解决问题。在此过程中，人们积累了大量的发明创造经验与有关物质特性的知识。利用这些经验与知识提高了探求的方向性，使解决发明问题的过程有序化。同时发明问题本身也发生了变化，随着时间的推移变得越来越复杂，直至今天，要想找到一个需要的解决方案，也得做大量的无效尝试。现在需要新的方法来控制和组织创造过程，从根本上减少无效尝试的次数，以便有效地找到新方法，因此必须有一套具有科学依据并行之有效的解决发明问题的理论。

TRIZ 解决发明创造问题的一般方法是：首先设计者应将需要解决的特殊问题加以定义和明确；其次利用物质-场分析等方法，将需要解决的特殊问题转化为类似的标准问题；

其次利用 TRIZ 中解决发明问题的原理和工具，求出该标准问题的标准解决方法；最后，根据类似的标准解决方法的提示并应用各种已有的技术知识和经验，就可以构思解决特殊问题的创新设计方法了。当然，某些特殊问题也可以利用头脑风暴法直接解决，但难度很大。TRIZ 解决发明创造问题的一般方法，如图 5-4 所示。

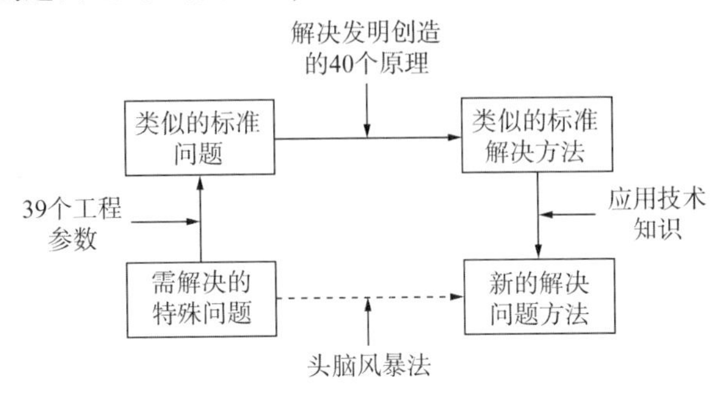

图 5-4　TRIZ 解决发明创造问题的一般方法

现用一个初等数学的例子来说明 TRIZ 方法的操作过程。如图 5-5 所示，一元二次方程求根有两种途径，用头脑风暴法求解看起来很直接，但解题者必须经过严格的数学训练，并且试凑若干次后才能得出正确的解。而程式化的求解过程步骤虽然较多（见图 5-5 中箭头所指方向），但可以保证一次性地成功得到结果，从而为一元二次方程求根提供了解题的规律。该求根方法与 TRIZ 方法的操作过程有完全相似之处。由此可见，利用 TRIZ 方法进行程式化的求解，可以少走很多弯路，从而直达理想化的目标。

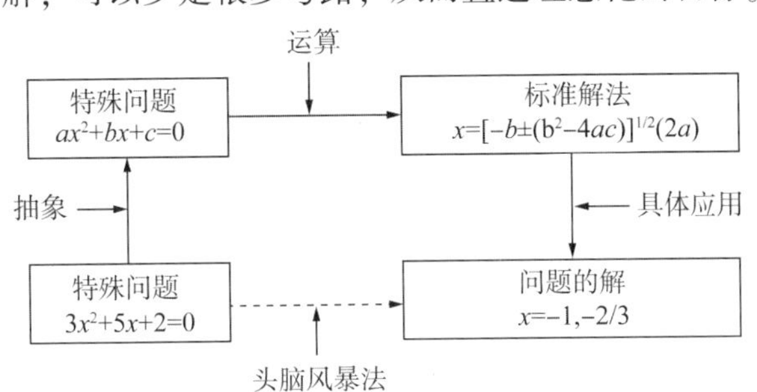

图 5-5　解一元二次方程的基本方法

设计一台旋转式切削机器。该机器需要具备低转速（100 r/min）、高动力，以取代一般高转速（3 600 r/min）的交流电动机。具体的分析解决该问题的框图如图 5-6 所示。

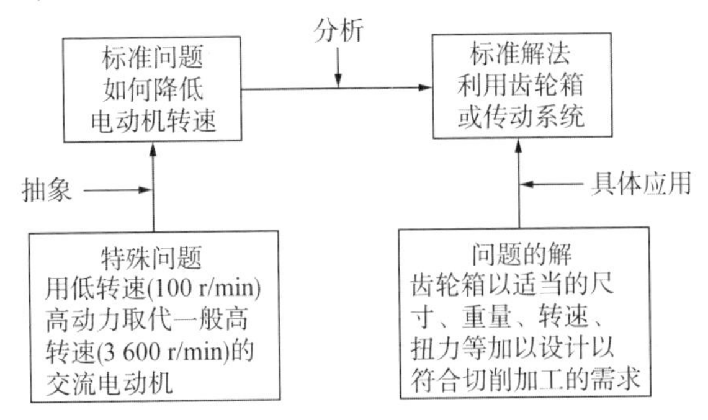

图 5-6　设计低转速高动力机器分析框图

第四节　发明创造的等级划分

TRIZ 理论提出者，苏联科学家根里奇·阿奇舒勒和他的同事们，通过对大量的专利进行分析后发现，各国不同的发明专利内部蕴含的科学知识、技术水平都有很大的区别和差异。以往在没有分清这些发明专利的具体内容时，很难区分出不同发明专利存在的知识含量、技术水平、应用范围、重要性、对人类贡献的大小等问题。因此，把各种不同的发明专利依据其对科学的贡献程度、技术的应用范围及为社会带来的经济效益等情况，划分出一定的等级加以区别，以便更好地推广和应用。在 TRIZ 理论中，阿奇舒勒将发明专利或发明创造分为以下五个等级。

第一级，最小发明问题：通常的设计问题，或对已有系统的简单改进。这一类问题的解决主要凭借设计人员自身掌握的知识和经验，不需要创新，只是知识和经验的应用。如用厚隔热层减少建筑物墙体的热量损失，用承载量更大的重型卡车替代轻型卡车，以实现运输成本的降低。

该类发明创造或发明专利占所有发明创造或发明专利总数的 32%。

第二级，小型发明问题：通过解决一个技术冲突对已有系统进行少量改进。这一类问题的解决主要采用行业内已有的理论、知识和经验即可实现。解决这类问题的传统方法是折中法，如在焊接装置上增加一个灭火器、可调整的方向盘、可折叠的野外宿营帐篷等。

该类发明创造或发明专利占所有发明创造或发明专利总数的 45%。

第三级，中型发明问题：对已有系统的根本性改进。这一类问题的解决主要采用本行业以外的已有方法和知识，如汽车上用自动传动系统代替机械传动系统，电钻上安装离合器、计算机上用的鼠标等。

该类发明创造或发明专利占所有发明创造或发明专利总数的 18%。

第四级，大型发明问题：采用全新的原理完成对已有系统基本功能的创新。这一类问题的解决主要从科学的角度而不是从工程的角度出发，充分挖掘和利用科学知识、科学原理实现新的发明创造，如第一台内燃机的出现、集成电路的发明、充气轮胎的发明、记忆合金制成的锁、虚拟现实的出现等。

该类发明创造或发明专利占所有发明创造或发明专利总数的 4%。

第五级，重大发明问题：罕见的科学原理导致一种新系统的发明和发现。这一类问题解决主要是依据自然规律的新发现或科学的新发现，如计算机、形状记忆合金、蒸汽机、激光、晶体管等的首次发现。

该类发明创造或发明专利不足所有发明创造或发明专利总数的 1%。

实际上，发明创造的级别越高，获得该发明专利时所需的知识就越多，这些知识所处的领域就越宽，搜索有用知识的时间就越长。同时，随着社会的发展、科技水平的提高，发明创造的等级随时间的变化而不断降低，原来初期的最高级别的发明创造逐渐成为人们熟悉和了解的知识。发明创造的等级划分及领域知识见表5-1。

表5-1 发明创造的等级划分及领域知识

发明创造级别	创新的程度	比例/%	知识来源	参考解的数量/个
一	明确的解	32	个人的知识	10
二	少量的改进	45	公司内的知识	100
三	根本性的改进	18	行业内的知识	1 000
四	全新的概念	4	行业以外的知识	10 000
五	重大的发展	<1	所有已知的知识	100 000

由表5-1可以发现，95%以上的发明专利是利用了行业内的知识，只有少于5%的发明专利是利用了行业外及整个社会的知识。因此，如果企业遇到技术冲突或问题，可以先在行业内寻找答案；若不可能，再向行业外拓展，寻找解决方法。若想实现创新，尤其是重大的发明创造，就要充分挖掘和利用行业外的知识，正所谓“创新设计所依据的科学原理往往属于其他领域”。

由表5-1还可以看出，第三、第四和第五级的专利才会涉及技术系统的关键技术和核心技术。比例高达77%的第一、二级发明创造处于低水平状态，一般来说使用价值不大，而这一部分发明创造中非职务发明人占了绝大多数的比例。他们为发明创造贡献了自己的热情，投入了大量的人力、物力和财力，但由于技术等级有限，注定收效不高，这与他们选择的发明方向和发明方法有着不可分割的联系。让发明人尤其是非职务发明人掌握正确的发明创新方法，找准发明方向，提高发明创造的等级，正是TRIZ理论的魅力所在。需要说明的是，任何一种方法都不是万能的，都有一定的局限性，TRIZ理论只适用于第二、第三、第四级专利的产生。

第五节 TRIZ理论的应用与进展

一、TRIZ理论的基本应用

经过多年的发展和实践的检验，TRIZ理论已经形成了一套解决新产品开发问题的成熟理论和方法体系，TRIZ理论普遍应用的结果，不仅提高了发明的成功率，缩短了发明的周期，还使发明问题具有可预见性。TRIZ理论广泛应用于工程技术领域，并且应用范围越来越广。目前已逐步向其他领域渗透和扩展，由原来擅长的工程技术领域分别向自然科学、社会科学、管理科学、教育科学、生物科学等领域发展，用于指导各领域冲突问题的解决。在俄罗斯，TRIZ理论的培训范围已扩展到小学生、中学生和大学生，其结果是学生们正在改变他们思考问题的方式，能用相对容易的方法处理比较困难的问题，使其创新能力迅速提高。因此，TRIZ理论在培养青少年创新能力的过程中具有重大的社会意义。

二、TRIZ 理论在中国的发展

在我国学术界，少数研究专利的科技工作者和学者在 20 世纪 80 年代中期就已经初步接触到了 TRIZ 理论，并对其做了一定的资料翻译和技术跟踪。在 20 世纪 90 年代中后期，国内部分高校开始研究和跟踪 TRIZ 理论，并在本科生、研究生课程中讲授 TRIZ 理论，或培养招收研究 TRIZ 理论的硕士研究生和博士研究生，在一定范围内开展了持续的研究和应用工作，为中国培养了第一批掌握 TRIZ 理论的人才。进入 21 世纪以后，TRIZ 在我国的研究和应用开始从学术界走向企业界。亿维讯公司是我国第一家专门从事以 TRIZ 理论为核心的创新方法和技术研究及计算机辅助创新（CAI）软件开发的企业，自 2001 年亿维讯公司将 TRIZ 理论培训引入中国后，TRIZ 理论在中国的应用和推广开始步入快车道。2002 年，亿维讯建立中国公司和研发基地，成为首家在中国专门从事 TRIZ 研究和计算机辅助创新软件开发的企业；2003 年亿维讯在国内推出了 TRIZ 理论培训软件 CBT/NOVA 及成套的培训体系，同时推出了基于 TRIZ 理论、用于辅助企业技术创新的 Pro/Innovator 软件，并开始在近百所高校开展 TRIZ 讲座；2004 年，亿维讯与国际 TRIZ 协会合作，将 TRIZ 国际认证引入中国，开始推广 TRIZ 认证体系；2006 年，亿维讯建立了专业的培训中心和符合国际标准的培训体系；2007 年，亿维讯进一步推出了适合中国国情的 TRIZ 培训教材和软件。我国中兴通信公司在企业研发中引进了 TRIZ 创新理论和 CAI 软件工具，先后在 20 多个项目中取得了突破性的进展，其中包括软件、硬件、散热、除尘、结构、工艺等方面的技术难题，推动了企业的技术创新，为企业带来了可观的经济效益。

现在，TRIZ 作为一个比较实用的创新方法学，在我国已经逐步得到企业界和科技界的青睐，乃至得到国家领导人的高度重视。中国政府从建设创新型国家这一宏伟战略目标出发，十分重视 TRIZ 理论的研究、推广和应用工作，并要求在企业中开展技术创新方法的培训工作。从 2007 年开始，科技部启动了创新方法的研究推广计划，于 8 月 13 日正式批准黑龙江省和四川省为“科技部技术创新方法试点省”。2008 年，科技部、发改委、教育部和中国科协联合发布《关于加强创新方法工作的若干意见》（国科发财〔2008〕197 号文），该意见中提出：“针对建设以企业为主体的技术创新体系的重大需求，推进 TRIZ 等国际先进技术创新方法与中国本土需求融合；推广技术成熟度预测、技术进化模式与路线、冲突解决原理、效应及标准解等 TRIZ 中成熟方法在企业中的应用；加强技术创新方法和知识库建设，研究开发出适合中国企业技术创新发展的理论体系、软件工具和平台。”2009 年科技部正式开展了国家层面上的 TRIZ 理论培训，由此展开了对 TRIZ 理论大范围的推广与普及工作，这标志着中国人将为 TRIZ 的新发展作出重要的具有里程碑意义的贡献。

2016 年，用来组织，协调中国与国际 TRIZ 活动发展的全国 TRIZ 推进委员会在北京成立，这标志着中国最具权威性和专业性的 TRIZ 理论研究和推广的学术性机构成立了。2021 年，TRIZfest 中文论坛的首次举办，不仅拓宽了创新者的研究思路，也搭建了创新合作交流的良好平台。目前，TRIZ 被大学和相关政府部门列为国家创新工程得到财政支持，国家及省市级的一些基金委员会特别把 TRIZ 确定为资助项目。因此，我国在 TRIZ 的理论研究与应用、软件开发等方面取得一些成果，并且有越来越多的人加入了对 TRIZ 的理论研究。

第六节 TRIZ 理论的发展趋势

一、TRIZ 理论的发展趋势

经过多年的发展，TRIZ 理论已经被世界各国所接受，它为创新活动的普及、促进和提高提供了良好的工具和平台。从目前的发展现状来看，TRIZ 理论今后的发展趋势主要集中在 TRIZ 理论本身的完善和进一步拓展新的研究分支两个方面，具体体现在以下几个方面。

（1）TRIZ 理论是前人知识的总结，如何进一步把它完善，使其逐步从“婴儿期”向“成长期”“成熟期”进化成为各界关注的焦点和研究的主要内容之一。例如，提出物质-场模型新的适应性更强的符号系统，以便于实现多功能产品的创新设计；进一步完善解决技术冲突的 39 个标准参数、40 条解决原理和冲突矩阵，以实现更广范围内的复杂产品创新设计；可用资源的挖掘及 ARIZ 算法的不断改进等。

（2）如何合理有效地推广应用 TRIZ 理论解决技术冲突，使其受益面更广。例如，建立面向功能部件的创新设计技术集等，以推动我国功能部件的快速发展。

（3）TRIZ 理论的进一步软件化，并且开发出有针对性的、适合特殊领域、满足特殊用途的系列化软件系统。例如，面向汽车领域开发出了有利于提高我国汽车产品自主创新能力的软件系统。

将 TRIZ 方法与计算机软件技术结合可以释放出巨大的能量，不仅为新产品的研发提供实时指导，而且还能在产品研发过程中不断扩充和丰富。

（4）进一步拓展 TRIZ 理论的内涵，尤其是把信息技术、生命科学、社会科学等方面的原理和方法纳入 TRIZ 理论中。由此可使 TRIZ 理论的应用范围越来越广，从而适应现代产品创新设计的需要。

（5）将 TRIZ 理论与其他一些创新技术有机集成，从而发挥更大的作用。TRIZ 方法与其他设计理论集成，可以为新产品的开发和创新提供快捷有效的理论指导，使技术创新过程由以往凭借经验和灵感，发展到按技术演变规律进行。

（6）TRIZ 理论在非技术领域的研究与应用。由于 TRIZ 这套方法论具有独特的思考程序，可以提供管理者良好的架构与解决问题的程序，一些学者对其在管理中的应用进行了研究并取得了成果。因此，TRIZ 未来必然会朝向非技术领域发展，应用的层面也会更加广泛。

TRIZ 理论主要是解决设计中如何做的问题（How），对设计中做什么的问题（What），未能给出合适的工具。大量的工程实例表明，TRIZ 的出发点是借助于经验发现设计中的冲突，冲突发现的过程也是通过对问题的定性描述来完成的。其他的设计理论，特别是质量功能配置（Quality Function Deployment，QFD）恰恰能解决做什么的问题。所以，将两者有机地结合起来，让它们发挥各自的优势更有助于产品创新。TRIZ 与 QFD 都未给出具体的参数设计方法，而稳健设计则特别适合于详细设计阶段的参数设计。将 TRIZ、QFD 和稳健设计集成，能形成从产品定义、概念设计到详细设计的强有力支持工具，因此如何将三者有机集成已经成为设计领域的重要研究方向。

二、质量功能配置简介

质量功能配置（QFD）是由日本的水野滋博士于 20 世纪 60 年代提出的，经过不断完善，成为全面质量管理中的设计工具。进入 20 世纪 80 年代后被介绍到欧美等国，引起广泛的研究和应用。QFD 的目标是确保以顾客需求来驱动产品的设计和生产，采用矩阵图解法，通过定义“做什么”和“如何做”将顾客需求逐步展开，逐层转化为设计要求、零件要求、工艺要求和生产要求，并形成了如图 5-7 所示的分解过程。在日本，QFD 首先成功地应用于船舶设计与制造，现在已经扩展到汽车、家电、服装、医疗等行业。QFD 方法的运用为日本企业改善产品质量和提高产品的附加值起到了重要的作用，使日本的产品质量超过了欧美。QFD 理论明确指出，创新制作是来源于需求并满足需求的一个制作过程。所以，在教学中首先要求学生抛开参考书，独立思考，从生活中发现点子，发现能够改善生活、带来便利的新产品，然后按照设计过程来进行设计和制作。

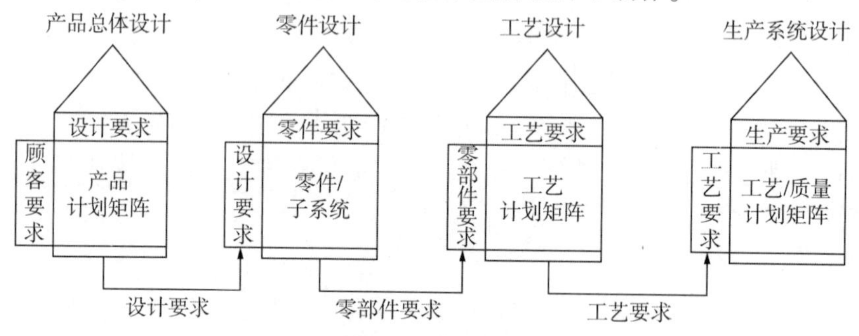

图 5-7　质量功能配置 0ID 展开示意

QFD 的特点：在设计阶段，它可以保证将顾客的要求准确转换成产品定义（具有的功能，实现这些功能的机构和零件的形状、尺寸及公差等）；在生产准备阶段，它可以保证将反映顾客要求的产品定义准确无误地转换为产品制造工艺过程；在生产加工阶段，它可以保证制造出的产品能满足顾客的需求。在正确应用的前提下，QFD 技术可以保证在产品整个生命周期中，顾客的要求不会被曲解，也可以避免出现不必要的冗余功能，它还可以使产品的工程修改减至最少。另外，它也可以保证减少使用过程中的维修和运行消耗，追求零件的均衡寿命和再生回收。

（一）质量屋

QFD 的基本工具是“质量屋”（House of Quality，HOQ），它通过质量屋建立用户要求与设计要求之间的关系，并可支持设计及制造全过程。质量屋是由若干个矩阵组成的，像一幢房屋的平面图形。利用一系列相互关联的质量屋，可以将顾客的需求最终转移成零件的制造过程。一个产品计划阶段的质量屋由六个矩阵组成（图 5-8）。

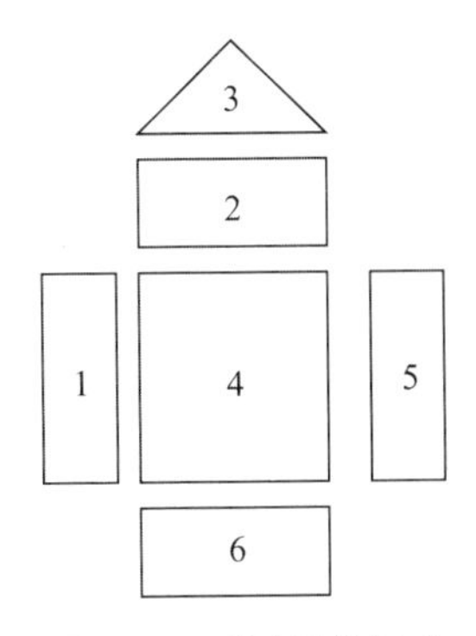

图 5-8　质量屋的组成

（1）反映顾客要求的列矩阵。

（2）反映产品设计要求的行矩阵。

（3）屋顶是个三角形，表示各个设计要求之间的相互关系。

（4）表示设计要求与顾客要求之间的关系矩阵。

（5）表示将要开发的产品竞争力的市场评估矩阵。矩阵中的数据都是相对于每项顾客要求的。矩阵中既要填写本企业产品竞争力的估价数据，也要填写主要竞争对手竞争力的估价数据。

（6）表示技术和成本评估矩阵，矩阵中的数据都是相对于每项设计要求的。矩阵中既要填写本企业产品的技术和成本估价数据，也要填写主要竞争对手产品的估价数据，由此可确定"质量突破特性"。通过严格控制质量突破特性，就可以基本满足顾客的需求。

质量屋不仅可以用于产品计划阶段，还可以用在产品设计阶段（包括部件设计和零件设计）、工艺设计阶段和生产系统设计阶段及质量控制阶段。这些阶段的质量屋连在一起，就构成了一个完整的 QFD 系统。这样一个系统可以保证将顾客的需求准确无误地转换成产品设计要求直至零部件的加工装配，最后取得增强产品市场竞争力的效果。

（二）三次设计法

三次设计法，又称为稳健设计法或田口方法。它是 20 世纪 80 年代初由日本田口博士提出的。该方法应用正交表来安排试验方法，通过误差因素模拟各种干扰，并以信噪比作为质量评价指标，同时引入灵敏度分析，来寻求最佳的即稳健性好的参数组合。它对产品质量进行的优化分为以下三个阶段。

（1）系统设计。它是应用科学理论和工程知识进行产品功能原理设计。该阶段完成了产品的配置和功能属性。

（2）参数设计。它是指在系统结构确定后进行参数设计。该阶段以产品性能优化为目标，确定系统中的有关参数值及其最优组合，一般是用公差范围较宽的廉价元件组装出高质量的产品，使产品在质量和成本两方面均得到改善。该阶段是三次设计法的重点。

（3）容差设计。它是在参数确定的基础上，进一步确定这些参数的容差。

第六章 创新创业者与创新创业团队

案例

1991年，俞敏洪从北京大学辞职，开始自己的创业生涯。1993年，俞敏洪创办了新东方培训学校，创业伊始，俞敏洪单枪匹马，仅有一个不足十平方米并且漏风的办公室，零下十几度的天气，自己拎着糨糊桶到大街上张贴广告，招揽学员。“任何事情都是你不断努力去做的结果，当你碰到困难的时候，你不要把他想象成不可克服的困难，在这个世界上没有任何困难是不可克服的，只要你勇于去克服它！”正是凭借着这种不怕困难和勇于克服困难的精神，新东方不断发展壮大着，俞敏洪还把“从绝望中寻找希望”作为新东方的校训。

就当时的大环境而言随着出国热，以及人们在工作、学习、晋升等方面对英语的多样化要求，国内掀起了学习英语的热潮，越来越多的优秀教师加入英语培训这个行业，如何先人一步，取得自己的竞争优势，把新东方做大做强，俞敏洪认识到英语培训行业必须要具备一流的师资。所以，俞敏洪需要找到更多的合作伙伴，帮他控制住英语培训各个环节的质量。而这样的人，不仅要有过硬的专业知识和能力，更要和俞敏洪本人有共同的办学理念。他首先想到的是远在美国的王强、加拿大的徐小平等人，实际上这也是俞敏洪思考了很久所做的决定——这些人不仅符合业务扩展的要求，更重要的是这些人作为自己在北大时期的同学、好友，在思维上有着一定的共性，肯定比其他人能更好地理解并认同自己的办学理念，合作也会更坚固和长久。从1994年到2000年，徐小平、王强、包凡一等人陆续被俞敏洪网罗到了新东方的门下。新东方就像一个磁场，凝聚起一个个年轻的梦想，年轻人身上积蓄的需要爆发的能量在新东方得到了充分释放。徐小平、王强、包凡一等人分别在出国咨询、基础英语、出版、网络等领域各尽所能，为新东方搭起了一条顺畅的产品链。

俞敏洪的成功之处是为新东方组建了一支年轻而又充满激情和智慧的团队，俞敏洪的温厚，王强的爽直，徐小平的激情，杜子华的洒脱，包凡一的稳重，五个人的鲜明个性让新东方总是处在一种不甘平庸的氛围当中。俞敏洪敢于选择这帮牛人作为创业伙伴，并且真的在一起做成了大事，成就了一个新东方传奇，从这一点来说，他是一个成功的创业团队领导者。他知道新东方人多是性情中人，从来不掩饰自己的情绪，也不愿迎合他人的想法，打交道都是直来直去，有话直说。因此，新东方形成了一种批判和宽容相结合的文化氛围，批判使新东方人敢于互相指责，纠正错误，宽容使新东方人在批判之后能够互相谅解，互相合作。而另一个关键因素就是俞敏洪本人所具备的包容性，帮助他带领着一帮比他厉害的“牛人”，这一份成绩虽然还不能定义为最终的胜利，但是仍然有着非同寻常的意义。

（案例来源：https：//www. docin. com/p-67667153. html）

第一节 创新创业者的素质与能力

一、创业者的概念

创业者就是创造性地将商业机会转变为经济实体，并扮演经济实体中组织、管理、控制、协调等关键角色的个人。

二、创业者的素质与能力

创业者要具备以下一些独特技能和素质，这有助于创业者成功创业。

（一）创业知识

创业知识是开展各种创业活动的基础。一个人的知识越多，知识面越广，结构越合理，创造力也就越大。创业知识主要包括职业知识、经营管理知识和综合性知识等。大学生自主创业，不论干哪一行，都要具备一定的创业知识。没有丰富的商业知识和经营之道，就难以把握商机，甚至开展不了业务。试想，一个人不懂食品卫生知识，怎么能办起小饭店？不懂交通法规和营运知识，怎么能开好出租车、搞个体运输？不懂商品成本、利润、批发、零售等基本知识，怎么能干好经营销售业务？不懂工商税务知识，怎么能办齐各种手续，进而实现合法经营、依法纳税？不懂历史和旅游知识，怎么能干好导游？所以说，准备必要的创业知识，是成功创业的第一课。通常，作为一个创业者，除应掌握必要的职业知识外，还应具备很多经营管理知识和综合性知识。

1. 企业开业知识

企业开业知识包括有关私营及合伙企业、有限责任公司的法律法规，怎样申请开业登记，怎样进行验资，哪些行业不允许私营，哪些行业的经营须办理前置审批手续，怎样办理税务登记，纳税申报有哪些规定和程序，如何领购和使用发票，银行开户程序和有关结算有哪些规定，成为一般纳税人有哪些条件，应该缴哪些税费及如何缴纳，怎样获得税收减征免征待遇，怎样进行账务票证管理，国家对偷漏税等违法行为有哪些制裁措施，增值税率及计征方法，工商管理部门怎样进行经济检查，行业管理部门如何进行行业管理和检查；等等。

2. 营销知识

营销知识包括市场预测与市场调查知识，消费心理、特点和特征知识，产品知识，定价知识和策略，销售渠道和销售方式知识，营销管理知识，互联网知识；等等。

3. 货物知识

货物知识包括批发、零售知识，货物种类、质量和有关计量知识，货物运输知识，货物保管储存知识，真假货物识别知识；等等。

4. 资金及财务知识

资金及财务知识包括货币金融知识、信用及资金筹措知识、资金核算及记账知识、证券和信托及投资知识、财务会计基本知识、外汇知识等。

5. 服务行业知识

服务行业知识包括服务行业管理的法律法规，相关专业服务行业的行业规则、业务知识；等等。

6. 法律知识

法律知识包括《中华人民共和国公司法》《中华人民共和国合同法》《中华人民共和国消费者权益保护法》《中华人民共和国反不正当竞争法》《中华人民共和国产品质量法》《中华人民共和国劳动法》《直销管理条例》《禁止传销条例》等常用法律知识。

7. 劳动用工及社会保障知识

劳动用工及社会保障知识主要包括劳动合同制度中有关签订、终止、解除劳动合同的规定，以及工伤保险、住院医疗、养老补贴等国家强制性综合保险制度等知识。

8. 公共关系知识

公共关系知识主要包括日常公共关系知识，如热情服务、礼貌待客、员工的日常形象礼仪等；专业性公共关系知识，如广告策划、专题活动、危机事件的处理、新闻策划等。

9. 演讲与口才知识

交流、沟通、谈判是创业者的基本功。作为创业者，拥有过人的口才知识与演讲本领，才能达到自己所希望的目的。

10. 人文知识

创业者应有意识地学习文学、历史、哲学、艺术等人文科学课程，做到涉猎广泛、知识渊博，这不仅对提高创业者的分析判断力有非常重要的意义，而且能获得更多的商业机会。中国优秀企业家、江苏红星家具集团董事长车建新履行“行万里路、读万卷书”的格言，每年行 20 万里路、读 70 本书，听 60 位专家教授讲课，用 20 年时间，从小木匠成了“家具大王”。只有初中学历的鲁冠球，每天都挤出时间来学习，撰写了大量的理论文章，已有 60 多篇论文在《求是》《人民日报》《光明日报》《经济日报》等报纸杂志上发表，被誉为出口成章的“农民理论家”，先后被浙江大学聘为 MBA 导师、被香港理工大学授予荣誉博士，还担任中国乡镇企业协会会长。太平洋建设集团董事长严介和认为，合格的职业经理人应当知识丰富，只有精通工商管理、政治学、法学、经济学、哲学和社会学等知识，才能成为合格的企业家。有成就、有前途的创业者，一定是努力求索，不断改善知识结构、提高经营能力的人。

创业知识是形成创业能力、增强创业素质的基础，是大学生自主创业，实现人生价值的资本。大学生创业是在知识经济背景下的科技和知识创业，因此需要足够的知识储备和完善的知识结构作支撑。当然，这并不是要求创业者完全具备这些知识后才能去创业，但创业者本人要有不断完善知识结构的自觉性和实际行动。那么，大学生学习创业知识有哪些途径呢？信息时代，大学生只要做个有心人，就能在平时的学习和创业实践中学到所需的创业知识。

从某种角度看，大学生获取创业知识的途径就像学习机动车驾驶，不同阶段有不同的要求，更像是乘坐不同类型的飞机机舱，各有各的“享受”。

首先，“经济舱”。如今，不少大学都开设了创业指导课，教授创业管理、创业心理等内容，帮助大学生打好创业的基础。大学图书馆也提供创业指导方面的书籍，大学生可通过阅读增加对创业的认识。通过这种途径获得创业知识，无疑是最经济、最方便的。

其次，“商务舱”。创业是目前媒体报道的热门领域，无论是传统媒体，还是网络媒体，每天都提供大量的创业知识和信息。一般来说，经济类、人才类媒体是首要选择，比较出名的有《创业家》《第一财经》等杂志，以及“全国大学生创业服务网”“阿里巴巴”等专业网站。此外，各地创业中心、大学生科技园、留学生创业园等机构的网站，也蕴藏着丰富的创业知识。通过这种途径获得的创业知识，往往针对性较强。

再次，“头等舱”。商业活动无处不在，大学生平时可多与有创业经验的亲朋好友交流，甚至还可通过电子邮箱和电话拜访自己崇拜的商界人士，或向一些专业机构咨询。这些“过来人”的经验之谈往往比书本内容对大学生的帮助更大。通过这种途径能获得最直接的创业技巧与经验，将使大学生在创业过程中受益无穷。

最后，“驾驶舱”。参加大学生创业计划书大赛、大学生社团等创业实践活动，是大学生学习创业知识、积累创业经验的最好途径。此外，大学生还可通过创业见习、职业见习、兼职打工、求职体验、市场调查、组建企业等活动来接触社会，了解市场，并磨炼自己的心志，提高自己的创业综合素质。通过这类途径获得的知识往往是最实用、印象最深刻的。

总之，创业知识广泛存在于大学生的学习、生活中，只要善于学习，总能找到施展才华的途径。“善于学习和总结”永远是成功者的座右铭。

（二）创业能力

创业能力是指创业者的专长和经验，如市场调查、技术专长、企业管理、用人理财、公关促销、业务开拓、风险规避等能力。有调查显示：2005 年，中国的全员创业活动指数为 13.7%，即每 100 位年龄在 18～64 岁的成年人中，就有 13.7 人参与创业活动，在全球 35 个创业观察成员国中排名第五，排在美国的前面。中国的创业属于创业意愿强、创业机会多、创业精神强，但创业能力弱的状况。创业意愿强和创业机会多表现在期望在 3 年内创业的比重要高于美国、澳大利亚等国，排在第一位；创业精神强表现在中国的创业活动不惧失败，排在最前面；创业能力弱表现在过去 12 个月内关闭企业的比重高，排在对比国家的第一位，具备创办企业的技能和经验的比重排在倒数第二位。创业是一种复杂的劳动，需要创业者具有较高的智商和情商，不断提高自己的创业能力。创业能力可以分为职业能力、经营管理能力和综合能力。

1. 职业能力是创业的前提能力

职业能力是指企业中与经营方向密切相关的主要岗位或岗位群所要求的能力。创业者在创办自己的第一个企业时，应该从自己熟悉的行业中选择项目。当然，创业者也可借助他人特别是雇员的知识技能来办好自己的企业，但在创办自己的第一个企业时，如果能从自己熟知的领域入手，就能避免许多外行领导内行的尴尬局面，大大提高创业的成功率。通过创业实践活动，创业者可提高以下职业能力：创办企业中主要职业岗位必备的专业技术能力；接受和理解与所办企业经营方向有关的新技术、新知识的能力；把相关知识、法律和法规运用于本企业实际的能力。这三种能力对于接受以职业资格为导向的高职院校学生来说，具有一定的优势。

2. 经营管理能力是创业的基础能力

创业者通过创业实践可提高以下经营管理能力。

（1）信息搜集和处理能力。搜集信息、加工信息、运用信息的能力是创业者不可缺少的能力。创业者不但应具备从一般媒体中搜集信息的能力，随着科技的进步和网络技术的普及，还应该具备从网络中获取信息的能力。

（2）把握机会的能力。发现机会、识别机会、把握机会、利用机会、创造机会，是成功创业者的主要特征。

（3）判断决策能力。通过市场调查，进行消费需求分析、市场定位分析、自我实力分析、竞争对手分析等，再根据自己的财力、社交圈、业务范围，依据“最适合自己的市场机会是最好的市场机会”的原则，进行正确决策，实现自己的创业目标。

（4）创新创造能力。从别人的企业中得到启发，通过联想、迁移和创造，使自己的企业在产品、服务、管理、营销手段等方面别具特色、与众不同，并通过这种特色使自己的企业在同业市场中占有理想的份额。

（5）申办企业能力。创办一个企业，需要为此做好哪些物质准备、提供哪些证明材料、到哪些部门办哪些手续等，均为创业者应积极做好的事情，并从中提升自己对企业申办的信心和能力。

（6）确定企业布局的能力。选择企业地理位置，安排企业内部布局，考虑企业性质等，都是创业过程中不可回避的问题。

（7）发现和使用人才的能力。一个成功的创业者要会用人，他不但要能对雇员进行选择、使用和优化组合，而且能运用群体目标建立群体规范和价值观，形成群体的内聚力。

（8）创业融资、理财能力。这不仅包括创业实践中的资金筹措、分配、使用、流动、增值等能力，还包括采购、推销等能力。

（9）指挥控制和协调能力。成功的创业者，要对规划、决策、实施、管理、评估、反馈所组成的企业管理的全过程具有控制和运筹能力。

（10）商业策划能力。创业者通过策划完整的创业计划书，解释创业项目“是什么”（What）“为什么”（Why）和“怎么样”（How），对管理企业、宣传企业、吸引投资都具有十分重要的作用。

3. 综合能力是创业的核心能力

综合能力是指创业过程中所需要的行为能力，与情商的内涵有许多共同之处，是创业成功的主要保证，是创业的核心能力。创业者通过创业实践活动，可提高以下综合能力。

（1）交际沟通能力。创业者不但要与消费者、本企业雇员打交道，还要与供货商、金融和保险机构、本行业同仁打交道，更要与各种管理部门打交道，因此，创业实践活动可提高人际交往能力。

（2）谈判能力。一个成功的企业，必然有繁忙的商务谈判，谈判内容可能涉及供、产、销和售后服务等多种环节，创业者必须善于抓住谈判对手的心理和实质需求，运用双赢原则，即自己和对方都能在谈判中取胜的原则，使自己的企业获利。

（3）公关能力。在激烈的市场竞争中，在公众中树立良好的企业形象是创业成功的主要条件。创业者应善于借助各种新闻媒体和渠道宣传自己的企业，提高企业知名度。

（4）合作能力。创业者不但要与自己的合作者、雇员合作，也要与各种和企业发展有关的机构合作，还要与同行的竞争者合作。创业者要善于站在对方的角度，理解对方，体谅对方，要善于与他人合作共事。

（5）自我约束能力。创业者要善于根据本行业的行为规范来判断、控制和评价自己和别人的行为，要善于根据自己的创业目标，约束和控制自己与目标相悖的行为和冲动。

（6）适应变化和承受挫折能力。一个企业要想在竞争激烈、变化多端的市场中立足并发展，创业者就必须具有适应变化、利用变化、驾驭变化的能力；在经营过程中，有赔有赚、有成有败，创业者还必须具有承受失败和挫折的能力，具有能忍受局部、暂时的损失，而获取全局、长期收益的战略胸怀。大多数创业能力可以通过后天培养而习得，创业者可以通过创业教育培养和提高创业能力。

（三）创业心理

创业心理品质，是指创业者在创业实践过程中对心理和行为起调节作用的个性心理特征，它包括创业动机、创业兴趣、创业情感、创业意志、创业人格，主要体现在人的能动性、独立性、敢为性、坚韧性、自控性、适应性、合作性、义务感、道德感等方面，是创业者心理因素的综合反映。创业者心理因素分为两大系统：一是认知心理机能系统，它反映着智力水平的高低，又称为智力因素（智商，IQ）；二是非认知心理机能系统，它表示认识、控制和调节自身情感的能力，又称为非智力因素（情商，EQ）。人类创新、创造、创业活动的实践与心理学的实验证明，智商是个体成功的基础，然而决定个体成功的关键则在情商。情商不是靠背书、考试能获得的，必须通过大量的实践活动才能获得。

大学生开展创业实践活动，要加强以下五个方面的心理修炼：一是有乐观向上的创业心态、良好的行为方式、严谨务实的工作作风、诚实守信的行为准则；二是有顽强的意志、坚定的信念、浓厚的兴趣、持久的热情；三是有强烈的社会责任感、敢争天下强的意识、敢为天下先的勇气、勇于创新的精神；四是有锲而不舍的毅力，百折不挠的斗志，面对挫折与失败能泰然处之、镇定自若，在困难甚至危机面前临危不惧，善于控制自己的情绪；五是有正直大气、慷慨无私的胸襟，善于与他人团结合作共事，严于律己、乐于奉献。纵观创业史上创造奇迹之人，大都经受了以上心理品质的长期修炼，才成就了自己的伟业。

下面我们从强欲望、独立性、求异性、合作性、坚韧性和道德感六个方面来进一步观察和思考。

1. 强欲望

在这里，“欲”是指一种生活目标，是一种人生理想。欲望是推动创业成功的“火车头”。创业者的欲望与普通人欲望的不同之处在于，创业者的欲望往往超出他们的现实，而又需要打破眼前的樊笼才能够实现。由于这类人具有强烈的成就动机和追求卓越的愿望，所以，他们的欲望往往伴随着行动力和牺牲精神，这不是普通人能够做得到的。若干年前就流传一句话，“三个上门推销商中，必定有一个是浙江人”。浙商吃苦精神强，敢于离土又离乡，经常一个人背着包出去创业。“用尽千方百计，吃尽千辛万苦，说尽千言万语，踏遍千山万水，换来千金万银”，这既是对浙商刻苦勤奋的写照，也折射了浙商强烈的创业欲望。

创业者的欲望是不安分的，是高于现实的，需要踮起脚才能够得着，有时甚至需要跳起来才能够得着。上海文峰国际集团，老板姓陈名浩。1995 年，20 岁刚出头的陈浩带着 20 万元来到上海，从一个小小的美容店做起，如今，他已经在上海拥有了 30 多家大型美容院、一家生物制药厂、一家化妆品厂和一所美容美发职业培训学校，并在全国建立了 300 多家连锁加盟店，个人资产过亿元。陈浩说："一个人的梦想有多大，他的事业就会有多大。"所谓梦想，不过是欲望的别名。可以想象，欲望对一个人的推动作用有多大。

一个走出大学校门不到 10 年的年轻人能挣多少钱？陈天桥给出的答案是——150 亿元。盛大网络董事长兼 CEO 陈天桥 2020 年 2 月 26 日宣布，陈天桥、罗倩倩身家 410 亿元，在《2020 世茂深港国际中心胡润全球富豪榜》排名第 386 位。当人们讨教他成功的秘密时，他是这样回答的："要勇气，要眼光，要学识，但到最后我认为欲望是非常重要的。在中国不要说比陈天桥，包括比柳传志、张瑞敏先生要聪明、有智慧的人也大有人在。中国藏龙卧虎，但是很多人的价值观可能并不需要执着地达到一个理想，他可能安于其乐融融的三口之家，每天家人能够在一起，每天能够打打牌，每天能够和朋友一起喝茶，这是一种价值观的不同，但是我相信要成为一个真正的企业家，应该要有一种病态的执着。"

2. 独立性

著名的心理学家马斯洛认为，有创造性的人是属于自我实现的人。一个能够实现自我的人具有极强的独立性，他会时时思考"我是谁？我能做什么？我的价值是什么？怎样去实现我的价值？"他敢于展现自我，实现自己的想法。和具有独立性相对的是具有依附性，这些人没有主宰自己命运的勇气，也缺乏自控能力，一切都依靠别人，依靠别人去做决策，依附别人，听天由命。

从本质上讲，人一出生就具有独立性和依赖性的双重个性。人一生下来，离开了温暖的母体，就需要自己去呼吸、去运动；但另一方面，刚出生的婴儿又极其脆弱，极端依赖他人即自己的父母来呵护、喂养。创业成功的人是那些善于摆脱依赖性、努力实现自我独立性的人。比如中国改革开放之初，大多数人具有极强的依赖性，因为在当时的计划经济体制下，人不能拥有太多自己的个性，尤其是独立性，人是单位的人，命运也几乎被单位注定。改革开放突破了僵化的框架，使每一个人的聪明才智都能发挥出来。但改革开放伊始，大多数人依然习惯于原先的生存方式，只有一些胆大的人敢于抛弃依附性，丢掉"铁饭碗"开始创业。

3. 求异性

在本质上，企业经营的产品或服务都是为了满足人们的需要。世界上存在的每个人都是不同的，他们对生活的需求更是千差万别。创业者一定要善于独辟蹊径，无论是在产品生产上还是包装设计上，甚至营销方式等方面都应该从求异的角度出发，有所创新。在中国传统文化中，存在着求同存异的思想，这在解决企业思想分歧、处理人际关系方面，甚至在新产品开发方面都有着重要作用。比如在公司确定对某一问题决策前，组织专家学者或者公司不同部门、不同阶层的员工坐在一起，就同一问题进行激烈的讨论，以求思想的碰撞产生智慧的火花，这种头脑风暴法就是求同存异的最好例证。但是，任何一种方法都有其应用范围，在本公司与其他公司竞争时，一定要避免老生常谈，不要走求同的路子，而应着力求异。求异来源于人们不断增长的需要，是人不知足的本性的反映。创业者具有极强的求异追求，是其积极进取、蓬勃向上的生命力的源泉。世界上万物都在变化，尤其在商界，事物变化的速度越来越快。人们的个性是喜新厌旧的，不会因为一个产品质量好就长期使用，人们会因为新产品的出现而放弃旧产品。创业者在创业伊始要紧紧把握人们喜新厌旧的心理，在消除人们疑虑的同时大力宣传产品的时代感，使之能迅速满足人们求新的感觉。在公司发展到一定规模时，创业者千万不要裹足不前、故步自封，而是要大力求异，推出新产品。在公司经营管理方面，应当允许更多的人提出大胆新奇的想法，鼓励员工充分发挥各自的个性，不要把公司办成一个千人一面、死气沉沉的集体，而要让公司成为一个百花竞放、各展风姿的大花园。

4. 合作性

一撇一捺搭在一起组成个“人”字，“人”字的结构就是相互支撑。简单的笔画反映了一个深刻的道理：人离不开人，与人合作是人立足社会的前提。离开社会，个人就不能存在和发展，人的社会性需要只有通过人际关系才能获得满足。随着人类社会的发展，个人对社会的依赖越来越强，如果离开社会，不与他人交往与合作，人们的各种能力就像种子离开了土壤、阳光和水分一样，永远不能开花结果。因此，无论在什么样的社会，个人都离不开集体，人与人都需要协作，任何人的才能都只有在一定的群体和社会中才能充分显示出来。“一个好汉三个帮，一个篱笆三个桩”，在知识激增、分工细密的21世纪，更需要团结和协作精神。在这个时代里，解决认识世界和改造世界过程中所遇到的日趋复杂的种种问题，仅仅依靠个人的努力是远远不够的，必须依靠群众的智慧和力量。人们只有相互帮助，相互促进，才能在各种活动中取得最佳效益。协作所产生的合力远远大于个体力量的简单之和，也就是“1+1>2”的道理。在现代竞争社会中，个人如果没有处理社会关系的能力，不能与人融洽地协作，终将寸步难行，一事无成；群体内部如果不能很好地合作，甚至“窝里斗”，也必定会屡遭败绩。

案 例

现实与虚拟的合作

2006年5月10日上午，巴黎，世界上历史最悠久的管理学院——欧洲管理学院的一间多功能厅里，包括家乐福创始人在内的法国160家大企业的200多位董事长、CEO和高管及中国驻法公使曲星，一起聆听了两位中国商业新秀的创新智慧，他们是杭州天畅网络科技有限公司董事长郭羽和杭州绿盛集团董事长林东。欧洲管理学院给他们的邀请书上这样写道：“是美国人发明了互联网，而将互联网与现实进行完美结合的却是中国人。”这是世界上首个“R&V”（现实+虚拟）的商业模式，郭羽和林东创造性地把现实产品（如绿盛集团的牛肉干）嵌入到虚拟世界（如天畅科技的全3D网络游戏《大唐风云》）之中。

如果说过去在电影里引入宝马是一种产品安插的广告方式，那么，郭羽和林东的合作不仅超越了产品安插这种单向的传播方式，而且打通了现实与虚拟的传媒，这种合作产生的作用是“1+1=11”。2005年12月12日，携带全新模式而推出的网络食品“绿盛QQ能量枣”，第一个月的出货量约为2 700万元，而2004年同期，绿盛新推出的一款同类新品一个月的出货量仅在300万元左右。更令林东惊喜的是，此举迅速提升了绿盛的品牌效应，2006年1月完成了2005年1/3的营业额，达到1.2亿元，预

计全年营业额将翻番，达到7亿元。而郭羽和他的天畅科技则声名大振，公司开发的《大唐风云》剑未出鞘，网站注册的游戏会员就已经超过10万人。郭羽不仅吸引了全球著名风险投资商的关注，更引起了吉利汽车、博客中国、龙门古镇等的兴趣。很多人可能纳闷，一款以唐朝为背景的游戏，汽车怎么能进入呢？一心想搭乘网游东风的汽车商却想出了主意，把印有该车品牌标志的汽车零件，变成网络游戏人物的武器。

（以上资料根据网络资料整理而成）

5. 坚韧性

万向集团创始人鲁冠球曾是一个铁匠；横店集团创始人徐文荣出身农民；正泰集团董事长南存辉曾是修鞋匠；德力西集团有限公司董事局主席胡成中出身裁缝；人民电器集团有限公司董事长郑元豹曾做过工人；奥康集团董事长王振滔曾是一个木匠……但以他们为代表的浙江民营经济，一诞生就面向市场，像草根一样，风吹不断，雨淋不淹，人踩不烂，“趴着”发展，“一有土壤就发芽，一有阳光就灿烂”。因此，不少经济学家把浙商现象比作“草根”经济、老百姓经济，而这些从草根中崛起的创富精英，凭借的正是坚韧不拔的毅力，愿“做别人不愿做的事”、敢“做别人不敢做的事”、能“做别人做不了的事”。他们默默无闻地从小生意做起，先在区域市场站稳脚跟，进而提高在全国乃至世界的市场占有率。如温州的纽扣市场，有几万个品种，销售量可以占全国市场的75%以上，占世界市场的40%以上，而一个小小纽扣的利润，几厘钱不到。

6. 道德感

经济学不能只讲“看得见的手”，讲金钱，讲交易，讲价值规律；还要讲“看不见的手”，讲诚实，讲信誉，讲道德。道德，是信誉的思想基础。鲁冠球，这位一手创办了万向王国的传奇人物，以亲身经历证明企业经营者要以“德”立身。办企业，与其说是一种职业，还不如说是一种追求。在经济一体化日益加剧的今天，企业不仅要把产品变成商品，还要把人力资源、管理、文化等生产要素转化为商品，这样，企业生产的就不仅仅是产品，更是一种品牌、一种道德信念、一种无形资产。诚实是做人之本，守信是立事之根。人无信不立，企业无信不长。诚实守信，对自己，是一种心灵的净化，是对自己人格的尊重；对他人，是一种交往的道德，是一种气魄和自信；对企业发展，则是一种精神，是无形资产，更是管理价值的有效提升。浙商中的元老级人物——杭州正大青春宝集团董事长冯根生最看重的就是诚信。冯根生当了30多年的国企老总，他说：“我的规则，一是戒欺，二是诚信，三是不以次充好，四是不以假乱真，五是童叟无欺，真不二价。”在正大集团所属杭州胡庆余堂至今仍挂着130年前胡雪岩定的堂规“戒欺”。胡庆余堂有两句店训，一句叫作“真不二价，价二不真”，另一句是“修合无人晓，诚心有天知”。冯根生认为：“天就是老百姓，就是消费者。对消费者，绝对不能欺骗。这在古时叫行规，在现在叫企业文化。”他认为，不管时代如何变迁，类似“戒欺”这样的堂规店训都有其永恒的价值。市场经济的发展，给了人们多样化的选择机会和广泛的发展空间。发财致富、有所成就，是许多青年学生的理想和追求。但也有的人在创业过程中急于求成，投机取巧，不择手段，损人利己。尽管这样的情况是极少数，但对青年创业的负面影响不可低估。因此，青年学生要坚决摒弃这些不良观念，牢固树立勤劳创业、智慧创业、诚信创业等创业道德观念。

（四）身体素质

身体素质是指身体健康、体力充沛、精力旺盛、思路敏捷。现代企业的创业与经营是艰苦而复杂的，创业者工作繁忙、时间长、压力大，如果身体不好，必然力不从心，难以承受创业重任。

案例

擦鞋“擦”出个大老板

罗福欢1995年毕业于四川师范大学，毕业后，父母把他安排进了自己所在的国有企业工作。两年后，罗福欢带着一股闯劲儿跳槽到了一家信息咨询公司，每个月有1 000多元钱，最多的时候还拿到3 000多元，这样的工资水平，当时已足够他过上让人羡慕的白领生活。尽管在工作方面罗福欢很受上司的器重，但他的内心并不满足，一直想寻求自己创业的机会。

有一天，罗福欢在街上闲逛，看到一个擦鞋的老太太。当时是冬天，寒风凛冽，出于同情心，罗福欢把自己的鞋给老太太擦。擦的过程中，就跟老太太聊上了，问她生意怎么样、辛不辛苦。老太太说生意好的时候，一天就能挣七八十块，罗福欢合计了一下，一个月下来都能赶上当白领的收入了。这一次的擦鞋经历，深深刺激了罗福欢。他当时就想，一个老太太每月靠擦鞋就能有这么多的收入，他作为大学生，而且又年轻，做这个的话，兴许能闯出一番事业来。接着他又进行了认真观察和全面的市场分析，发现了擦鞋市场的广阔前景。有了这个想法后，罗福欢利用下班时间在家练习擦鞋。他经常去街边找人擦鞋，暗暗观察别人是怎么擦的。经过一段时间的观察和练习，罗福欢渐渐掌握了擦鞋的要领。为了检验自己的擦鞋学习成果，罗福欢又想了一个“妙计”。有一天，他特意把自己右脚的皮鞋擦好，然后在路上找了个擦鞋匠给他擦左脚，还说如果人家能把左脚的鞋擦得比右脚的鞋还亮，就给他双倍的钱。结果，擦鞋匠越擦反而越不如罗福欢的那只鞋光亮。于是他做出了一个重大决定，辞职当擦鞋匠。他的这一决定，不仅让家人大为恼火，连女朋友也断然与他分了手。但这都没有动摇他从事这一职业的决心。罗福欢花了一个多月的时间，对成都市的擦鞋市场做了一次专业调查：他走遍了成都的每个大型商场，了解高档鞋的品牌和高档鞋占的比例；在街边掐表，10分钟以内走过多少双脚，其中穿在脚上的高档鞋的比例占多少。紧接着罗福欢根据自己的想法和调查结果，写成了一份中英文对照的详细的合作计划书，并附上了可行性报告，开始找一些茶楼和酒店谈合作。当时，一方面是虚荣心作怪，一方面是急于求成，他决定选择一些高档场所作为工作场所。因为那里出入的都是比较有钱的人，他觉得在那种地方进行皮鞋护理收入既高又有面子。但得到的答复却是“对不起，我们不需要”。在3个月里，成都的大茶楼、酒店，罗福欢几乎跑了个遍，但没有一家愿意与他合作。因为没有了固定收入，罗福欢的生活过得穷困潦倒。此时，罗福欢开始对自己遇到的挫折和困难进行反思，终于意识到，创业没有一步登天的事情，还是得一步一步来，于是他决定去街边摆摊当擦鞋匠！为了使自己的擦鞋事业体现出知识含量，也为了使自己有别于传统意义的擦鞋匠，他特地制作了一块宣传板，写上“星级擦鞋：美好生活从脚上开始！”并将接受自己服务的消费者定位于中高收入者。摆摊的位置罗福欢也是经过琢磨的。成都市的太升南路，当时是通讯一条街，人流量大，罗福欢觉得这里最有市场前景。经过考察，他正式决定在这条街摆摊了。虽然是街边摆摊，但罗福欢的鞋摊跟传统的擦鞋摊有天壤之别。首先，是鞋摊的行头。相对于其他鞋摊来说，他的是“五星级”的了。当时别的鞋摊一般都只备黑色、无色、棕色3种鞋油，而他准备有来自不同品牌和5个国家的15种不同鞋油，在工具和硬件方面他也准备得特别漂亮，哪怕是一双替换的拖鞋，都是买60多元钱一双的，甚至有顾客在擦完鞋之后，要买他的拖鞋。除此之外，罗福欢还买了很多塑料袋，如果有的客人考虑卫生问题，不愿意跟别人共享一双拖鞋，就可以套上塑料袋再穿上替换拖鞋。为了突出自己擦鞋的与众不同，罗福欢还专门制作了一个价目表，在上面写着：擦鞋3元、5元、10元、30～50元。这样的价格简直就是天价。而罗福欢觉得，既然是创业，就不能走别人的老路，只有创新才能行得通。罗福欢最难忘的是第一个光顾自己生意的一对小两口。老公被妻子劝下来擦鞋，但一看价格牌就愣住了。罗福欢当时觉得这是一个很好的机会，不能让他的第一个顾客被价格吓跑了。他立刻说：“先生，您别看了，今天是我第一天摆摊，您是我的第一个顾客，我先给您擦了，你觉得值多少钱，就看着给多少。”半个小时后，顾客非常满意，给了罗福欢10元钱，并说：“别找了，10元钱，值!”第一天，罗福欢挣了80多元钱。第一个月，罗福欢赚了4 000多元……成都一家报社的记者来采访罗福欢。为了感受罗福欢的星级擦鞋服务，他特地扮成了一个难缠的顾客前来消费，结果让他无可挑剔。他给罗福欢提了许多建设性的建议，并很快将罗福欢的故事报道了出来。罗福欢和他的星级擦鞋店的新闻见报以后，他的生意更好了，有的消费者甚至驾车几个小时从四川广元、南充等地将自己的名贵鞋送来请他保养。罗福欢白天忙过之后，晚上还得学习和查阅鞋类品牌，以及与鞋相关的保养、维护、生产等多方面的知识。那段时间，他先后发明了火燎法、浸泡法等多种独门擦鞋绝技。一天，一位穿着考究的顾客来到他的擦鞋店，对他说：“你认识我脚上这双鞋子吗？如果你能说出来，就请你给我服务。”罗福欢只瞄了那双鞋子一眼，就对那位顾客说：“这双鞋子叫铁狮东尼，意大利生产的世界名牌，大约15 000元钱一双。用来生产鞋子的原料牛皮很讲究。要得到一张好牛皮，对牛的饲养也很讲究。牛一般只能圈养，不能被蚊虫叮咬，所喂草料也极为讲究，这样，牛皮的毛孔才整齐，而这样一头牛的皮也只能用来制作一双这样的精品鞋。这么贵的鞋，当然在保养和维护的时候也是颇有讲究的……”“你不仅是一个擦鞋匠，也是一个真正的爱鞋者，更是一个鞋类鉴赏、维护专家。”接受服务后，他按照国外护理此鞋的费用付费给罗福欢。原来，这位先生是销售高档意大利进口皮鞋的经销商，为了找到合适的维护和保养合作伙伴特意上门来考察。经过多次交流，他选定了罗福欢作为合作人选。2003年，29岁的罗福欢，在成都开设了第一个高档擦鞋专业店，并申请注册了“罗记”擦鞋商标。据了解，这也是我国第一个擦鞋匠向国家申请注册商标，他因此被评为中国品牌建设十大杰出企业家之一。2004年1月1日，罗福欢梦想成真，他投资5万元，成立了四川第一家大学生星级擦鞋连锁店。就这样，从街边的擦鞋摊起步，到在全国拥有80多家“罗记”擦鞋加盟店，罗福欢用10年的时间演绎了一名大学毕业生创业的传奇故事。如今，事业开始走上坦途的罗福欢并没有停滞不前，他又有了新的理想。他说他不仅要将自己的擦鞋店做成知名品牌，而且还要努力将其推向世界；同时要拓展事业，从擦鞋起步，以脚上美容为起点，拓宽服务领域，向制造业发展。罗福欢说，虽然他的那些目标看似遥远，但事在人为，一靠勤劳，二靠智慧，他对实现自己的远大理想充满信心！

（资料来源：《环球人物》2006 年 8 期）

创业者素质的评估

下面列出的问题，可简单测评个人的创业素质。

问题 1：你能独立开展一项工作吗？

A. 我能够在没有他人帮助的情况下开展新工作

B. 一旦有人督促我，我就能开展新工作

C. 我比较懒散，不到万不得已我不会开展新工作

问题 2：你对他人的感觉如何？

A. 我只能和一个人相处

B. 我不需要别人

C. 别人让我恼火

问题 3：你能领导他人吗？

A. 我一旦开始从事某项工作，就总能够让大多数人跟随我

B. 如果有人告诉我应该做什么，我就能够下命令

C. 我会让别人处理事情，如果喜欢的话，我也会参与

问题 4：你能承担责任吗？

A. 我能负责任，而且看事物很透彻

B. 必要时我会接受，但更愿意让别人来负责

C. 如果周围有人愿意负责，我会让他（她）来负责

问题 5：你善于组织和安排工作吗？

A. 我喜欢在开始做事前制订计划

B. 如果事情不是过于令人迷惑，我就能做得很好，否则我会放弃

C. 每当我做好计划时，总会有一些事情来扰乱计划，所以我干脆随机应变

问题 6：你工作努力吗？

A. 只要有必要，我就会一直工作

B. 我只能努力一会儿，时间长了就不行了

C. 我不认为努力工作能解决一切问题

问题 7：你擅长决策吗？

A. 我能够决策，而且那些决策通常能带来很好的结果

B. 如果时间充裕，我会进行决策，但我讨厌仓促决策

C. 我不喜欢决策

问题 8：别人能信赖你的话吗？

A. 能，我不说言不由衷的话

B. 我试着和别人坦诚相待，但有时候我会选择最易理解的话来说

C. 有什么好困扰的？别人又不知道其中的差别

问题 9：你做事有毅力吗？

A. 一旦我下定决心，就没有任何事能拦得住我

B. 我总是善始善终

C. 如果事情出了岔子，我通常会放弃

问题 10：你的健康状况如何？

A. 非常好

B. 很好

C. 不错，但没有以前好

【问题解读】读完题目后，选择与自身相符合的答案。将你所选择的 A 选项的个数乘以 3、B 选项的个数乘以 2、C 选项的个数乘以 1，将三项结果分数加总，最高得分为 30 分。一位成功企业家的得分至少应为 25 分，如果得分低于 25 分，则应考虑寻找一位合伙人，放弃独立创业的想法。

创业素质并非人人具备，哪些人不适合创业呢？社会心理学家认为，下列人员不适合开展创业活动。

①缺少职业意识的人。仅满足于机械地完成自己分内的工作，缺少进取心、主动性。

②优越感过强的人。自恃才高，我行我素，难以与集体融合。

③唯上是从，对上级只会说“是”的人。

④爱偷懒的人。

⑤片面和傲慢的人。只注意别人的缺点，看不到别人的优点；总喜欢贬低别人，抬高自己，在人格方面存在很大的缺陷。

⑥僵化死板的人。做事缺少灵活性，对任何事都只凭经验教条来处理，不肯灵活应对，习惯于将惯例当成金科玉律。

⑦感情用事的人。以感情代替原则，想如何干就如何干，不能用理智自控。

⑧“多嘴多舌”与固执己见的人。

⑨胆小怕事、毫无主见的人。

⑩患得患失却又容易自满自足的人。稍有收获便欣喜若狂，稍受挫折就一蹶不振，情绪大起大落，极不平衡。

第二节　创新创业动机的内涵与驱动因素

一、创新创业动机的分类与含义

不同学识、技能、背景的创业者的创业动机存在明显的差异。学识技能低的创业者以生存型创业为主导，更趋向于维持生计和获得好一点的财富回报；学识技能高的创业者更

多的是机会型创业，更趋向于为了开创事业，把创业当作一项具有挑战性的工作来对待。

创业动机归纳起来有以下几种类型。

(1) 获取财富回报。无论何种形式的商业创业，其共同的出发点之一是获取财富回报。事实上，也正是对财富回报的追求，才鼓励一代代创业者冒险去挖掘商业机会，带动社会经济向上发展。

(2) 追求自由的需要。很多人个性喜欢自主，不喜欢受别人约束和管理，追求时间的自由、财务的自由，因此选择了创业。

(3) 自我价值实现的需要。一些拥有自主知识产权、客户资源或新创意的人，为了追求自我理想和价值的实现，他们不惜付出大量的时间和精力，甚至选择离开原有企业，开始自己的创业生涯。

(4) 受社会使命驱使。单靠利伯维尔场体系和政府，始终都有一些社会问题和没有满足的社会需要，一些创业者受社会利益驱动，能够用新办法去解决主要问题，而且坚持不懈地追求自身愿景，满足社会需要，或者解决社会问题。

创业到底是为什么？我们为什么要创业？

第一为金钱。创业有一个敏感的东西，就是财富，很少有人旗帜鲜明地说自己创业是为了钱、创造财富，但是创业其实就是追求财富，虽是老生常谈，但怎么看待财富才是非常重要的。李嘉诚说过一句话："创业，财富只是一个成绩单，你做好你的作业。"创业就是做好你的事，而财富只是一个成绩单。但是哪一个人做作业不是为了成绩单呢？

第二为自我实现。自我实现是创业者最高境界的人生奋斗，你可以在一个企业里面做一辈子高管，也可以在任何一个机构里面追求你的兴趣爱好。在某种意义上，科研、写作本身就是一个创业，把某种东西从无到有做起来。

马斯洛的最高层面需求是自我实现，什么是自我实现？你想做的事做成了。在财富中死去是可耻的，必须让这个钱对社会有用，这叫自我实现。通过创业，将一个小小的梦想一步步地实现，而且有人跟着你一起做，毫无疑问这是人生的最高境界。创业者最可怕的是设立一个不可能的目标，然后去追求。创业时要设立一个力所能及的目标，做的时候要脚踏实地。

第三为自由。这是创业最伟大的东西。所谓创业，就是一个人创造企业，无论是一个人、两个人还是一万人、两万人的时候，你的世界里面你是最高的权威，你不听从于任何人，你做你的事，按照自己的意愿，按照团队的利益，按照社会的价值追求一种东西，这可以说是创业的最高境界，也是这个时代创业的一个重要的探索价值。

二、创新创业的驱动因素

创业者选择创业的动机受诸多直接和间接因素的影响。研究表明，创立企业的追求，以及持续经营企业的意愿都和企业家的动机有着直接的关系。具体的目标、态度和背景都是决定企业家最终满足感的重要因素。图 6-1 是创业激励模型。决定进行创业是几个因素共同作用的结果，包括创业者的个性特点、个人背景、相关的商业环境、个人目标和可行的商业创意。

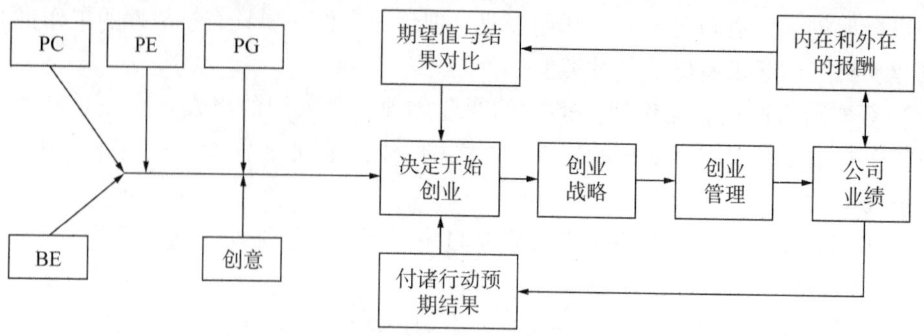

PC—个性特征；PE—个人背景；PC—个人目标；BE—商业环境

图 6-1　创业激励模型

在创业过程中，创业者会将创业的实际结果和先进的创业预期进行对比。未来是否持续创业行为的基础正是这些对比的结果。当结果达到或超越期望时，创业行为便会得到积极强化，创业者会持续受到激励，坚持创业。这里的创业既指在现有企业的创业行为，也可指重新创办新的企业，这受制于现有的创业目标。当结果未能达到期望时，企业家的激励水平降低，并且会相应地影响其继续创业的决定。当然，这些感知还会影响随后的战略制定和公司的管理。

第三节　创新创业团队的组建

一、创业团队的概念

任何一个伟大的事业，都不是一个人能做成的，而是需要找到志同道合的人组成团队才能实现。

团队是指为了一个共同目标而在一起工作的一些人组成的协助单位。创业团队是指在创业初期（包括企业成立前和成立早期），由一群才能互补、责任共担、愿为共同的创业目标而奋斗的人所组成的特殊群体。

一般而言，创业团队由目标、人员、团队成员的角色分配和创业计划四大要素组成。通常，小微企业规模不大，其创业团队主要由下列人员组成：业主或经理，即创业者本人；股东或合伙人；员工；企业顾问。

（一）业主或经理

在大多数小微企业中，业主就是经理，也是团队的领导者。只有业主（经理）可以行使以下职责：开发创意、制定目标和行动计划；组织和调动团队成员实施行动计划；确保计划的执行，使企业达到预期的目标。

在计划开办新企业和制订企业计划时，创业者要考虑自己的经营能力，要明确哪些工作可以由自己去做；哪些工作是自己既没能力也没时间去做，而应想办法让别人去做的。如果需要一个经理分担部分工作，就要考虑其应具备的能力和经历。

（二）股东或合伙人

如果创业团队成员共同出资创办企业，即企业不止一个业主，那么，这些团队成员将以合伙人或股东的身份共享收益、共担风险。他们将共同决定彼此如何分工合作。也许一个负责销售，另一个负责采购，还有一个负责管理。

要管理好一家合伙制企业，合伙人之间的交流一定要透明和诚恳。合伙人之间意见不一致往往会导致企业倒闭，因此，有必要准备一份书面合作协议，明文规定各自的责任和义务。

（三）员工

如果创业团队成员全部投入企业工作，那么创业团队成员首先是企业的员工。如果创业者本人没有时间或能力把全部工作承担下来，就需要雇人。小企业可能只需要雇 1 ~ 2 个临时工就可以了，大企业则需要雇佣很多的全职员工。

（四）企业顾问

各种咨询意见对创业团队都有意义，因为任何创业者不可能是企业事务各方面的专家。创业者一定要认准那些对自己有过帮助而且将来还可能扶持你的行业专家，包括专业协会会员、会计师、银行信贷员、律师和政府部门官员等，邀请或聘请他们成为企业的咨询顾问。

对于创业者来说，寻找创业合作伙伴、组建创业团队是非常重要的。创业者在选择创业合作伙伴时，必须从多方面考虑自己的真正需要，充分考虑创业的环境和自己的切身利益。一个理想的创业合作伙伴不仅是一个能为企业提供资金、技术、安全感和其他方面帮助的人，更重要的是他应该是一个能让创业者信任、尊敬并能与之同甘共苦的人，是一个能与创业者的才能、性格等方面形成互补的人。

二、组建创业团队的原则

如何组建创业团队并无明确的标准答案，理论研究的结论和创业实践的结果常常自相矛盾，可谓“一半是科学，一半是艺术”，这是由于创业团队的成员往往是个性各异，能力、知识、经历、志趣、背景差异很大的个体，激励并发挥每个成员的聪明才智需要领导艺术。而根据团队成员组成的不同特征，在特定创业环境中采取恰当的管理措施，维护团队的稳定和绩效则体现在科学性方面。创业团队的组建需遵循以下几个原则。

（一）诚实守信

重承诺、守信用，是对创业团队最起码的道德要求，也是最基本的要求。创业合作伙伴将全面介入企业的经营管理，了解新创企业内部的所有情况，如果道德有问题，企业的资金、人员、关系等都可能遭受不必要的损失。此外，从经济学的角度来看，个人信用往往建立在一定的财产基础上，有财产便能承担责任，因此，作为资本匮乏的创业者寻找经济实力比较强的创业合作伙伴是可行的。

（二）志同道合

创业团队一定要有碰撞后形成的一致的创业思路，成员既要有共同的目标愿景，认同团队将要努力的目标和方向，还要有自己的行动纲领和行为准则。创业者在组建创业团队时一定要和创业合作伙伴事先沟通，了解对方的创业目的和动机。企业新创时期是非常脆弱的，需要创业者之间紧密团结，形成坚强的堡垒才能抵御外界的压力，否则等企业经营到一定阶段时，可能由于创业合作伙伴的意见不统一而导致企业停滞不前，甚至导致企业解体，创业失败。

（三）取长补短

理想的合作者要求双方在能力、性格、资本上有较好的互补性。每个人都有自己的优势也有自己的不足，这是创业者要选择创业合作伙伴的重要原因。实现优势互补，合伙的各方都能真实感受到对方对于新创企业发展的重要作用，才会更加珍惜彼此的合作机会，再加上集体智慧的力量，创业成功的概率就要大得多。例如，微软的创始人盖茨和艾伦，就能够在创业过程中优势互补，将两个人的优点都发挥到了极致。

（四）分工协作

创业团队必须有性格完全不同的人，最完美的组合是内外分明。例如，负责设计、生产的人（主内）和负责销售的人（主外）配合。创业者一般是比较偏向主外的人，他们往往不容易找到主内的合适人选，主要原因是不知道该找什么样的人来合伙。理想的人选是聪明又野心不大的人。如果主外的创业者选择既聪明又有活力的合作伙伴，那么这两位积极进取的创业者必定会争取控制权，会发生冲突和争执。在控制权的归属上，最合适的是主外的人拥有控制权。

（五）权责明晰

创业团队成员要以法律文本的形式确定一个清晰的利润分配方案，要把最基本的责、权、利界定清楚，尤其是股权、期权和分红权，此外还包括增资、扩股、融资、撤资、人事安排、解散等与团队成员利益紧密相关的事宜。其中，核心的条款是股权配置或投资比例问题。它不仅关系到各创业合作伙伴以后在企业中的地位、作用，还关系到创业合作伙伴的利益分配等实质性问题。因此，合作创业一定要做到账目清楚、手续齐全，签订好合作协议，把各方应尽的职责和应享的权益仔细确定下来。总之，宁可“先小人后君子”，也不要日后闹得“兄弟”反目成仇。对于所有账目的进出情况、合作实体的经营状况和损益情况，要定期在合作人之间进行公开，合作人之间的利益分配要严格按照合作协议中的规定办理；合作人私人使用合作实体财物的，要及时入账并在利益分配中予以扣除；等等。

此外，还值得一提的是，知心朋友并不等同于合适的创业合作伙伴。由于对社会事物的接触具有局限性，大学生创业者对创业合作者的选择往往会感情用事，比较容易单纯地把身边亲密的朋友等同于最理想的创业合作伙伴。当友情面对金钱的困惑、公司经营的压力时，不是都经受得住考验的。默契的合作者有可能在长期的合作中成为知心朋友，但知心朋友并不一定都能成为最好的创业合作伙伴，因此在选择合作伙伴时，千万不能感情用事。

总之，创业者在选择与自己共事的合作伙伴和组建创业团队时，要倾向于选择那些背景、教育和经历都与自己更加相似的合作创业者。团队成员在价值观上的相似有利于志同道合，而在能力构成方面最好可以优势互补。由于团队中广泛的知识、技术和经验对新企业有利，因此，在互补性而不是相似性的基础上选择合作创业者通常是一种更有利的策略。

第四节　创新创业团队的管理

创业团队对于创业成功具有重要的意义，但并非所有的团队都能获得成功，团队的管理也非常重要。由于创业团队本身的动态性特征，团队管理就是贯穿于创业团队整个生命周期的工作。创业团队管理的重点是在维持团队稳定的前提下发挥团队多样性优势。

团队管理是门艺术，要针对具体的情况来灵活进行，但是也有一些普遍性的原则可以利用。

一、选择

创建团队的第一步就是选择团队成员。这里要解决两个关键问题：该聘用什么样的人？怎样聘用？第一个问题根据企业的具体需求来决定，遵循的原则在上面组建团队的内容里已经提到，此处不再赘述。考察人员的智力、经验和人际交往能力，不仅要考察其表现出来的能力，还要考察其潜在能力。具体考察策略可以通过正式招聘程序来进行专业评估，还可以通过非正式渠道了解。第二个问题可以通过多种渠道来解决，如招聘、咨询猎头公司等。招聘程序尽量做到严格、正规，有一套完整的招聘流程。最终的目的是找到与业务需求相匹配的合适人选。

二、沟通

沟通是有效管理团队的重要内容之一。没有沟通，团队就无法运转。沟通有以下几方面的作用。

（1）沟通使信息保持畅通，实现信息共享，避免因为信息缺失而出现错误的决策与行为。

（2）沟通可以化解矛盾，增强团队成员彼此之间的信任。在长期合作共事的过程中，成员之间难免会有矛盾，缺少沟通可能导致相互猜疑、相互埋怨，矛盾会随着时间的推移越来越大，最后可能导致团队的分裂。

（3）沟通可以有效解决认知性冲突，提高团队决策的质量，促进决策方案的执行。在企业经营管理过程中，团队成员对有关问题会形成不一致的意见、观点和看法，这种论事不论人的分歧称为认知性冲突。优秀的团队并不回避不同的意见，而是进行充分的沟通和交流，鼓励创造性的思维，提高团队决策质量，这也有助于推动团队成员对决策方案的理解和执行，提高组织绩效。

三、联络感情

没有人喜欢在冷漠、生硬、敌对的团队中工作。联络团队感情可以保持团队士气和热情，控制情感性冲突，从而提高团队绩效。具体应做到以下几点。

（1）尊重每个人，相互了解并体谅他人的难处。

（2）抽时间共处，这可以通过组织团队活动来实现。通过组织活动来联络团队感情一定要注意适度，太多的联络活动可能会让人们疲于应付，也让团队不堪重负。组织联络活动还要讲究策略，尽可能地让更多的人积极参与，获得大家的满意和认可，这样才能起到提高团队合作意识的作用。

（3）要有丰厚的回报，包括物质的和精神的。

四、个人发展

构建一支优秀、稳定团队的关键因素之一是给团队成员提供广阔的发展空间。因此，在团队管理方面，最重要的一项职责就是要保证团队的每名成员都可以得到发展。这样才能使成员获得较高的工作满意度，激发工作热情，创造更多的价值。个人的发展，不仅仅依靠经验的积累，还要借助目标设定、绩效评估及反馈程序等来实现。通过这三个程序，可以激发员工潜力，使其清醒认识到自己的优点和不足，从而改善、提高自己，获得更大的发展空间。

五、激励

激励是团队管理中极为重要的内容，直接关系到创业企业的生死存亡。如何对创业团队进行有效激励，现在还没有固定的程序可以套用，但可以通过授权、工作设计、薪酬机制等诸多手段来实现。薪酬是实现有效激励最主要的手段，毕竟收益是创业成功的重要表征。在设计薪酬制度时，应考虑差异原则、绩效原则、灵活原则，最终目的是通过合理的报酬让团队成员产生一种公平感，激发和促进团队成员的积极性，实现对创业团队的有效激励。

参 考 文 献

[1] 马学军. 创造学基础 [M]. 北京：电子工业出版社，2018.
[2] 井永腾. 创造学基础简明教程 [M]. 哈尔滨：哈尔滨工程大学出版社，2017.
[3] 陈劲. 脑与创新——神经创新学研究评述 [M]. 北京：科学出版社，2013.
[4] 倪锋. 创新创业概论 [M]. 北京：高等教育出版社，2012.
[5] 德国 Compact 出版社. 德国最流行的 500 道思维游戏 [M]. 王凯，译. 长春：吉林科学技术出版社，2014.
[6] 陈黄祥，徐勇军. 大学生发明创造与专利申请 [M]. 北京：化学工业出版社，2008.
[7] 朱健. 2 小时玩转专利 [M]. 北京：清华大学出版社，2016.
[8] 周考文. 专利申请自己来 [M]. 北京：化学工业出版社，2013.
[9] 郭金，隋欣. 轻轻松松申请专利 [M]. 北京：化学工业出版社，2018.
[10] 庄寿强. 普通（行为）创造学 [M]. 徐州：中国矿业大学出版社，2011.
[11] 姚列铭. 创新思维观念与应用技法训练 [M]. 上海：上海交通大学出版社，2014.
[12] 辽宁省普通高等学校创新创业教育指导委员会. 创造性思维与创新方法 [M]. 北京：高等教育出版社，2013.
[13] 周苏. 创新思维与 TRIZ 创新方法 [M]. 北京：清华大学出版社，2015.
[14] 邢卓. 科学家的故事 [M]. 北京：天地出版社. 2017.
[15] 彭景淞. 仿鲍鱼壳石墨烯多功能纳米复合材 [J]. 物理化学学报，2022，38（5）：1083-1092.
[16] 黄华梁. 创新思维与创造性技法 [M]. 北京：高等教育出版社，2011.
[17] 郭业才. 创造学教程 [M]. 北京：清华大学出版社，2017.
[18] 陈建. 大学生创新与创业基础 [M]. 北京：北京理工大学出版社，2021.
[19] 庄寿强. 普通创造学 [M]. 2 版. 徐州：中国矿业大学出版社，2001.
[20] 袁张度. 创造与技法 [M]. 北京：工人出版社，1984.
[21] 中华全国总工会职工技协办公室. 创造学基本知识 [M]. 沈阳：辽宁人民出版社，1991.
[22] 崔宁. 音乐教育的大脑心理效应与情感认知功能 [J]. 杭州师范学院学报：社会科学版，2003（5）：112-117.
[23] 黄辉. 论灵感思维的本质、特征及其实践意义 [J]. 中共四川省委党校学报，2002（02）：30-34.
[24] 傅世侠. 科学创造方法论 [M]. 北京：中国经济出版社，2000.
[25] 傅世侠，罗玲玲. 科学创造方法论 [M]. 北京：中国经济出版社，2003.

[26] 贾弘. 创造发明方法体系初探 [J]. 科学学与科学技术管理, 1994, 15 (7): 102-241.
[27] 甘自恒. 创造学原理和方法——广义创造学 [M]. 北京: 科学出版社, 2010.
[28] 朱邦盛. 实用创造学 [M]. 武汉: 武汉工业大学出版社, 1992.